Ralph Graeub
Der Petkau-Effekt

«Es gibt keine Entschuldigung dafür, dass ich nicht früher Alarm über diese Aktivitäten schlug. Ich denke, dass mindestens einige 100 Wissenschaftler, die sich mit den biomedizinischen Aspekten der Atomenergie beschäftigen – ich selbst eingeschlossen – Kandidaten für ein Nürnberg-ähnliches Gericht sind, da sie mit ihrer grossen Nachlässigkeit und Unverantwortlichkeit Verbrechen gegen die Menschheit begangen haben. *Jetzt,* da wir die Gefahren niedriger Strahlung kennen, ist das Verbrechen nicht mehr ein Experiment, das wir machten, sondern Mord!»

Prof. Dr. John Gofmann, der an der Entwicklung der Atombombe beteiligt war.

Ralph Graeub

Der Petkau-Effekt

Katastrophale Folgen niedriger Radioaktivität

Tatsachen und Befürchtungen

Zytglogge

Die Erstausgabe erschien 1985 im Zytglogge Verlag Bern
Lektorat: Willi Schmid
Umschlagkonzept: Werner Jeker
Umschlagzeichnung: Cornelia Hesse-Honegger.
Ausgewachsene Wanze, zwischen Gösgen und Schönenwerd gefunden. Der rechte Deckflügel ist kürzer. Die unteren Flügel sind gewellt und in Unordnung. Auf dem transparenten Teil des linken Deckflügels fehlt ein Teil der Äderung.
Dosiswirkungskurve von Dr. Jay Gould:
Prozentuale Zunahme der Gesamtsterblichkeit in Abhängigkeit der Jod-131-Konzentrationen in Milch (Fig. 7, Seite 220)
Gesamtherstellung: Ebner Ulm

ISBN 3 7296 0365 5

Zytglogge Verlag Bern, Eigerweg 16, CH-3073 Gümligen
Zytglogge Verlag Bonn, Cäsariusstrasse 18, D-5300 Bonn 2
Zytglogge Verlag Wien, Strozzigasse 14-16, A-1080 Wien

Inhaltsverzeichnis

Geleitwort

Dr. med. M. O. Bruker,
ärztlicher Leiter des Krankenhauses Lahnhöhe, 5420 Lahnstein

Besonderer Dank gebührt dem Autor dieses Buches schon deshalb, da er als unabhängiger Wissenschafter schon in seinem ersten, 1972 erschienenen Buch «Die sanften Mörder – Atomkraftwerke demaskiert» für die objektive Aufklärung der Bevölkerung Pionierarbeit geleistet hat.
Ralph Graeub gab sich damit nicht zufrieden. Er hat weiter die Entwicklung der Atomenergie mit gründlichem Studium verfolgt.
Es ist eine sensationelle Nachricht, die nun aus dem vorliegenden Buch «Der Petkau-Effekt» die Öffentlichkeit erreicht. Die Gefahren sind viel schlimmer als bisher angenommen. Es liegen jetzt wissenschaftliche Fakten vor, die schon früher bekannte Beobachtungen erklären, warum bereits geringste Dosen radioaktiver Bestrahlung Schäden verursachen. Dies ist nicht nur für die Bevölkerung, sondern auch für den ärztlichen Sektor von einschneidender Bedeutung. Wir Ärzte müssen diese neuen Erkenntnisse in unsere Beurteilung und Handlung einbeziehen.
Man muss von einer neuen Dimension der Strahlengefährdung sprechen.
Offensichtlich leidet die Planung von Atomreaktoren in der ganzen Welt an dem Mangel, dass sie ausschliesslich von Kernphysikern und Atomtechnikern durchgeführt wird. Es ist an der Zeit, dass der Bau von Atomreaktoren und der Einsatz von Atomenergie zu einem vordringlichen Problem der davon betroffenen Menschen – insbesondere der Ärzte – wird. Wenn dies bisher nicht der Fall war, liegt das daran, dass bis jetzt die Information in einseitiger Weise in den Händen von wirtschaftlichen Interessengruppen und Politikern lag. Die Informationen liegen in der Hand von Mächtigen, die aufgrund finanzieller Mittel die Möglichkeit haben, falsch zu informieren.
Parallelen dieser Verhaltensweise spielen sich auch in anderen Bereichen ab, zum Beispiel in der Aufklärung über die richtige Ernährung. Die Bevölkerung wird über die wahren Ursachen ernährungsbedingter Zivilisationskrankheiten im unklaren gelassen. Es sei an

dieser Stelle auch auf die Fluoridierung hingewiesen, die ja gerade in der Schweiz als wissenschaftlicher Fortschritt propagiert wird. Drahtzieher dieser unverantwortlichen Aktionen sind Wirtschaftsmächte, die sich einen wissenschaftlichen Anstrich geben.

Verglichen mit dem atomaren Problem handelt es sich bei den genannten Beispielen allerdings um verhältnismässig harmlose Dinge, da jeder Bürger sofort seine Ernährung umstellen oder auf die Verwendung von Fluoridtabletten, fluoridhaltiger Zahnpaste, fluoridiertem Speisesalz verzichten kann.

Atomkraftwerke dagegen gehören zu den gefährlichsten technischen Anlagen, deren Schadwirkung sich *niemand* auf der ganzen Welt entziehen kann. Es ist der Gipfel von Scheinheiligkeit von seiten der Befürworter, saubere Energie zu versprechen, weil aus den Kaminen kein sichtbarer Schmutz herauskommt, und den lebensgefährlichen Ausstoss von Radioaktivität zu verschweigen, den man nicht sehen kann.

Als Arzt bin ich verpflichtet, meine Patienten über jede ernste Gefahr aufzuklären, die ihr Leben oder ihre Gesundheit bedrohen. Atomare Anlagen und Atomwaffen sind eine nicht abzuwendende Gefahr. Medizinische Hilfe ist im Falle eines Atomkriegs ausgeschlossen, im Falle eines Reaktorunfalls ebenfalls. Das von Ralph Graeub erwähnte Beispiel Harrisburg mag uns den Schrecken und die unvorstellbaren Leiden dieses angeblichen Fortschritts vor Augen halten.

Atomenergie, atomare Aufrüstung bedeutet nicht Sicherheit, sondern Wahnsinn. Aus ärztlicher Sicht sind diese Massnahmen unverantwortlich und vom moralischen Standpunkt aus verwerflich, da sie früher oder später das Ende jeden Lebens auf diesem Planeten bedeuten. Am Beispiel des Waldsterbens dürfte dies deutlich werden. Da die Atomindustrie es bisher fertiggebracht hat, die Radioaktivität als Ursache des Waldsterbens so geschickt auszuklammern, dass sie überhaupt nicht ins Gespräch kam, ist es eben besonders wichtig, dass nun ganz konkrete Hinweise vorgelegt werden, dass die Radioaktivität am Waldsterben mitbeteiligt ist.

Eine Wahrheit zu verschweigen, ist auch Unwahrheit. Deshalb rufe ich alle Leser dieses Buches auf, mit aller Dringlichkeit für die Verbreitung des Wissens um diese Zusammenhänge zu sorgen. Der Zeitpunkt, sich zwischen Technik und Natur zu entscheiden, ist verstrichen. Es gilt zu retten, was zu retten ist!

Vorwort

Als eine der schwersten Folgen der Katastrophe von Tschernobyl im April 1986 muss die Tatsache bezeichnet werden, dass fast ganz Europa auf Jahrzehnte hinaus radioaktiv verseucht bleiben wird. So ist noch 1990 unsere Nahrung 10- bis mehr als 100fach höher verseucht als vor Tschernobyl, abhängig von der Art, von der Herkunft und von dem Herstellungszeitpunkt des Produkts[92]. Die nach der Katastrophe festgelegten EG-Grenzwerte für Radioaktivität in der Nahrung wurden deshalb kürzlich für weitere fünf Jahre verlängert. Sie waren eigentlich nach der Katastrophe nur als kurzfristige Massnahme vorgesehen. Die Gefahren eines solchen Unfalls wurden offensichtlich auch diesbezüglich ganz massiv unterschätzt.
Darauf deuten auch neueste Studien aus USA und der BRD, die zeigen, dass die tödliche Wirkung der radioaktiven Wolke aus Tschernobyl um etwa das 1000fache unterschätzt wird. Zudem konnte in den USA ein aussergewöhnliches Vogelsterben nach Tschernobyl nachgewiesen werden.
Alle diese Schäden erklären die Forscher mit dem Petkau-Effekt: dass nämlich die Zellmembranen bei Langzeit-Bestrahlung mit niedrigen Dosen viel leichter brechen als bei einer Kurzzeit-Bestrahlung mit höherer Strahlendosis (z. B. Röntgen). Selbst die Amerikanische Akademie der Wissenschaften hat schon 1980 auf diese Möglichkeiten hingewiesen. So hinterlässt Tschernobyl auch mit den verbleibenden «kleinen» Strahlendosen eine tödliche Dauergefahr.
Und unsere Strahlenschutzkommissionen?
Sie ignorieren immer noch kaltberechnend diese Tatsache. Wie sonst könnten sie auch nach Tschernobyl weiterhin zu hohe Grenzwerte festlegen. In der Tat scheinen diese Gremien vor allem zum Schutz der Kernenergie da zu sein. Sie zwingen uns, ohne wahre Aufklärung in einer echt radioaktiv verseuchten Umwelt zu leben – wie wenn nichts passiert wäre. Wir alle müssen Risiken tragen, die zu höchsten Befürchtungen Anlass geben.
Dabei stossen die Wissenschaftler in verschiedensten Bereichen

ständig auf neue Begebenheiten, in welche die künstliche Radioaktivität verwickelt scheint. Hierzu gehört auch das Waldsterben und seine möglichen Beziehungen zu radioaktiven Emissionen. Erst vor kurzem konnte Prof. D. Reichelt aufgrund von flächendeckenden Infrarotaufnahmen in der Umgebung der Kernanlagen von Beznau/Würenlingen nachweisen, dass sich der Schwerpunkt der Waldschäden gerade im Nahbereich der Kernanlagen befindet. Pikanterweise beurteilt die Eidgenössische Anstalt für das forstliche Versuchswesen EAFV die gleichen Aufnahmen etwas anders: Sie schliesst die Einwirkung von Kernanlagen auf Bäume mit hoher Wahrscheinlichkeit aus, stellt aber gleichzeitig fest, dass die radiologische Beweiskette nicht geschlossen ist.
Aufsehen muss auch die bisher nicht widerlegte, aber um so brisantere Hypothese erregen, wonach die künstliche Radioaktivität an der Entstehung und Verbreitung von Aids mitverantwortlich sein könnte, indem sie das Immunsystem schwächt oder verändert. Schon in der ersten Auflage dieses Buches wurde von einer amerikanischen Studie berichtet, die aufgrund von statistischen Erhebungen über Zeugnisnoten von 18jährigen Schülern mit Geburtsjahren zur Zeit der Atombombenversuche zum Schluss kommt, dass eine erhöhte künstliche Strahlung einen negativen Einfluss auf die Intelligenz der jungen Leute gehabt haben könnte. Nicht genug; bei den gleichen Jahrgängen spricht eine vergleichbare Studie von erhöhter Kriminalität.
Dieses Buch möchte jedermann ermöglichen, in einfacher Sprache vor allem die gesundheitlichen und ökologischen Gefahren der Radioaktivität kennenzulernen. Es ist kein Fachbuch. Vielmehr will es jedem Bürger und jeder Bürgerin die einfache Möglichkeit geben, die Problematik der Atomenergie selbst zu beurteilen. Es soll mithelfen zu vereiteln, dass nur atombefürwortende Fachleute darüber entscheiden, ob wir Atomenergie brauchen. Wo das hinführt, wissen wir: in jene unsichere Zukunft, die u. a. heute noch nicht weiss, wie die Endlagerung des ständig zunehmenden Atommülls zu bewerkstelligen ist.
Als ich vor beinahe 20 Jahren das Buch «Die sanften Mörder – Atomkraftwerke demaskiert» veröffentlichte, wurde ich von der Atompropaganda verächtlich als «Rufer in der Wüste» verschrien. Unterdessen ist diese Wüste dank der ehrlichen Aufklärung der

Atomgegner sehr belebt worden. Und Tschernobyl hat dann eine entscheidende Wende gebracht. Vielerorts ist die Gegnerschaft zur beachtlichen Mehrheit geworden. Für wie lange?

Denn für viele Menschen zeichnet sich schon wieder eine Unsicherheit ab. Wird doch die Aussicht auf eine Klimakatastrophe (Treibhauseffekt) von der bedrängten Atomindustrie bereits dazu missbraucht, die Kernenergie als Ersatz für fossile Brennstoffe zu propagieren. Auch wenn die Annahme gesichert wäre, dass die Abgase der fossilen Brennstoffe die Hauptursache für diese bedrohliche Erscheinung ist, gelänge es nicht, mit Atomenergie dieser Gefahr zu entrinnen. Dazu genügt die ganz einfache Überlegung: Wollten wir nur die Hälfte der z. B. 1986 in der Welt mit fossilen Brennstoffen (CO_2-Abgase!) erzeugten Energie durch Atomkraftwerke ersetzen, so müssten grundsätzlich 7400 neue Anlagen von 1000 Megawatt erstellt werden. Was das heisst, ist bald einmal aufgezählt: Die Gefahr von Zwischenfällen oder gar eines GAUs würde sich noch vervielfachen.

So wie der Petkau-Effekt von den Atombefürwortern immer noch heruntergespielt wird – Dr. Petkau hat 1989 seinen Posten in der Atomindustrie resigniert verlassen, weil er dort sein Forschungsgebiet nicht weiter bearbeiten konnte –, so will man uns heute noch weismachen, eine Zukunft ohne Atomenergie könne es nicht geben. Tatsächlich? Wenn die Grossindustrie endlich auf den Geschmack der erneuerbaren Energiequellen käme, es ernst damit meinte, würden wir plötzlich auf Möglichkeiten stossen, die, im Gegensatz zur Atomstromproduktion, unsere Lebensqualitäten weder schmälern noch das Leben auf dieser Erde bedrohen.

Das vorliegende Taschenbuch ist eigentlich die 4. Auflage des 1985 erschienenen «Petkau-Effekts». Das Buch wurde von mir überarbeitet und in einem Anhang auf den neusten Wissensstand gebracht. Seine Aussagen erhalten eine ungeheure Aufwertung durch den BEIR-V-Bericht der Amerikanischen Akademie der Wissenschaften. In seiner aufklärenden Absicht ist es sich treu geblieben.

Nur der rasche, aber gezielte Ausstieg aus der Kernenergie und ein Verbot auch von Experimenten mit der Kernfusion können die sonst unausweichliche unheilvolle Entwicklung noch abwenden.

April 1990

Ralph Graeub, P.O. Box 210, CH-8135 Langnau a. A.

I. Ökologische Betrachtungen

A. Ökosysteme als Lebensschutz

Mit amtlicher Erlaubnis aller Staaten und unter den Augen der Experten hat sich die Menschheit langsam in eine missliche Lage gebracht. Das blinde Überschätzen des materiellen Fortschritts und die damit verbundenen Bequemlichkeiten sind die unmittelbaren Auslöser dieser Entwicklung. Die tieferen Ursachen liegen aber anderswo: In den entscheidenden letzten hundert Jahren hat der Mensch die ökologischen Gesetzmässigkeiten völlig missachtet oder sie zumindest bis vor knapp drei Jahrzehnten nicht ernst genommen.

Die klassische Biologie hatte sich allzulange nur mit Einzellebewesen beschäftigt. Immerhin tat sie es in Übereinstimmung mit einer inzwischen fragwürdig gewordenen Individualethik, bei der im Zentrum *Wohl, Würde* und *Überleben* des einzelnen Menschen steht. Man glaubte, das Individuum allein sei *«das Leben»,* welches es unter allen Umständen zu erhalten gelte. In der Naturkunde drückte sich diese Denkweise so aus, dass im allgemeinen nur einzelne Pflanzen bestimmt und die Anatomie einzelner Tiere studiert wurden.

In neuerer Zeit hat man jedoch entdeckt, dass, wenn man «das Leben» (darunter muss man *das Gesamtleben* unseres Planeten verstehen) auch auf weite Sicht erhalten will, man nicht das Einzellebewesen in den Mittelpunkt stellen darf, sondern dass man die Wechselbeziehungen der ganzen lebenden Welt, *die Lebensgemeinschaften in ihrer unbelebten Umwelt,* d. h. das Leben in den Ökosystemen kennen und erhalten muss. Diese neue Wissenschaft heisst Ökologie. Ihr zaghafter Anfang geht auf das Jahr 1864 zurück.

Die Ökologie zeigt, dass die Schöpfung «das Leben» auf der Erde, nämlich Pflanzen, Tiere *und* auch den Menschen, in einem natürlichen Haushalt, in einer natürlichen Wirtschaft mit grösster Weisheit vereinigt hat. In dieser Sicherheit des natürlichen Haushalts könnte «das Leben» noch Jahrmillionen, d. h. auf unbestimmte Zeit weiterbestehen. Im natürlichen Haushalt der Ökosysteme gibt es keine zunehmende Umweltverschmutzung und keine verlorenen Abfälle. Vielmehr stehen dieselben in kürzester Zeit zum Neuaufbau von neuem Leben zur Verfügung. Betrachten wir also, wie diese natürliche Wirtschaft funktioniert! *In die ökologischen Gesetzmässigkeiten ist der Mensch als gewöhnlicher Organismus genau gleich integriert wie Pflanzen und Tiere – trotz seinem Geist, seiner Intelligenz, seiner Sprache, d. h. trotz seiner vermeintlichen Sonderstellung.*

Fünf Organisationsstufen der Ökosysteme

Man hat erkannt, dass «das Leben» sich auf fünf verschiedenen Stufen abspielt, die durch ein Netzwerk von Rückkopplungsmechanismen untereinander und auch mit ihrem Lebensraum verbunden sind[192]. Es sind dies:

a. *Einzelne Zellen,* wie zum Beispiel Bakterien und Algen. Sie sind selbständig lebensfähig und stellen die primitivste Stufe des Lebens dar.
b. *Vielzellige Organismen.* Jedes Tier, jede Pflanze und jedes menschliche Individuum sind hier einzuordnen. In ihnen haben die Zellen ihre Selbständigkeit eingebüsst. Sie sind spezialisiert und in hohem Grade voneinander abhängig. Hier treten auch erstmals Nervensysteme auf.
c. *Populationen* sind Fortpflanzungsgesellschaften gleichartiger Organismen. Die Menschheit als Ganzes stellt eine solche Population dar, wie auch alle Tiere gleicher Art, alle Pflanzen gleicher Art. Das Charakteristische der Population ist, ihrer Aufgabe als Träger und Übermittler des Erbgutes zu dienen.
d. *Ökosysteme.* Aber auch Populationen sind keine selbständigen Einheiten. In der Natur leben alle pflanzlichen und tierischen Populationen eines Gebietes in weitgehender Abhängigkeit voneinander und von ihrem Lebensraum. Diese Lebensgemeinschaften bilden Ökosysteme. Ein Wald, ein See, ein Fluss, jeder Weiher sind Ökosysteme, aber auch jede menschliche Siedlung mit ihrem Lebensraum müsste als solches System behandelt werden.

   Auf der Stufe der Ökosysteme werden physikalische und chemische Kreisläufe einschliesslich des Energiedurchlaufes wirksam. Dadurch *wird ein Ökosystem vergleichbar mit einem Organismus, in welchem jede Komponente eine Aufgabe zu erfüllen hat.* Jeder unsachgemässe Eingriff in diesen Organismus kann deshalb schwere Folgen haben.

e. *Biosphäre.* Sie bildet die letzte und fünfte Stufe. Sie ist die Gesamtheit aller Ökosysteme unseres Planeten, die wiederum in Wechselbeziehung miteinander stehen. Die Biosphäre stellt den alles übergeordneten Organismus dar, von welchem wir Menschen nur ein kleiner Teil sind.

Drei Produktionsebenen der Ökosysteme

Im weiteren gibt es in dieser *natürlichen Wirtschaft* der Ökosysteme genau wie in *unserer zivilisatorischen Wirtschaft* Produzenten und Konsumenten. Ein Vergleich beider Wirtschaftssysteme ist geradezu ausschlaggebend für das ökologische Verständnis.

a. *Produzenten.* Das sind in der Natur die Pflanzen. Sie produzieren unter Ausnutzung der Sonnenenergie (Photosynthese) Bäume, Gras, Unkraut, Früchte, Gemüse usw. Sie produzieren in wunderbarer Weise sich selbst aus den Nährstoffen im Boden, der Kohlensäure in der Luft und dem Wasser. Als Abfall geben sie Sauerstoff ab.

b. *Konsumenten.* Die Pflanzen und ihre Früchte dienen dann allen übrigen Mitgliedern der Ökosysteme, den Konsumenten (Tieren und Menschen), als Nahrung, denn auch die reinen Fleischfresser ernähren sich von der Beute, die ihrerseits letztlich von Pflanzen lebt.

c. *Zerleger.* In der natürlichen Wirtschaft gibt es ausser Produzenten und Konsumenten noch die Gruppe der Zerleger. Sie fressen oder verwerten die Abfälle der Produzenten und Konsumenten. Zerleger sind zum Beispiel Pilze, Bakterien, Regenwürmer und viele Kleinlebewesen im Humus. Sie verwandeln die abgestorbenen Pflanzen, das Laub, aber auch die Fäkalien der Konsumenten und die Kadaver mit Hilfe des Sauerstoffs in Mineralsalze, Kohlensäure und Humus. Der benützte Sauerstoff ist dabei ein Abfallprodukt der Pflanzen. So dienen die Abfälle in kürzester Zeit den Produzenten, d. h. den Pflanzen zum Aufbau von neuem Leben. *Der Kreislauf ist geschlossen* (natürliches Recycling). Solche Lebensgemeinschaften, ein solches Ökosystem

kann auf unbegrenzte Zeit weiterbestehen, denn auch seine Energiezufuhr erfolgt mittels erneuerbarer Energieträger, nämlich der Sonnenenergie (ohne Verschmutzung durch Schadstoffe) und der Nahrung.
Bei der natürlichen Wirtschaft geht also nichts verloren. Im Gegensatz dazu verläuft die den Ökosystemen überlagerte zivilisatorische Wirtschaft fast völlig *linear, vom Produzenten über den Konsumenten direkt zum Abfallhaufen* – womit auch die Rohstoffe für alle Zeiten verloren sind. Eine solche Wirtschaft kann nur beschränkte Zeit bestehen.
Ja, eine solche Wirtschaft zerstört diejenigen Grundlagen, auf denen sie selbst aufgebaut ist! Viele Abfallstoffe (Schadstoffe aller Art) der Produzenten und Konsumenten werden in die natürliche Wirtschaft meist ziellos eingeschleust (entsorgt!) und beeinträchtigen oder vernichten die komplizierten Netzwerke des Lebens (z. B. Waldsterben). Und durch die systematische Expansion der zivilisatorischen Wirtschaft (Wirtschaftswachstum) beschleunigt sich der Zerfall aller Lebensgrundlagen.

Regulationsmechanismen der Ökosysteme

Die Natur ist nur scheinbar friedlich. In Wirklichkeit herrscht ein hartes Gesetz von Fressen und Gefressenwerden. Das ist geradezu Voraussetzung für ein gesundes Ökosystem. Durch *natürliche Selektion* wird alles Schwache und Kränkliche eliminiert, und durch (sehr seltene) günstige *Mutationen* (Änderung von Erbeigenschaften) ist sogar eine höhere Entwicklung (Evolution) möglich gewesen.
Die Frage «Wer frisst wen?» kann aber nicht einfach mit dem Hinweis auf eine Nahrungskette – zum Beispiel: Gras - Heuschrecke - Frosch - Schlange - Raubvogel – beantwortet werden. Eine Kette ist viel zu einfach, um der Wirklichkeit zu entsprechen. Vielmehr existiert ein kompliziertes Nahrungsgesetz. Komplexe Regulationsmechanismen sorgen für ein dynamisches Gleichgewicht, so dass weder Produzenten noch Konsumenten und Zerleger über bestimmte Bestände hinauswachsen können. Sonst würde das ganze Ökosystem zusammenbrechen.
Wie schon erwähnt, besteht eine wichtige Kontrollfunktion darin, dass Tiere nicht nur fressen, sondern auch gefressen werden. Pflan-

zenfresser werden von Fleischfressern kurzgehalten. So vermehrten sich Rehe und Hasen geradezu verheerend, als der Mensch ihre natürlichen Feinde, die Füchse, Wölfe und Pumas, verdrängte. Aber auch Fleischfresser werden von Fleischfressern in Schach gehalten. Alle Jungtiere sind ständig von Räubern und Unfällen bedroht. Zudem wird ein Raubtier, das verschiedene Arten von Beutetieren frisst, die häufigsten Arten am meisten fangen, so dass automatisch Grenzen der Vermehrung bestehen. Ausserdem kann selbst der stärkste Fleischfresser Parasitenkrankheiten zum Opfer fallen, die um so häufiger auftreten, je stärker die Anzahl der Artgenossen auf gleichem Raum steigt.

Über längere Zeiträume wird so «dem Leben» in Ökosystemen Sicherheit und Stabilität garantiert, allerdings bei gleichzeitig hohem Verschleiss an Einzelleben, infolge der natürlichen Selektion. Die biologische Einheit eines Ökosystems wird so vergleichbar einem einzelnen Organismus, in welchem auch laufend einzelne Zellen absterben und ersetzt werden, gesteuert durch komplizierte Nerven- und Drüsenkontrollen.

Langfristig gesehen sind aber auch ungestörte Ökosysteme nicht stationär, jedoch in positivem Sinne. Im Wechselspiel zwischen natürlicher Mutation und Selektion lernt nämlich ein Ökosystem wie ein lebender Organismus bei den Kreisläufen durch Versuch und Irrtum eine immer bessere Ausnützung der Energie. Kurzlebige Organismen werden immer mehr durch langlebige Arten abgelöst. Im Laufe der Evolution unserer Erdgeschichte haben sich so immer komplexere Lebensgemeinschaften mit immer höher entwickelten Organismen herausgebildet. Wir müssen anerkennen, dass dabei Neuschöpfungen entstanden sind, die sich unserem Verständnis entziehen. Die grossen wissenschaftlichen Lücken sind nun einmal da.

Tropenwälder als Beispiel für ein Ökosystem

Schöne Beispiele für solche Ökosysteme mit geschlossener Nahrungskette sind die tropischen Regenwälder, wie sie sich beispielsweise im Dschungel Zentralafrikas und im brasilianischen Amazonasbecken heute noch finden. Diese Regenwälder stellen geschlossene, sich selbst erhaltende Systeme dar, mit Pflanzen und Bäumen als Produzenten, vielen Tieren als Konsumenten und mit

Termiten, Würmern und Bakterien als Zersetzungskräften. Alle diese Untersysteme leben abgeschieden voneinander in verschiedenen Horizontalschichten zwischen 1,5 und 35 Metern über dem Boden, auf den kaum noch ein Sonnenstrahl trifft. In diesen undurchdringlichen, verfilzten Wäldern gibt es keinen Jahreszeitenwechsel. Sterben und Werden sind nebeneinander, unaufhörlich geht eins in das andere über. Mindestens 70 Prozent aller Nährstoffe dieses Ökosystems sind nicht im Boden, sondern in dem Lebensbereich darüber enthalten.

Aber die grüne Pracht der tropischen Regenwälder täuscht darüber hinweg, dass ihre Böden unfruchtbar sind. Wer die Regenwälder abholzt, gewinnt nur für einige Ernten Ackerland, nachher bleibt unfruchtbarer Wüstenboden übrig.

Vor dreissig Jahren gab es noch etwa 16 Millionen Quadratkilometer Regenwald. Geblieben sind acht, gleichwohl geht der Kahlschlag rücksichtslos weiter. Und das sukzessive Verschwinden wird das Weltklima in unberechenbarer Weise beeinflussen.

B. Vergleiche: natürliche und zivilisatorische Wirtschaft

Bis vor etwa drei Jahrzehnten war von ökologischen Beziehungen nicht die Rede. Heute wissen wir, dass die Ökosysteme nur dann möglichst intakt bleiben, wenn sich die zivilisatorische Wirtschaft der natürlichen unserer Ökosysteme angepasst überlagert.

Deshalb sind drei wichtige Punkte Voraussetzung, soll die künstliche, zivilisatorische Wirtschaftsordnung des Menschen auch auf weite Sicht überhaupt bestehen bleiben. Dazu gehört allerdings unabdingbar ein Umdenken:

- das Kreislaufprinzip
- Konzept der «Null-Emissionen»
- erneuerbare Energieträger
- konstante Bestände von Produzenten und Konsumenten sowie «Zerlegern»

Das Kreislaufprinzip

Es fehlen in unserer Wirtschaft die Zerleger für unsere Industrieabfallprodukte und für die bei der Produktion ausgestossenen Schadstoffe; ausserdem ist der Nahrungskreislauf unterbrochen. Wir ernten wohl laufend auf unseren Äckern – die nur mittels künstlicher Düngung fruchtbar gehalten werden können –, bringen aber unsere biologischen Abfälle nicht wieder auf die Äcker zurück. Unter anderem hat die Verstädterung dies verunmöglicht, aber auch die laufende Produktion von zum Teil giftigen, biologisch nicht abbaubaren Stoffen. Mangelnder Humus, Erosion, Schädlingsbefall, Überdüngung, aber auch vergifteter Boden und ungesunde Nahrung sind die Folgen solch verfehlter Bodenbewirtschaftung. Einen Ausweg zeigt hier der biologische Landbau, vorausgesetzt, dass wir unsere Umwelt nicht laufend mit Schadstoffen infiltrieren. Hierzu zählt sehr entscheidend die gefährliche künstliche Radioaktivität aus der Atomenergie.

Das Konzept der «Null-Emissionen»

Wie das Waldsterben neuerdings zeigt, müssten wir eine zivilisatorische Wirtschaft ins Auge fassen, welche von einem «no-threshold»-Konzept ausgeht, d. h. es wären Null-Emissionen anzustreben[37]. Natürlich geht dies nicht von heute auf morgen, auch nicht auf übermorgen. Schliesslich geht es hier nicht nur um rein technologische, sondern auch um tiefgreifende gesellschaftspolitische Probleme[37].

Die Natur richtet sich nämlich nicht nach Immissionsgrenzwerten, die gemäss Unschädlichkeitsvermutungen und technisch-wirtschaftlichen Möglichkeiten festgelegt werden. Genau auf diese Weise hat sich mit den Jahren eine schleichende Vergiftung von Boden, Gewässern, Luft und Lebewesen ergeben.

Die Anreicherung von Schwermetallen, biologisch sehr schwer abbaubaren Verbindungen (wie PCB, DDT, Pestiziden) und künstlicher Radioaktivität in der Biosphäre sind warnende Beispiele. Ein Umdenken – auf ökologischer Verantwortung basierend – sollte immer mehr zur Entwicklung neuer Technologien mit geschlossenen Kreisläufen führen und verhindern, dass schädliche Stoffe in die Umwelt gelangen. Wir dürfen auch nicht mehr alles tun und produzieren, was wir können!

Erneuerbare Energieträger

Unsere Energieträger sind zum grossen Teil nicht erneuerbar. Wir zehren vom Kapital der fossilen Brennstoffe, die wir bisher zu sorglos angewendet haben. Die Atomenergie als Ergänzung oder Alternative ist zudem lebensfeindlich und ökologisch absolut untragbar. Sie verseucht in zunehmendem Masse unseren Lebensraum, ja die gesamte Biosphäre. Nur die Sonnen-, Wind- und Wasserenergie sowie eventuell die Bodenwärmeenergie sind unendliche, saubere Energieträger. Auf sie werden wir uns letztlich ausrichten müssen.

Viel Zeit dazu bleibt uns nicht, und da eine sofortige Umstellung nicht möglich ist, muss die Energieerzeugung aus fossilen Brennstoffen (Erdöl, Kohle) mit erster Priorität umweltfreundlicher gestaltet werden, was relativ rasch realisierbar und wirtschaftlich tragbar ist. Die Kernenergie muss allerdings mit ebenso erster Priorität gezielt abgebaut werden, weil bei ihren Produktionsanlagen wesentliche Emissionsreduktionen gar nicht möglich sind.

Die Ökosysteme streben übrigens immer einen Zustand mit möglichst geringem Energieumsatz an. Auch die zivilisatorische Wirtschaft muss in Zukunft die produzierte Energie viel besser ausnutzen, d. h. weniger Energieverluste und einen höheren Wirkungsgrad anstreben. Darin liegen noch grosse Reserven. Energieeinsparung muss nicht weniger Komfort bedeuten.

Eine Zurückführung des Schadstoffgehaltes in der Atmosphäre auf den Stand der fünfziger Jahre – wie es jetzt vermehrt gefordert wird[48] – schliesst jede Erhöhung von Radioaktivität überhaupt aus. Die Anreicherung dieser Schadstoffe in den Ökosystemen hat ja erst in den fünfziger Jahren richtig begonnen. Und Radioaktivität kann wie kein anderer Schadstoff vielseitigste synergetische, d. h. schadenverstärkende Wirkungen haben!

Aus diesem Grunde müssten Forschungskredite für die Kerntechnik gestrichen werden, entsprechende Projekte abgebrochen und die Gelder für die Forschung bei den erneuerbaren Energiequellen eingesetzt werden. Nur so können diese in nützlicher Frist technisch-wirtschaftlich tragbar realisiert werden.

Konstante Bestände von Konsumenten und Produzenten

Im Laufe der kulturellen Entwicklung hat sich die Menschheit den

natürlichen Regulationsmechanismen (insbesondere der natürlichen Selektion) der Ökosysteme weitgehend entzogen. Der Mensch hat alle seine Feinde ausgestochen. Unsere Waffen waren und sind der medizinische Fortschritt, die Wissenschaften und die Technik. Ebenso entscheidend ist aber auch unsere falsche Individualethik, welche ohne Rücksicht auf die Belange der Gesamtpopulation der Menschen in erster Linie Wohl, Würde und Überleben der Individuen anstrebt[191]. Dazu gehört auch die Frage der Familienplanung. Nun wissen wir aber, dass sich die Menschheit ausserhalb der Industrieländer weiterhin explosiv vermehrt. Laut UNO-Konferenz von 1984 in Mexico-City wird die Weltbevölkerung von 4,7 Milliarden Menschen im Jahr 1984 auf 6,3 Milliarden im Jahre 2000 ansteigen. In 15 Jahren werden also über eine Milliarde Menschen mehr leben als jetzt. Das entspricht einer Bevölkerung, die weit grösser sein wird als die des heutigen Europas. Um ihr ein menschenwürdiges Dasein zu bieten, müssten in einer kurzen Zeitspanne Infrastrukturen geschaffen werden, wie sie ein ganzer Erdteil benötigte. Dazu reichen weder die Zeit noch die Ressourcen, ganz abgesehen von den politischen und wirtschaftlichen Folgen dieser Entwicklung.
Selbstverständlich wollen wir als Menschen nicht mehr in den Urzustand der natürlichen Selektion zurückfallen, um diesen Zuwachs zu stoppen. Deshalb sollte eine Bevölkerungsstabilisierung erreicht werden. Dazu sind wir auch gegenüber einer hilflosen Tier- und Pflanzenwelt verpflichtet, denn wir allein haben durch den Schöpfer die Gabe der Vorausschau, der Vernunft und auch ein verpflichtendes Gewissen erhalten.
Eine Bevölkerungsstabilisation unseres Planeten muss aber mit grosser Behutsamkeit angestrebt werden, denn es könnte der Fall eintreten, dass wir einst nach jedem Kind Ausschau halten werden und zudem auf Knien danken, dass es gesund ist . . . ! Die chemische und die radioaktive Verseuchung sind heute schon zu viel.
Dazu kommt ein anderer Aspekt, den wir zur Kenntnis nehmen müssen: Früher wurden Kranke und Schwache durch den härteren Lebenskampf, durch Seuchen, Hungersnöte usw. frühzeitig aus dem Leben gerissen. Diese grausame Selektion reduzierte indessen die Fortpflanzung von Erbschäden erheblich. Die heutige Gesellschaft hat dank der medizinischen Hilfsmittel das Glück, Kranke

und Schwache am Leben zu erhalten. Das führt zu einer neuen Verantwortung; denn die Gefahr besteht, dass das Menschengeschlecht gesundheitlich geschwächt wird und degeneriert.
Es ist ausserordentlich wichtig, dass der in der Natur herrschende Lebenskampf ums nackte Dasein richtig verstanden wird. Unser ganzes Leben wird nämlich von der seit jeher vorhandenen natürlichen Radioaktivität beeinflusst. Aber die durch diese Strahlung verursachten Schäden konnten sich früher infolge der natürlichen Selektion kaum vererben. Und es wird heute gar nicht mehr bestritten, dass die erbschädigende Wirkung der Radioaktivität bei Strahlendosis null beginnt. Dabei ist es gleichgültig, ob es sich um natürliche oder künstliche Radioaktivität handelt. Deshalb ist es grundfalsch zu behaupten, dass wir seit jeher unbeschadet in einem Meer von Radioaktivität gelebt hätten. Es sei denn, man verschweige das ursprüngliche Wirken der natürlichen Selektion. Da sie aber beim Menschen durch die Zivilisation weitgehend ausgeschaltet wurde, *ist schon die natürliche Radioaktivität zuviel,* so dass jede weitere Erhöhung des vorhandenen Strahlenpegels verhindert werden muss. Da wir ja alle Kranken, Schwachen und Erbgeschädigten schützen wollen, müssen wir zu unserem höchsten und unwiederbringlichen Gut, der Erbinformation, Sorge tragen. Deshalb ist es unverantwortlich, wenn nachgewiesenermassen mutagene (erbschädigende) Substanzen in unseren Lebensraum entlassen (entsorgt!) werden, wie dies bei der Kerntechnik rücksichtslos und unvermeidbar der Fall ist. Diese Spaltprodukte können sich zudem, wie wir später sehen werden, in der Biosphäre und in Organismen aufsummieren.

Zusammenfassung

Die Menschheit hat in Unkenntnis der ökologischen Zustände vor allem in den letzten hundert Jahren unverantwortlich in die Natur eingegriffen. So, wie wenn einem Organismus beliebige Teile oder Organe geschädigt oder gar herausgeschnitten würden (z. B. Niere, Leber usw.), ohne zu wissen, was das für Folgen haben kann!
Je vielfältiger und komplexer ein Ökosystem wird, um so grössere Stabilität weist es gegenüber äusseren Eingriffen auf, womit der Schutz «des Lebens» erhöht wird. Aber jeder unsachgemässe zivilisatorische Eingriff (Ausrottung von Tierarten, Eingriffe in che-

mische und physikalische Kreisläufe durch Schadstoffbelastungen aller Art, Eingriffe in die Genetik von Pflanzen und Tieren, Waldrodungen, Flusskorrekturen usw.) kann unvoraussehbare Folgen haben. Leider hat der Mensch bereits folgenschwere Schäden seinem Lebensraum und damit seinen eigenen Lebensgrundlagen zugefügt. Das Waldsterben ist nun wirklich das eindrücklichste Anzeichen einer drohenden Ökokatastrophe geworden.
Der einzige Ausweg aus den heutigen Missständen besteht in einer übergeordneten ökologischen Bewertung aller Lebensprobleme. Dabei kann die Ökologie als Wissenschaft nicht wertneutral sein, wie sich andere Wissenschaften dessen auch heute noch «rühmen»! Im Gegenteil, eine Ökologie ohne Ethik und Moral, ohne Emotionen und ohne eine Verantwortung dem Gesamtleben und der Zukunft gegenüber ist gar nicht denkbar. Und wer heute bei der Frage nach der Zukunft der hungernden Menschen und der gefährdeten Tier- und Pflanzenwelt keine Emotionen verspürt, der dürfte schon einen Teil seiner Menschlichkeit verloren haben.

II. Atombomben und Atomenergie

(biologische Auswirkungen)

C. Kernphysikalische Grundlagen

Atomaufbau

Bei der Diskussion über die Gefahren der Atomkraftwerke ist es zweckmässig, einige einfache kernphysikalische Grundlagen zu besprechen. Im folgenden geschieht dies in ganz allgemeinverständlicher Form. Eingehende Kenntnisse braucht man gar nicht, um sich ein eigenes Urteil zu bilden, obgleich immer wieder das Gegenteil behauptet wird.

Anschaulich kann ein Atom mit dem Aufbau unseres Sonnensystems verglichen werden. In der Mitte steht die Sonne, umkreist von den Planeten. Analog, aber unvorstellbar klein, besteht das Atom aus einem Kern (der Sonne entsprechend), der von *Elektronen* umkreist wird (den Planeten entsprechend).

Fast die gesamte Masse des Atoms ist im Kern konzentriert. So ist zum Beispiel die Kernmasse eines Wasserstoffatoms etwa 200mal schwerer als diejenige eines um den Kern kreisenden Elektrons. Zudem sind die Atome praktisch «leer». Wenn man sich einen Kern so gross wie eine Haselnuss vorstellt (ca. 1 cm^3), dann umkreist das Elektron diesen Kern in einer Entfernung von etwa 500 m! Der Kern selbst hat eine unvorstellbare Dichte. Ein Kubikzentimeter reine Atomkernmasse würde das Gewicht von 240 Millionen Tonnen aufweisen.

Ionisation

Der Atomkern besteht aus den elektrisch positiv geladenen Protonen und aus neutralen Teilchen, den Neutronen. Normalerweise entspricht die Anzahl der positiven Teilchen (Protonen) im Kern denjenigen der umkreisenden negativen Elektronen, so dass das Atom elektrisch neutral ist. Sind aber mehr oder weniger Elektronen in der Elektronenhülle vorhanden als Protonen im Kern selbst, so ist ein solches Atom negativ oder positiv geladen, d. h. ionisiert, oder man spricht von einem *Ion.*

Ionisierende Strahlung

Strahlen, welche die Eigenschaft haben, Elektronen aus der Elektronenhülle eines getroffenen Atoms wegzuschlagen, nennt man *ionisierende Strahlen.* In diesem Falle wird das Atom – durch den Verlust von negativen Teilchen, den Elektronen – positiv aufgeladen, d. h. ionisiert. *Ein lebender Organismus benötigt zur Aufrechterhaltung des Lebens keine ionisierende Strahlung. Im Gegenteil wirkt jede solche Bestrahlung extrem lebensfeindlich.* Infolge der verursachten Ionisationen werden chemische Verbindungen nachteilig beeinflusst, aufgespalten oder zerstört. Im Körper können sich Zellgifte bilden, welche Stoffwechsel- und Hormonstörungen verursachen oder vielfältigste Krankheiten wie Leukämie, Krebs usw. und Erbschäden hervorrufen.

Isotope

Die Anzahl der Protonen (positiven Teilchen) im Atomkern ist für jedes der über hundert Elemente genau bestimmt. Sie steigt vom leichtesten Element, dem Wasserstoff, der im Kern ein Proton enthält, bis zu einem der schwersten Elemente, dem Uran mit 92 Protonen. Die Anzahl der Neutronen im Kern dagegen kann bei ein und demselben Element variieren. Solche Geschwisteratome nennt man *Isotope.*

Zur Kennzeichnung der Elemente und Isotope schreibt man die Massenzahl (das ist die Anzahl der Teilchen im Kern) hinter die Elementbezeichnung. So hat zum Beispiel das Uran 238 eben 238 Teilchen im Kern, während sein Isotop Uran 235 nur deren 235 im Kern enthält. Beides ist jedoch Uran.

Radioaktivität

Es gibt nun seit jeher Atome, deren Atomkerne nicht stabil sind, sondern ohne äussere Einwirkung von selbst zerfallen. Man nennt sie Radionuklide. Diesen Zerfall der Atomkerne nennt man *Radioaktivität.* So gibt es neben dem normalen Kohlenstoff 12 einen radioaktiven Kohlenstoff 14 (ein Radionuklid). Der radioaktive Zerfall des unstabilen Kerns erfolgt unter Aussendung einer

Strahlung (ionisierende Strahlung). Dieser Zerfall geht nach genauen physikalischen Gesetzen vor sich, bis wiederum ein stabiler Kern entstanden ist. Dabei kann sich in einigen Fällen sogar der Elementcharakter ändern. So verwandelt sich radioaktiver Kohlenstoff 14 in Stickstoff, Tritium 3 in Helium und Phosphor 32 in Schwefel. Im Körper eingebaut, können solche radioaktiven Stoffe zu schwersten biologischen Störungen führen.
Von *natürlicher Radioaktivität* spricht man, wenn sie in der Natur vorkommt, ohne Zutun des Menschen. Sind die Radionuklide durch menschliche Manipulation (Atomenergie) entstanden, so spricht man von *künstlicher Radioaktivität.* Es ist nämlich möglich, stabile Atomkerne künstlich in radioaktive umzuwandeln. Dies ereignet sich bei der Atomspaltung.
Die Entdeckung der Radioaktivität und der ionisierenden Strahlen ist erst am Ende des letzten Jahrhunderts durch den deutschen Physiker W. C. Röntgen (1845-1923) eingeleitet worden. Nach ihm wurden die Röntgenstrahlen benannt, die man in der Medizin verwendet. Sie werden mittels Elektronenröhren erzeugt. Analoge ionisierende Strahlen entstehen u. a. auch beim Kernzerfall der Radionuklide. Man bezeichnet sie als Gammastrahlen (γ-Strahlen). Es handelt sich, wie bei den Röntgenstrahlen, um elektromagnetische Wellen. Der Kern gibt also keine Teilchen ab, sondern reine Energie. Sie ist bei Gammastrahlen bedeutend grösser als bei Röntgenstrahlen, und entsprechend höher ist auch das Durchdringungsvermögen. Bei Atomreaktoren sind zwei bis drei Meter dicke Betonmauern nötig, damit eine gute Abschirmung gegen Gammastrahlen erreicht wird.
Die Erforschung der Radioaktivität begann 1896. Zwei Jahre später entdeckten Marie und Pierre Curie in Uranpechblenden das Polonium und das Radium. Erstmalig gelang Marie Curie 1910 die Isolierung von 0,1 g Radium. Allerdings erkannte sie noch nicht, dass das geheimnisvolle Leuchten dieses Stoffes im Zusammenhang mit äusserst gefährlichen Strahlen stand. Sie starb 1934 an Leukämie und gehörte zu den ersten Opfern der Radioaktivität, mit der die Menschheit nun zu manipulieren begonnen hatte. Dass die ionisierende Strahlung extrem lebensfeindlich ist, wurde lange Zeit unterschätzt.

Halbwertszeit

Jedes radioaktive Element benötigt für seinen Zerfall eine ganz bestimmte Zeit. Das Mass für diese Zerfallsgeschwindigkeit ist die sogenannte *Halbwertszeit* (HWZ), die angibt, wann die Hälfte der Kerne eines ganz bestimmten Radionuklids zerfallen ist. Sie schwankt von Sekundenbruchteilen bis zu Milliarden von Jahren. Die nachfolgende Tabelle zeigt die Halbwertszeiten einiger von Atomanlagen in unseren Lebensraum ausgestossener Radionuklide[1].

HWZ		**HWZ**	
Strontium-89	50,50 Tage	Plutonium-239	24 390,00 Jahre
Strontium-90	28,50 Jahre	Xenon-133	5,29 Tage
Ruthenium-106	368,00 Tage	Krypton-85	10,76 Jahre
Jod-129	15,70 Mio Jahre	Tritium	12,30 Jahre
Jod-131	8,04 Tage	radioaktiver	
Cäsium-134	2,06 Jahre	Kohlenstoff	5 736,00 Jahre
Cäsium-137	30,10 Jahre		

Bei Tritium (radioaktiver Wasserstoff) mit einer Halbwertszeit von 12,3 Jahren ist zum Beispiel von 1 kg Tritium nach 12,3 Jahren immer noch die Hälfte, d. h. ein Pfund vorhanden.

Beim Plutonium 239 – welches ausschliesslich bei der Atomspaltung produziert wird – dauert es 24'390 Jahre, bis es sich zur Hälfte reduziert hat. Der Mensch produziert damit Abfälle, welche praktisch ewig zurückbleiben. Und ein Millionstel Gramm Plutonium verursacht bereits Lungenkrebs. Dabei wird es tonnenweise in AKWs produziert! Und die schweizerische Atompropaganda hat 1984 in Zeitungsinseraten behauptet, die zukünftigen Generationen würden uns für den überlieferten Atommüll einst wahrscheinlich dankbar sein!

Aber auch kurzlebige Radionuklide können je nach Rückhaltekapazitäten der Atomanlagen sehr gefährlich sein, insbesondere die seltenen Erden (chemische Elemente). Sie machen 60 Prozent der radioaktiven Spaltprodukte aus, und ihr Weg über die Nahrungskette zur anwohnenden Bevölkerung ist kurz! Sie wirken sehr intensiv, weil ihre ganze Energie in relativ kurzer Zeit abgegeben wird. Aber auch Jod 131 muss hier erwähnt werden, das sich in der Schilddrüse konzentriert.

Das Edelgas Krypton 85 (HWZ 10,7 Jahre) wird heute in unheimlichen Mengen, insbesondere von den Aufbereitungsanlagen, abgegeben und reichert sich in steigendem Mass in der Atmosphäre an. Dies könnte folgenschwere Konsequenzen für die luftelektrischen Verhältnisse und damit für das Wetter[34] und möglicherweise für Pflanzen haben.

Strahlenarten

Bei zerfallenden Atomen entstehen vier Strahlenarten:

1. *Alpha-Strahlen* (α-Strahlen). Sie sind eine Teilchenstrahlung von hoher Geschwindigkeit aus dem zerfallenden Kern. Diese Teilchen sind verhältnismässig «dick» (Heliumkerne). In der Luft kommen sie aber nur wenige Zentimeter weit, im Körpergewebe nur etwa 0,1 Millimeter. Dafür ionisieren sie sehr stark und dicht. Dringen sie in einen Zellkern ein, so wirken sie zudem wie ein Elefant im Porzellanladen (strukturzerstörend).
2. *Beta-Strahlen* (β-Strahlen) bestehen aus Elektronen, die ebenfalls aus dem Atomkern stammen (ein Neutron kann nämlich in ein Proton und ein Elektron zerfallen, wobei das Elektron ausgestrahlt wird). Betastrahlen können im Körpergewebe einige Zentimeter weit gelangen.
3. *Gamma-Strahlen* (γ-Strahlen). Wie bereits erwähnt, handelt es sich hier nicht um Teilchen, sondern um elektromagnetische Wellen höherer Energie, die im Gegensatz zu Alpha- und Betastrahlen sogar Beton, Blei und Stahl zu durchdringen vermögen. Sie entstehen auch fast immer zugleich mit Alpha- und Betastrahlen.
4. *Neutronen-Strahlung.* Neutronen bestehen aus elektrisch nicht geladenen Kernbausteinen (1 Positron vereinigt mit 1 Elektron = 1 Neutron). Sie werden hauptsächlich bei Kernumwandlungen ausgesandt, wie bei Atombombenexplosionen und der Kernspaltung in Atomkraftwerken. Neutronen haben ein unheimlich starkes Durchdringungsvermögen. Selbst mit Blei lassen sie sich nur schlecht abschirmen, jedoch gut mit grossen Wassermengen oder Paraffin.

Um es zusammenzufassen: Man braucht diese Angaben nicht auswendig zu lernen. Es genügt, zu verstehen, dass bei der Atomspaltung gefährlichste, lebensfeindliche künstliche Radioaktivität und

Strahlung entstehen (vier verschiedene Strahlenarten). Und an der zunehmenden Verseuchung unseres gesamten Lebensraumes (Wasser, Luft, Boden, Pflanzen, Tiere und Menschen) mit solchen künstlichen Radionukliden ist die Atomenergie schuldig; denn Atomanlagen sind nicht dicht!

Strahlenmessung

Nachdem die Art der radioaktiven Strahlungen erläutert worden ist, müssen wir noch die Massstäbe zur Beurteilung ihrer physikalischen und biologischen Wirkung kennenlernen.

1. *Aktivität* (Curie). Die Aktivität oder Strahlenmenge wird in Curie gemessen. Wenn pro Sekunde 37 Milliarden Atome eines Stoffes zerfallen, so entspricht dies der Aktivität von 1 Curie. Das ist bei einem Gramm Radium der Fall. Weil die Einheit von 1 Curie für natürliche Vorgänge viel zu gross ist, rechnet man oft mit Bruchteilen davon. Es ergeben sich dabei folgende Abkürzungen:

1 Curie	=	1 Curie (Ci)
1 Tausendstel Curie	=	1 Millicurie (mCi)
1 Millionstel Curie	=	1 Microcurie (µCi)
1 Milliardstel Curie	=	1 Nanocurie (nCi)
1 Billionstel Curie	=	1 Picocurie (pCi)

   Die Einheit Curie wird viel benutzt, um anzugeben, wieviel Radioaktivität Atomanlagen ausstossen. Sie ist aber leicht missverständlich und verharmlosend, denn wenig Curie bedeutet nicht wenig gefährlich! Die Gefährlichkeit eines radioaktiven Stoffes hängt nämlich wesentlich von der Art und der Energie seiner Strahlung ab, von seiner Lebensdauer (Halbwertszeit) und seinem ökologischen und biologischen Verhalten.

2. *Reine Strahlendosis = rad.* Unter der Strahlendosis versteht man die von einem Kilogramm eines Körpers aus der Strahlung aufgenommene (absorbierte) Energiemenge *(belebter und unbelebter Körper)*. Die rein physikalische Einheit für diese Strahlendosis (Energiemenge) ist das *rad* (radiation absorbed dosis),

$$\frac{1\ \text{Joule}}{\text{kg}} = 100\ \text{rad}.$$ Ein Tausendstel rad ist ein Millirad (mrad).

3. *Biologisch wirksame Strahlendosis = rem.* Im weiteren ist die unterschiedliche biologische Wirkung der Strahlung *auf belebtes* Körpergewebe zu beachten: Alphastrahlen wirken trommelfeuerartig auf kurze Entfernungen. Betastrahlen und Gammastrahlen dringen tiefer ein. Die reine physikalische Wirkung ist also nicht unbedingt mit der biologischen gleichzusetzen. Deshalb hat man eine weitere Dosiseinheit der Wirkung eingeführt, nämlich das *rem* (radiation equivalent men). Ein Tausendstel rem ist gleich einem Millirem (mrem).
Die Tatsache, dass bei gleicher physikalischer Wirkung (reine Energieaufnahme = rad) eine unterschiedliche biologische Wirkung (Wirkungsdosis = rem) möglich ist, kann man sich sehr leicht durch den folgenden Vergleich nach Manstein[114] vorstellen. Wenn irgend ein lebendes Gewebe einmal von einem spitzen Gegenstand, das andere Mal mit gleicher Kraft (Energie) von einem stumpfen Gegenstand getroffen wird, ergeben sich ganz verschiedene Wunden. Dieselbe physikalische Kraft hat also unterschiedliche biologische Wirkungen gezeigt.
Auch die verschiedenen Strahlenarten können bei gleicher physikalischer Dosis (rad) unterschiedliche biologische Wirkungen haben (rem). Man spricht deshalb von der «relativen biologischen Wirksamkeit» (RBW) und drückt dies heute in einem «Qualitätsfaktor» QF aus. So kann man rem aus rad *auf dem Papier* umrechnen, indem man mit diesem Qualitätsfaktor multipliziert:

rem = rad x QF

Zum Beispiel hat man für Alphastrahlen einen QF von 20 eingeführt, für Neutronen einen von 10[(84]. Man schätzt diese Strahlen also 20- bzw. 10mal biologisch wirksamer ein als Gammastrahlen:

1 rad Alphastrahlen	=	20 rem (QF = 20)
1 rad Betastrahlen	=	1 rem (QF = 1)
1 rad Gammastrahlen	=	1 rem (QF = 1)
1 rad Neutronen	=	10 rem (QF = 10)

Die Lüge vom rem

Das rem ist aber stark umstritten. Nur wenig Logik ist nötig, um zu erkennen, *dass mit Angaben in rem Genauigkeit vorgetäuscht wird, die gar nicht vorhanden ist.* Nach Manstein beruht die damit verbundene Qualitätsbezeichnung auf groben Schätzungen und kann in keiner Weise den komplexen biologischen Vorgängen Rechnung tragen. Es ist unmöglich, die Strahlenart und -energie, aber auch die chemischen Bedingungen und Veränderungen in ein und denselben Begriff zu verpacken[115]. Man bedenke ferner, dass das angeblich gleichmässige Gewebe (z. B. Lunge, Leber, Drüsen) pro Gewichtseinheit Millionen von Zellen verschiedenster Bauart, vielfältige Funktionen und Empfindlichkeiten umfassen kann[115].

Eine direkte Messung der Dosen von im Körpergewebe eingebauten Radionukliden ist zudem gar nicht möglich. Man muss komplizierte Berechnungen und Messungen anstellen. Wenn dann noch eine grosse Uneinheitlichkeit der absorbierten Dosis vorliegt (das ist meist der Fall), was insbesondere Knochen und Lungen betreffen kann, werden die Dosen noch unrealistischer. Die ICRP* schreibt diesbezüglich[69]:

> «In der Schutzpraxis gibt es gewisse Strahlungsbedingungen, bei denen die QF-Theorie nur mit grossen Einschränkungen angewendet werden darf . . .»

Und die UNSCEAR** schreibt gar:

> «Es wurden bis jetzt keine Modelle voll verwirklicht, um die Beziehungen der zeitlichen Verteilung der absorbierten Dosis eines Radionuklids zu derjenigen einer fraktionierten äusseren Bestrahlung mit gleicher Wirkung zu finden. (...) Es sind auch Unsicherheiten betreffend die Mikroverteilung der Energie eines Radionuklids vorhanden, und sie beeinflussen die genauen Werte der RBW (relativen biologischen Wirksamkeit) . . .»[205]

Auch Rausch[140] weist auf sehr eindrucksvolle Inhomogenität (Ungleichmässigkeit) der Speicherung von radioaktiven Stoffen in Organen hin. «So zeigt sich etwa im Knochen, dass sich bestimmte Radionuklide in bestimmten Phasen der Speicherung vorwiegend in der Knochenhaut befinden, andere in bestimmten manschettenartigen Feinstrukturen des kompakten Knochens. In der Leber,

---

* ICRP = Internationale Strahlenschutzkommission

** UNSCEAR = Wissenschaftliche UNO-Kommission

Milz und im Knochenmark kann die Ablagerung bestimmter Radionuklide in Form sogenannter ‹hot spots› erfolgen, während weite Bereiche des Organs davon frei bleiben. Ähnliches gilt für die Verteilung von Plutonium in den Bronchien, Lungen und Lymphknoten der Lunge nach Inhalation, nur dass hier Verfrachtungsvorgänge durch Wanderung speichernder Zellen der räumlichen Inhomogenität der Speicherung noch eine dynamische Komponente zufügen . . .»

Damit sei gezeigt, dass man die biologische Wirksamkeit wichtiger Bestrahlungsarten nur ganz ungenau erfassen kann. Genaue Angaben wären aber die primitivste Voraussetzung für Aussagen über Schädigungsmöglichkeiten, Risikokalkulationen und damit Festlegung von Grenzwerten, insbesondere auch für die Bevölkerung. Manstein[115] spricht sogar von der «Lüge des rem» und stellt fest: «Wer also den Begriff rem gebraucht, um damit das Mass der Belastung von Organismen zu kennzeichnen, weiss entweder nicht von den damit verbundenen komplizierten Fragestellungen oder täuscht seine Zuhörer.»*

Künstliche Atomspaltung

Beschiesst man Uran-235-Atome mit Neutronen, so fliegt der Atomkern beim Zusammentreffen mit einem Neutron in zwei Bruchstücke auseinander. Zugleich lösen sich auch zwei Neutronen aus dem ursprünglichen Kern. Wenn diese zwei Neutronen ihrerseits wieder je einen Uran-235-Kern treffen, entstehen neue Bruchstücke und zugleich wieder je zwei Neutronen, so dass nun vier vorhanden sind. So kann sich die Atomspaltung selbständig fortsetzen, d. h. eine Kettenreaktion ist entstanden. Gleichzeitig werden Gammastrahlen von hoher Energie ausgesandt. Ebenso wird Wärmeenergie frei.

Unvorstellbare Mengen von Atomen können so in Sekundenbruchteilen gespalten werden, wie es bei der Atombombenexplosion bezweckt wird. Der Spaltvorgang kann aber auch unter Kon-

* Der Leser wird im weiteren feststellen, dass oftmals rad oder rem durcheinander vorkommen. Dies darf nicht verwirren. Für unsere Zwecke kann allgemein 1 rad = 1 rem gesetzt werden. Im weiteren bezeichnet man die reine physikalische Energiedosis *rad* mit «absorbierter Dosis», während die biologische Wirkungsdosis *rem* «Äquivalenzdosis» genannt wird. Es kann deshalb vorkommen, dass beide Bezeichnungen beigefügt sind oder einfach das Wort «Dosis».

trolle gehalten werden, indem man im Atomkraftwerk mit neutronenabsorbierenden Stoffen wie Bor und Cadmium die Neutronenlawine steuert. Dies ermöglicht eine kontinuierliche Abgabe der Wärmeenergie, mit der sich auf gewöhnliche Weise Dampf und Elektrizität erzeugen lassen.

Neue Masseinheiten

Man darf sich nun nicht dadurch verwirren lassen, dass ab 1985 neue Masseinheiten verwendet werden, die 100mal grösser sind als rad und rem. Dies erfolgt im Rahmen der Umstellung auf die Energiemenge Joule (bekanntlich wurden auch die Kalorien auf Joule umgestellt).

So werden aus 100 rad = 1 Gray (Gy)
aus 100 rem = 1 Sievert (Sv)

Die Anschaulichkeit der Einheiten geht anfänglich namentlich auch für den Nichtspezialisten und Laien stark verloren. *Im vorliegenden Buch benutzen wir deshalb bewusst und in erster Linie die bisherigen Einheiten rad und rem, wobei wir für unsere Zwecke zwischen rad und rem nicht zu unterscheiden brauchen.* Die neuen Einheiten sind aber – dort wo die Übersichtlichkeit dadurch nicht verloren geht – in Klammern ebenfalls angeführt.

Auch das Mass für die Aktivität, das Curie, wurde auf Bequerel (Bq) abgeändert. 1 Bequerel ist vorhanden, wenn pro Sekunde ein Kernzerfall stattfindet. Damit werden zum Beispiel 100 pCi (Picocurie) = 3,7 Bq (Bequerel). Auch dies ist für uns ohne Belang.

Hier sind für näher Interessierte einige Umrechnungstabellen vorhanden. Zur fundierten Meinungsbildung über die Atomenergie benötigt man solche Kenntnisse aber in keiner Weise!

Alte Einheit: $0{,}01 \frac{\text{Joule}}{\text{kg}} = 1\ \text{rad}$

Neue Einheit: $1 \frac{\text{Joule}}{\text{kg}} = 100\ \text{rad} = 1\ \text{Gray (Gy)}$

100 rem		=	1,00 Sv	(Sievert)
1 rem		=	10,00 mSv	(Millisievert)
100 mrem	(Millirem)	=	1,00 mSv	(Millisievert)
10 mrem	(Millirem)	=	0,10 mSv	(Millisievert)
1 mrem	(Millirem)	=	0,01 mSv	(Millisievert)
100 rad		=	1,00 Gy	(Gray)
1 rad		=	10,00 mGy	(Milligray)
100 mrad	(Millirad)	=	1,00 mGy	(Milligray)
10 mrad	(Millirad)	=	0,10 mGy	(Milligray)
1 mrad	(Millirad)	=	0,01 mGy	(Milligray)

D. Natürliche Strahlenbelastung

Unsere ganze Umwelt und wir Menschen leben seit jeher in einem Meer von natürlicher Radioaktivität. Dieser Strahlung kann sich niemand entziehen. Und während drei Jahrzehnten haben Atombefürworter diese Bedrohung herabgespielt. Zum Beispiel seien in Kerala (Indien) bei der Bevölkerung keine Schäden festgestellt worden, obgleich dort die natürliche Strahlendosis 1300 mrem/ Jahr betrage, gegenüber 130 mrem/Jahr im schweizerischen Mittelland usw.[61]. Dadurch entstand der Eindruck, der ganze Bereich von 130 bis 1300 mrem/Jahr (0,13 bis 1,3 mSv) sei unschädlich. Aber die Natur belastet uns von aussen *und* innen mit Strahlung, die als schädlich anzusehen ist[68+69].

Äussere Strahlung

Sie hat zwei Quellen: die eine aus dem Weltall, das heisst von der Sonne oder von fernen Welten (kosmische Strahlung), die andere aus dem Boden.

Der aus der Atmosphäre eindringende Teil (hauptsächlich Gammastrahlung, d. h. reine Strahlung) wird durch die Atmosphäre abgeschwächt, so dass seine Stärke von der Höhe über dem Meeresspiegel abhängt. Man rechnet alle 1000 m mit einer Verdoppelung der Dosis.

Die Bodenstrahlung hingegen entspringt radioaktiven Gesteinen und Mineralien. Dafür sind vor allem die auf geologische Zeiten zurückgehenden aktiven Elemente Kalium 40, Uran 238, Thorium 232 und Radium 226 und deren eventuelle Folgeprodukte verantwortlich. Die Strahlenbelastung kann je nach Bodenbeschaffenheit sehr unterschiedlich sein. Hohe Werte treten zum Beispiel in gewissen Gebieten von Brasilien auf, in Niue-Island und Indien (Madras, Kerala). Ebenso führen Granitböden zu höheren Strahlenbelastungen.

Innere Strahlung

Sie erfolgt durch *eine sehr begrenzte Anzahl* von natürlichen radioaktiven Substanzen. Sie dringen durch Atmung und Haut, aber auch über die Nahrungsketten in unseren Körper ein. Nicht nur Radionuklide aus dem Boden sind dazu imstande, sondern auch beispielsweise der radioaktive Wasserstoff Tritium und Radiokohlenstoff C-14, welche durch Umwandlung infolge der kosmischen Strahlung in den äusseren Luftschichten gebildet werden. Die gesamte natürliche Innenbestrahlung hat ausser Gamma- auch Alpha- und Betabestrahlungen zur Folge.

Gesamte Strahlung

Von den Atombefürwortern seinerzeit verschwiegen, hat die ICRP bereits 1966 bestätigt, dass natürliche Strahlung schädlich ist[61, 68]:

> «In bezug auf die gesundheitliche Schädigung infolge der natürlichen Strahlung besteht für den Grossteil der Weltbevölkerung ein Risiko 6. Ordnung (1 bis 10 Tote/Million und pro rad). In einigen wenigen Gebieten mit hoher natürlicher Strahlenbelastung ist das Risiko 5. Ordnung (10 bis 100 Tote/Million und pro rad.)»

Das heisst nichts anderes, als dass in Gegenden mit hoher natürlicher Strahlung das Risiko zehnmal grösser ist als für die normale Weltbevölkerung. Und 1977 (Nr. 26) stellt die ICRP gar fest[69]:

> «In diesem Sinne werden regionale Unterschiede der natürlichen Strahlung so betrachtet, dass sie auch entsprechende Unterschiede des Schadens beinhalten ...»

Ein Bild von der Grössenordnung der normalen natürlichen Strahlung ersieht man aus der mittleren Ganzkörper-Äquivalenzdosis des Schweizers nach Angaben der KUER* 1983[101]:

Aussenstrahlung	
Bodenstrahlung	65 mrem/Jahr (0,65 mSv)
Kosmische Strahlung	32 mrem/Jahr (0,32 mSv)
Innenstrahlung	30 mrem/Jahr (0,30 mSv)
Zwischentotal	127 mrem/Jahr (1,27 mSv)
Belastung durch Radon (hauptsächlich in Häusern)	125 mrem/Jahr (1,25 mSv)
Total	252 mrem/Jahr (2,52 mSv)

* Eidg. Kommission zur Überwachung der Radioaktivität

E. Künstliche Radioaktivität

Atomkraftwerke als Teilaspekt

Im Zentrum der Gefahren der Kernspaltungsindustrie steht energiereiche Strahlung und künstliches radioaktives Material. Beides wird mit der Ausweitung der Kerntechnik unsere Biosphäre zunehmend belasten[8], d. h. eine immer weitergehende Verseuchung verursachen. Diese Gefahrenquellen begleiten den gesamten Bereich der Atomindustrie vom Uranbergwerk zur Herstellung der Brennelemente zum Atomkraftwerk zur Aufbereitungsanlage und zur Zwischenlagerung des Atommülls – eine Endlagerung gibt es noch gar nicht. Dazu kommen alle Transporte von radioaktivem Material. Der ganze Brennstoffkreislauf bzw. die ganze Brennstoffkette ist zu berücksichtigen.

Heute sollte aber jede neue Technik – und wenn sie anfänglich wirtschaftlich noch so wertvoll erscheint – auf ihre möglichen Grossraum- und Langzeitwirkungen geprüft werden, und zwar vor ihrer Anwendung. Wir sollten aus der bisherigen Erfahrung lernen, um nicht die gleichen oder analogen Fehler der Vergangenheit zu wiederholen, vor allem Fehler, die gar nicht mehr gutzumachen sind (z. B. mögliche genetische Schäden durch die Atomindustrie).

Immer wieder versuchen die Atombefürworter das Atomkraftwerk als einzelnen Teilaspekt herauszugreifen und nur an ihm allein die Gefahren und Strahlenbelastungen zu diskutieren. Man hat jedoch für die Bevölkerung in der Umgebung von Atomanlagen, weil sie normalerweise stärker gefährdet und stärker strahlenbelastet ist, den Begriff «kritische Bevölkerungsgruppe» eingeführt. Aber die gesamte Brennstoffkette (einen wirklichen Kreislauf gibt es noch nicht!) hat Fernwirkungen, die sich überschneiden und aufsummieren können. Es ist also durchaus möglich, dass weitere Bevölkerungsteile (namentlich auch bei Stör- und Unfällen) ebenfalls stärker strahlenbelastet werden.

Atombombe und Atomkraftwerk

Während bei einer Atombombenexplosion die gesamten Spaltprodukte sofort freigesetzt werden und die Umwelt verseuchen, gibt ein AKW auch im Normalbetrieb laufend oder schubweise «kontrollierte» Mengen von solcher Radioaktivität in unseren Lebensraum ab. *Eine solche Anlage ist niemals dicht.* Im Atomkraftwerk finden im Prinzip die gleichen Spaltreaktionen statt wie bei einer Atombombenexplosion. Das hören «Atombegeisterte» nicht gerne. Wohl bleiben in AKWs die Spaltprodukte zum grössten Teil in den Brennstoffstäben und den Filteranlagen zurück, doch verursachen sie damit das unlösbare Problem des Atommülls. Zudem sind die Aufbereitungsanlagen undichter als Atomkraftwerke, denn viele der in den Brennstoffstäben zurückgehaltenen Stoffe werden erst dort freigesetzt, wie zum Beispiel zu hundert Prozent das Krypton 85, aber auch Tritium, Kohlenstoff 14 und Jod 129. Die verbrauchten Brennstoffstäbe werden nämlich in die Wiederaufbereitungsanlagen transportiert und dort weiterverarbeitet, um beispielsweise Plutonium abzutrennen.

Undichte Atomkraftwerke, Umweltverseuchung

Ein Atomkraftwerk ist nicht wie eine Taschenlampe, die, wenn sie ausgeknipst ist, nicht mehr ihr Licht ausstrahlt. Ein Atomkraftwerk emittiert vielmehr unzählige von kleinsten selbststrahlenden «Taschenlämpchen» (strahlende, künstliche Radionuklide). Diese «Taschenlämpchen» kann man nicht mehr auslöschen. Ihre Strahlung klingt nur gemäss den physikalisch gegebenen Halbwertszeiten ab. Der Mensch kann da nicht mehr eingreifen.

Diese Myriaden von unsichtbaren «Taschenlämpchen» werden mit riesigen Luftmengen verdünnt (110'000 bis 250'000 m^3 pro Stunde) durch das sauber aussehende Kamin abgegeben. Diese Kamine sind grässliche Umweltverschmutzer. Die Abgabe erfolgt aber auch über das Abwasser und, wie schon vorgekommen, oft unkontrolliert (ungemessen) über das Maschinenhaus und die Raumlüftung.

In einem Atomkraftwerk werden auch viele Baumaterialien radioaktiv gemacht. Dies ist auf starke Neutronenstrahlung zurückzuführen. Es handelt sich dabei vor allem um folgende Korrosionsprodukte, die dann in das Wasser des Primärkühlkreislaufs gelangen:

Kobalt 60	HWZ 5 Jahre	Zink 65	HWZ 245 Tage
Mangan 54	HWZ 314 Tage	Chrom 51	HWZ 28 Tage
Eisen 59	HWZ 45 Tage		

Infolge von Leckagen bei Pumpen, Schiebern, Ventilen usw. und namentlich bei Reparaturarbeiten gelangt ein gewisser Teil trotz allen Filteranlagen in das Abwasser.
Schliesslich entstehen auch flüssige und gasförmige radioaktive Stoffe durch Neutronenstrahlung. Es betrifft die im Kühlwasser vorhandenen Verunreinigungen, die durch Zersetzung des primären Kühlwassers, Einsickern von Luft usw. entstanden sind. Hauptsächlich sind es Radioisotope von Stickstoff, Sauerstoff, Kohlenstoff (aus Kohlensäure), Argon und Wasserstoff (Tritium). Den verhängnisvollen radioaktiven Kohlenstoff 14, der entsteht, hat man erst 1972 überhaupt «entdeckt»! (Vorher war er einfach «vergessen» worden)[137]. Trotzdem hatte man immer fröhlich erklärt, es sei alles bekannt und gesichert.
Das in kleinen Dosen ausgestossene *vielfältige Gemisch* von gefährlichsten Radionukliden wird in der Umwelt ziellos verbreitet und ist damit jeder Kontrolle entzogen. Einen Strahlenschutz dagegen gibt es nicht. Die tödlichen künstlichen Substanzen können in die Nahrung gelangen. Wir hören, sehen und fühlen nichts. So entstehen die berüchtigten inneren Strahlenquellen aus künstlicher Radioaktivität. Die gasförmigen Produkte belasten zudem unsere Atemwege und Lungengewebe.

Potentielle Gefahr vor unseren Haustüren

Die Hauptursache für die Bildung von «flüssigem» und gasförmigem Ausstoss und Abfällen sind die unvermeidlichen Leckstellen (winzige Löcher und Risse) in den Hüllen der Brennstoffstäbe. Aus ihnen entweichen Spaltprodukte in den Primärkühlkreislauf und zum Teil durch dessen Entlüftungsanlage in die Abluft (und dies trotz allen Filtern und Rückhaltevorrichtungen). Ein Reaktor von 500 MW (Megawatt) kann 30'000 Brennstoffstäbe enthalten! Mit zunehmender Betriebsdauer nimmt die Leckrate der Brennstoffstäbe zu, schon deshalb müssen sie periodisch ausgewechselt werden. Dazu muss das AKW stillgelegt werden.
Nach einem Jahr Betriebsdauer (eines AKWs von 1000 MW) ist in den Brennstoffstäben ein radioaktives Inventar von Spaltprodukten enthalten, wie es etwa 1000 Hiroshima-Atombomben erzeugen würden. Diese Gefahr liegt vor unseren Haustüren. Und die Gefährlichkeit dieser Abfälle übersteigt unser Vorstellungsvermögen.

Konzentrationsmechanismen in Lebewesen

Dazu ein Musterbeispiel, wie unübersehbar die Gefahr der radioaktiven Vergiftung von Nahrungsmitteln ist: Bei einem Arbeiter der Hanford-Werke in den USA wurde eine unerklärliche Verseuchung mit Zink 65 festgestellt. Man fand dann heraus, dass der Mann Austern gegessen hatte, die von einer Muschelbank im Pazifik stammten. Obwohl diese 400 Kilometer von der Atomanlage entfernt war, hatte sich dort das im AKW-Abwasser mitgeführte Zink 65 um einen Faktor 200'000 angereichert[138]. Vieltausendfache Konzentrationsfaktoren in der Biomasse sind möglich: in Süsswasserfischen bis zu 10'000fach, im Plankton bis zu 200'000fach. Die untenstehende Tabelle zeigt einige Konzentrationsfaktoren, wie sie für Spalt- und Korrosionsprodukte aus Kernkraftwerken gefunden wurden[146]:

	Sedimente	Phyto-plankton	Wasser-pflanzen	Fische
Strontium-90	10 – 500	10 – 1 000	10 – 10 000	1 – 200
Cäsium-137	100 – 14 000	30 – 25 000	10 – 5 000	400 – 10 000
Kobalt-60	4 000 – 29 000	–	200 – 24 000	400 – 4 000
Eisen-59 u.a.	–	bis 200 000	bis 100 000	1 000 – 10 000

Dazu kommt, dass solche Vorgänge auch reversibel sein können, so dass mit einer Elimination der Radionuklide aus den Gewässern nicht einfach gerechnet werden darf. Der Schwebestofftransport spielt hierbei eine wichtige Rolle[147].

So können sich unerwartete Konzentrationsmechanismen in der Natur, in Nahrungsketten, in Organen und Organsystemen ergeben. Dies kann zu spezifischen Organbelastungen und spezifischen Risiken führen, die noch längst nicht gründlich erforscht sind[41].

Indem diese künstlichen Spaltprodukte durch Luft, Wasser und Nahrung in die empfindlichen Organe eindringen, wie zum Beispiel ins Knochenmark, in die hormonproduzierenden Drüsen, aber auch in Keimzellen, in den Embryo usw., können sie dort zehn- bis hundertfach höhere Dosen (innere Strahlenquellen) verursachen, als wenn sie nur von aussen auf dem Boden verteilt wirken würden.

In der Umgebung von Atomanlagen gewachsenes Gemüse kann auch weiter transportiert werden, so dass ein von der Anlage weit entfernter Konsument unter Umständen gefährlicher strahlenbelastet wird als ein Anwohner selbst, der sich anders ernährt.

Auf der Hand liegt ebenfalls die Gefahr der Verseuchung von Feldfrüchten, die in Landwirtschaftsbetrieben mit Oberflächenwasser bewässert oder mit Klärschlamm gedüngt worden sind, und zwangsläufig ist auch die Kontamination der Milch mit Jod, Strontium, Cäsium usw. gegeben.
Die Mechanismen zeigen, dass vieles unbekannt ist, und die Abgabe von radioaktiven Stoffen aus Atomanlagen ist keineswegs nur ein rein physikalisches Verdünnungsproblem. Es ist zu bedenken, dass unsere Trinkwasserversorgung in Zukunft immer mehr auf oberirdische Gewässer angewiesen sein wird, in welche die Abwässer der Atomanlagen fliessen!
Es handelt sich um ein Problem, das überhaupt nie zu beherrschen ist. In den Nahrungsketten finden die in unserer Technik entstehenden Radionuklide in komplexer Weise den Weg von einem Geschöpf zum anderen, von einer Generation zur anderen. Manchmal konzentriert, manchmal fein verteilt. Und sie stiften immer neuen Schaden an. Niemand kann voraussagen, wann und wo diese radioaktiven Abfallprodukte auf unseren Tellern, im Wasser oder in der Luft auftauchen. Ja, sie werden je nach ihren Eigenschaften noch nach Jahren, Jahrzehnten, Jahrhunderten und Jahrmillionen (z. B. Jod 129) immer noch nicht alle verschwunden sein.

F. Allgemeines zum Strahlenschutz

Strahlenschutzgremien

Wer über die Risiken der Atomenergie diskutieren oder sich eine fundierte Meinung bilden will, muss sich einen Überblick über die möglichen gesundheitlichen und biologischen Auswirkungen der Strahlung und Radioaktivität verschaffen. Von besonderer Bedeutung könnte dies auch im Hinblick auf das tragische Phänomen des Waldsterbens sein.
Eine echte Aufklärung über die Atomenergie erhält man nur, wenn man hinter die Kulissen der Strahlenschutzgesetze schaut. Die zur langfristigen Risikokalkulation benötigten Unterlagen der Strahlenbiologie liegen nämlich zum grossen Teil noch im dunkeln. Viele der folgenden Ausführungen beruhen auf Publikationen von folgenden Gremien:

ICRP = Internationale Strahlenschutzkommission
UNSCEAR = Wissenschaftliche UNO-Kommission
BEIR = Berichte der Amerikanischen Akademie der Wissenschaften

Die meisten dieser Berichte bestätigen unser Unwissen und beseitigen unsere begründeten Befürchtungen nicht. Die angeführten Gremien sind weder durch die Atomwirtschaft noch durch die atombefürwortenden Behörden angreifbar. Die Strahlenschutzgesetze aller Staaten basieren auf den Empfehlungen dieser drei Gremien, d. h. besonders der ICRP.

Grundsätzliche Strahlenschäden

Bei biologischen Strahlenwirkungen sind zu unterscheiden:

Somatische Schäden, das sind gesundheitliche Schäden, die den bestrahlten Menschen selbst befallen.
Genetische Schäden, das sind Erbschäden, die erst bei späteren Generationen sichtbar oder wirksam werden.

Und die biologische Schädigung beginnt bei Dosis null aufwärts. Dies hat die UNSCEAR wie folgt ausgedrückt[195]:

> «Das Studium der Beziehungen zwischen Dosis und Wirkung auf Zellebene oder darunter bietet gar keinen Anhaltspunkt, ob es eine Toleranzdosis gibt, und muss zum Schluss führen, dass biologische Schädigungen nach Bestrahlungen eintreten, wie klein die Dosis auch sein mag.»

Im weiteren wird dort ausgeführt, dass es noch von etlichen Faktoren abhängt, ob nach primärem Strahlungseinfluss eine sofortige oder spätere Schädigung auftritt. Zu diesen ausschlaggebenden Faktoren gehört zum Beispiel die individuelle Strahlenempfindlichkeit der Menschen. Die Strahlenschutzgesetze berücksichtigen diese Empfindlichkeit ungenügend, so dass der Empfindliche zum vornherein geopfert wird. Auch in der Atomkraftwerksumgebung gibt es Kranke, Schwangere und Kleinkinder. Sie sind besonders strahlenempfindlich. Aber diese Menschen in der Umgebung der AKWs sind bislang durch die Strahlenschutzgesetze nicht besonders geschützt. Selbst die ICRP spricht dies im Jahre 1984 (!) deutlich aus[93]:

«Es sind eine ganze Anzahl von weiteren Faktoren, die zu erforschen sind. (...) Man sollte auch Schwangere und chronisch Kranke berücksichtigen. Man sollte mehr wissen über den Metabolismus der Radionuklide (biologisches Verhalten) im Embryo und Fötus und über deren Strahlenempfindlichkeiten.»

Zu den wichtigsten Strahlenwirkungen gehört die Beeinflussung des Zellwachstums und der Zellen selbst (Zellkern, Zellsaft, Zellwand). Jeder Organismus ist ja aus Billionen verschiedenartiger Zellen aufgebaut, und das Wachstum biologischer Substanz besteht darin, dass sich die Gewebezellen durch Teilung vermehren. Es gibt aber auch viele Gewebe im schon ausgewachsenen Körper, die sich ständig mehr oder weniger rasch erneuern, indem alte Zellen absterben und neue sich bilden (z. B. Blutkörperchen, Sperma, Haut, Schleimhäute).

Die ionisierende Strahlung wirkt auf die Struktur und auf den Chemismus der Zellen ein. Ionen bilden sich, und Moleküle können aufgespalten werden, wobei *Radikale* entstehen. Das sind Bruchstücke von Molekülen, die chemisch sehr aggressiv sind und neue Verbindungen bilden, die der Zelle fremd sind und als Gifte wirken können.

Schon sehr früh wurde bekannt, dass Strahlung nicht alle Zellen gleich stark schädigt, sondern besonders diejenigen, die sich rasch vermehren. Dies trifft auch auf Krebszellen zu, weshalb die Medizin zu ihrer Vernichtung ionisierende Strahlen einsetzt. Allerdings muss bei solchen Behandlungen immer ein Schadensrisiko in Kauf genommen werden, weil auch gesundes Gewebe mitbestrahlt wird. Trotzdem sollte man nicht aus falscher Strahlenangst gegebenenfalls lebenswichtige radiologische Untersuchungen oder Behandlungen umgehen oder ablehnen. Allerdings ist der moderne Arzt hier viel vorsichtiger geworden.

G. Erbschäden (= genetische Schäden)

Dominante und rezessive Schäden

Genetische Schäden kommen durch Veränderungen (Mutationen) der in den Zellkernen enthaltenen Chromosomen zustande. Die Grundstruktur der Chromosomen ist fadenförmige Desoxyribonukleinsäure (DNS), die im Verlauf der verschiedenen Phasen der Vermehrung und Differenzierung der Zellen einen komplizierten, aber höchst präzisen Form- und Funktionswechsel vollzieht. Die artspezifische Entwicklungspotenz eines Individuums ist durch die Gesamtheit seiner Gene bedingt. Träger dieser genetischen Information ist die DNS.

Eizelle und Spermium des Menschen übertragen je 23 Chromosomen. Somit enthält die befruchtete Eizelle 46 Chromosomen. Aufgrund des besonderen molekularen Baus der DNS wird jedes der 46 Chromosomen vor der Zellteilung genau verdoppelt. Während der Zellteilung wird dann je ein kompletter Satz von 46 Chromosomen in die beiden nun entstehenden Tochterzellen transportiert. Identische Reproduktion der DNS und äquale Verteilung der Chromosomen sind unerlässliche Voraussetzungen für die normale Entwicklung eines Organismus.

Aber jede auch durch Strahlung hervorgerufene Strukturveränderung an den Chromosomen einer Keimzelle führt zu einer veränderten Erbinformation an die Nachkommen, d. h. zu einer *genetischen Mutation.* Wird dagegen eine normale Körperzelle betroffen, so werden nicht die Nachkommen geschädigt, sondern nur der Strahlenexponierte selbst während seiner Lebenszeit. Aus einer solchen *somatischen Mutation* kann zum Beispiel Krebs entstehen.

Allerdings können Strahlenschäden im Zellkern auch repariert werden[52]. Dadurch wird insbesondere die Erbinformation der Lebewesen vor der natürlichen Strahlung geschützt. Das Reparaturvermögen kann durch gewisse Stoffe aber auch gehemmt werden (z. B. Koffein)[52]. Die stark unterschiedliche Strahlenempfindlichkeit der Bevölkerung dürfte auch mit einer unterschiedlichen Erholungsfähigkeit gegenüber Strahlenschäden zusammenhängen.

Nun hat schon Mendel (1875) zwei grundsätzlich verschiedene Vererbungsweisen beschrieben, die dominante und die rezessive (verdeckte) Vererbung.

Nun hat schon Mendel (1865) zwei grundsätzlich verschiedene Vererbungsweisen beschrieben, die dominante und die rezessive (verdeckte) Vererbung.

- Eine dominante Mutation bewirkt, dass bei *allen* Trägern eines solchen veränderten Gens das betreffende Merkmal in nun abgewandelter, eventuell pathologischer Form in Erscheinung tritt.
- Eine rezessive Mutation ist gewissermassen heimtückischer. Sie kann unbemerkt weitervererbt werden, bis einmal Eizelle und Spermium mit der gleichen rezessiven Mutation bei einer Befruchtung zusammentreffen, was viele Generationen dauern kann. Der Träger einer rezessiven Mutation braucht von seiner verdeckten Erbschädigung gar nichts zu spüren. Es ist also möglich, dass eine Bevölkerung mit rezessiven Erbschäden stark durchsetzt ist, ohne dass dies festgestellt wird. So kann ein durchaus normales Bild vorgetäuscht werden. Beim Erreichen einer kritischen Verbreitung mit entsprechenden Kombinationsmöglichkeiten der geschädigten Partner können irgendwann in der Zukunft die an der Volksgesundheit angerichteten Schäden sichtbar werden (sogenannte Erbkatastrophe)[208]. So können zukünftige Generationen noch in Hunderten und Tausenden von Jahren von heute entstandenen rezessiven Mutationen betroffen werden[57, 65, 198, 204].

  Zwischen rezessiven und dominanten Mutationen gibt es auch Zwischenstufen, aber alle Mutationen sind in der Regel schädlich und bewirken eine Verminderung der Vitalität und Fruchtbarkeit.

Bei den Erbschäden stehen nicht auffällige Missbildungen (z. B. Behinderte) und einzelne seltene Krankheiten wie Bluterkrankheit und Zwergwuchs im Vordergrund. Diese meist gut untersuchten Erbkrankheiten bilden nur die Spitze des Eisbergs[13]. Vielmehr können fast alle Krankheiten eine genetische Komponente haben und dann unheilbar sein, wie zum Beispiel:

Allergien, Epilepsie, Arthritis, Nierensteine, Leberschäden, Schwachsinn, Augenkrankheiten, Muskelschwäche, Knochenerweichung, Hirndegeneration, Arteriosklerose, Herzkrankheiten, Vitalitätsverlust usw. usw.

Natürlich kann die heutige Medizin mit Medikamenten gewisse Symptome lindern; aber die Vererbung der eigentlichen Krankheiten kann sie nicht unterbinden, denn unter natürlichen Bedingungen würde die Selektion wirksam werden, nicht aber in der Zivilisation. In ihr ist die Fortpflanzungswahrscheinlichkeit erbkranker Menschen meist nicht geringer als bei den Gesunden. So kommt es zu einer dauernden Anreicherung genetischer Schäden. *Das Menschengeschlecht wird also möglicherweise immer kränker werden. Aus diesem Grunde ist es unverantwortlich, nachgewiesenermassen erbschädigende Gifte wie die künstliche Radioaktivität — der sich niemand entziehen kann — zu produzieren. Wir müssen mit allen Mitteln versuchen, sie aus unserer Umwelt und den biologischen Kreisläufen vollständig fernzuhalten.* Eine Technik wie die Atomspaltung dürfte gar nicht mehr angewandt werden. Wir dürfen nicht mehr alles tun, was wir können.

Stattdessen wird in den Strahlenschutzgesetzen mit nicht fundierten Dosisgrenzwerten manipuliert, mit Zahlenwerten jongliert und der Eindruck von Sicherheit und Sorgfalt erweckt.

Gerade weil die aussergewöhnliche Gefährlichkeit der Radioaktivität erkannt ist, ist es um so unverantwortlicher, dass wir die erbschädigenden (mutagenen) und krebserregenden Spaltprodukte, die in unvorstellbaren Mengen in den Atomkraftwerken anfallen, in unserem Lebensraum nach dem Giesskannenprinzip über die gesamte Weltbevölkerung bewusst verteilen. Die verhältnismässig leichte Nachweisbarkeit vieler radioaktiver Substanzen (aber längst nicht aller, wie z. B. Tritium!) und die scheinbar exakten zulässigen Dosen, Modellrechnungen usw. können ganz falsche Sicherheit vortäuschen! *Im folgenden wollen wir unsere fehlenden Kenntnisse belegen.*

Seit jeher gibt es natürliche Mutationen. Die Ursachen hierfür sind nicht alle bekannt. Man nennt sie spontane Mutationen. Dazu gehört auch die strahleninduzierte Mutationsrate infolge der natürlichen Strahlung. Wir müssen uns also daran gewöhnen, dass schon sie Erbschäden und andere gesundheitliche Schäden verursacht (z. B. Krebs). Aber bis heute sind nur vage Schätzungen über die erb- und gesundheitsschädigende Wirkung der natürlichen Strahlung möglich. Die Meinungen in der Wissenschaft liegen denn auch weit auseinander. BEIR III 1980 schätzt, dass ein bis sechs Prozent der spontanen Mutationsrate auf die Backgroundstrahlung (natürliche Strahlung) zurückzuführen sei[23]. Und Archer glaubt, dass 40 bis 50 Prozent der spontanen Krebsrate eine

Folge der natürlichen Strahlung sei[2]. Es gibt auch gründliche amerikanische Studien darüber, dass in Gebieten mit stärkerer natürlicher Strahlung Missbildungen in der menschlichen Bevölkerung häufiger vorkommen als in Regionen mit durchschnittlicher Umgebungsstrahlung[55].

Aber auch künstliche Strahlung, gewisse Chemikalien und Medikamente können Mutationen hervorrufen. Leider sind langfristige Wirkungen vieler Chemikalien, die in unserem Leben eine Rolle spielen, noch wenig erforscht. Die Menschheit geht mit ihrem Erbgut ziemlich sorglos um! Aber es ist ganz irreführend, wenn darauf hingewiesen wird, dass man die Radioaktivität viel besser kenne als alle andern Gifte. Damit will man glauben machen, man habe die Radioaktivität im Griff! Das ist aber keineswegs der Fall oder gar ein Trost. Es sei denn, wir wollten täglich mit Geigerzählern und Analysen unser Essen und uns selbst auf Strahlung prüfen! Im Gegenteil, die künstliche Radioaktivität wird aus Atomanlagen ziellos emittiert und ist damit jeder Kontrolle entzogen.

Heute anerkennen alle für den Strahlenschutz massgebenden Gremien keine Toleranzdosis bezüglich Erbschäden. Und mit wachsender Strahlendosis nimmt die Mutationsrate (Genmutationen) linear von Dosis null an zu (siehe Abbildung)[208].

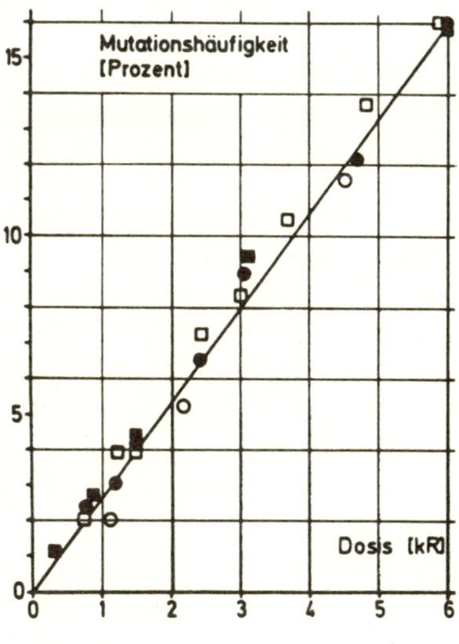

Die Zahl induzierter Punktmutationen (hier Letalfaktoren bei *Drosophila*) ist der Strahlendosis proportional (aus Timofeeff-Ressovsky et al. 1972, nach verschiedenen Autoren).

Maximal zulässige Dosen

Obgleich schon 1927 durch H. J. Müller entdeckt worden war, dass ionisierende Strahlung Mutationen erzeugt und damit auch erbschädigend wirkt, wurde erst mit beginnendem Atomzeitalter ein Grenzwert für die Weltbevölkerung festgelegt. Bis dahin waren nämlich nur bestimmte Personenkreise künstlich mit Strahlung belastet worden, vor allem Ärzte und Patienten (Röntgenstrahlen). Aber durch die Atombombenversuche (seit 1945) und die Einführung der Atomenergie wurde die gesamte Menschheit mit künstlicher Radioaktivität verseucht.

Deshalb hatte die Amerikanische Akademie der Wissenschaften 1956 erstmals die Idee, für die Weltbevölkerung die natürliche Strahlenbelastung als Massstab für eine der maximal erlaubten Grenzdosen zu benutzen. Im Mittel ging man dabei von 5 rad (50 mGy) in 30 Jahren oder 170 mrad (1,7 mGy) pro Jahr aus. Man glaubte damals, die natürliche Strahlenbelastung quasi verdoppeln zu dürfen[21, 52]. Man hielt nämlich die erbschädigende Wirkung so schwacher Strahlung für gering, und beim Krebsrisiko glaubte man an eine viel höhere Toleranzdosis.

Die Internationale Strahlenschutzkommission ICRP – nach deren Empfehlungen alle Staaten ihre Strahlenschutzbestimmungen ausrichten – legte deshalb 1958 erstmals

> *eine maximal zulässige Dosis für die Weltbevölkerung fest, und zwar diese 5 rem in 30 Jahren oder 170 mrem pro Jahr (1 rem = 1000 mrem).* Darin war und ist die medizinische und natürliche Strahlenbelastung nicht berücksichtigt[24].

Und es standen ausschliesslich genetische Überlegungen im Vordergrund. *An ein Krebsrisiko bei so niederer Strahlung glaubte man nicht (Toleranzdosis).* Man stützte sich auf amerikanische Statistiken, die zeigten, dass im Durchschnitt die Kinder von bis zu 30jährigen Eltern gezeugt würden. Daher die 30 Jahre und nicht eine lebenslange Belastung! Manstein meinte dazu: «Man sieht förmlich die Drohung in dieser anmassenden Beurteilung – wehe dem, der aus der Reihe tanzt und seine Kinder später bekommt, auf den kann durch die künstliche Radioaktivität keine Rücksicht genommen werden[114].

Die ICRP bemerkte zu diesem Grenzwert übrigens[69]:

> «Die Kommission ist der Ansicht, dass dieser Wert einen vernünftigen Spielraum für die Atomenergieprogramme der absehbaren Zukunft schafft. Es sollte hervorgehoben werden, dass dieser Wert allenfalls wegen der Unsicherheiten in der Abschätzung der möglichen Schäden und wahrscheinlichen Vorteile kein richtiges Gleichgewicht zwischen Schäden und Nutzen repräsentiert» (ICRP 9).

Die Dosisgrenzwerte wurden also nicht mit dem Ziel festgelegt, in erster Linie die Bevölkerung zu schützen, sondern der Atomenergie einen vernünftigen Spielraum zur Expansion zu schaffen! Zugleich wurde auch eine Grenzdosis für beruflich strahlenbelastete Personen von *5 rem/Jahr während 30 Jahren (50 mSv/Jahr)* festgelegt (auch hier aus genetischen Gründen nur auf 30 Jahre).
Es ist nun ausserordentlich wichtig, sich zu merken, dass diese Dosen bis heute nicht gesenkt worden sind, obgleich sich die Strahlung als um 100- bis 1000mal gefährlicher erwiesen hat, als damals angenommen. Darauf werden wir später zurückkommen. Der zivilisatorische und technische Fortschritt darf nämlich nicht weiterhin auf Kosten unserer Gesundheit und von zukünftigen Generationen ausgebaut werden, auch nicht auf Kosten unserer Ökosysteme.
Vor allem darf das natürliche Strahlenrisiko nicht als Alibi dienen. Es ist schon für eine Zivilisation unserer Art zuviel. *Die Erbinformation der Menschheit muss als ihr höchstes Gut betrachtet werden, und jeder künstliche Eingriff durch die Atomenergie – zum Beispiel durch Kosten/Nutzen-Analysen, durch Risikoanalysen – sollte als das abscheulichste Verbrechen gebrandmarkt werden.*
Selbst das Subkomitee der Amerikanischen Akademie der Wissenschaften, welches in seinem BEIR-III-Bericht von 1980 die Erbschäden behandelt, stellt dazu fest[22]:

> «. . . Das Subkomitee ist überzeugt, dass jede Vergrösserung der Mutationsrate zukünftige Generationen schädigt.»

Schon von diesem Standpunkt aus müsste die Atomenergie, der wir alle ausgeliefert sind, verboten werden, denn bereits der BEIR-Bericht 1972 meint[8]:

> «Mit der Entwicklung der Nuklearenergie ist es unvermeidlich, dass die Biosphäre einer zunehmenden radioaktiven Belastung ausgesetzt wird.»

Im Klartext: Man hat also mit zunehmenden Mutationen bzw. Erbschäden zu rechnen.

Nicht weiter als vor 30 Jahren

Trotz revolutionären Erkenntnissen auf dem Gebiete der Erbschäden (man denke an die Erforschung des genetischen Codes) hat die medizinische Strahlenbiologie nicht bessere quantitative Angaben als vor 30 Jahren (d. h. 1952). Was schon im BEIR-Bericht 1972 festgestellt wurde[9], schreibt die gleiche Kommission im Bericht von 1980 noch einmal[20]:

> «Obgleich das Komitee eine neue Methode der Risikoschätzung für die erste Generation benutzt, sind Schätzungen der genetischen Effekte kaum anders als im Bericht von 1972.»

Wenn es also darauf ankommt, exakte, konkrete Angaben zu machen, so steht die humanmedizinische Strahlenbiologie auf genetischem Gebiet noch so hilflos da wie vor etwa 30 Jahren! Das ist tragisch, denn unterdessen sind Tausende von wissenschaftlichen Arbeiten veröffentlicht und Hunderttausende von Versuchstieren geopfert worden. Kein Wunder, wenn der bekannte Strahlenbiologe Alexander Hollaender die Entwicklung der Strahlenbiologie als «Schlachtfeld der verlorenen Schlachten» bezeichnet[46].

Unsere Wissenslücken sind gravierend. Der BEIR-Bericht 1972 deckt diese schonungslos auf[10]:

> «Fast vollkommen fehlende Information über die strahleninduzierte Mutationsrate beim Menschen.»
> «Es ist unmöglich zu beweisen, dass die Verdoppelungsdosis nicht im Bereich der Backgroundstrahlung (natürliche Strahlenbelastung) liegt, nämlich bei 3 rem.»[14]

Allerdings nimmt man an, dass diese Verdoppelungsdosis (das ist diejenige Dosis, welche die natürliche oder spontane Mutationsrate verdoppeln würde) irgendwo zwischen 50 und 250 rem liegt. Dabei stützt man sich auf unsichere Übertragungen von Resultaten aus Versuchen an Mäusen auf den Menschen[25].

Aber selbst wenn wir diese Verdoppelungsdosis bzw. die erhöhte Mutationsrate pro Dosiseinheit kennen würden, wären wir nicht viel weiter. Der BEIR-Bericht 1972 stellt nämlich fest[10]:

> «Sehr gravierend ist unsere Unfähigkeit, zwischen erhöhter Mutationsrate und den Gesundheitsbeeinträchtigungen beim Menschen zu quantifizieren.»

Man weiss also praktisch nichts. Und unsere heutigen Kenntnisse stützen sich grösstenteils auf Versuche an Tieren, meist Mäusen und Fliegen (Drosophila). Man hat aber erkannt, dass genetische Ergebnisse nicht mit Sicherheit von einer Tierart auf die andere übertragen werden können, geschweige denn vom Tier auf den Menschen[10]. Der BEIR-Bericht 1972 meint denn auch:

> «Indem wir uns so stark auf Experimente mit Mäusen stützen, können wichtige Effekte übersehen werden, die bei Mäusen nicht leicht festzustellen sind.»[13]

Und an anderer Stelle: «Wir können eine Drosophila (Fliege) nicht fragen, ob sie Kopfweh hat.»[12] Natürlich gilt das auch für Mäuse!

Anhand der Drosophila-Fliegen hat man festgestellt, dass die milden Mutationen mindestens zehnmal häufiger vorkommen als die schweren, tödlichen, spontanen Mutationen[11]. Früher meinte man, die milden Mutationen überträfen die schweren nur um den Faktor 2 bis 3[11]. Dabei sind gerade jene heimtückisch, weil sie weniger Einfluss auf Fruchtbarkeit und Vitalität haben und um so leichter in zukünftige Generationen übertragen werden können[12].

Der BEIR-Bericht 1972 macht deshalb auf die grosse Bedeutung dieser milden Mutationen aufmerksam, die sich im Tierversuch *nicht* manifestieren *müssen*[12]:

> «Vielleicht sind die menschlichen Gegenstücke dieser milden Mutationen (wenn sie auch zusätzlich eine leichte Reduktion der Lebenserwartung verursachen) verantwortlich für grössere Krankheitsanfälligkeit und beeinträchtigen körperliche und geistige Kraft oder leichte Missbildungen irgend eines Organs.»

Atombefürworter behaupten gerne, man überschätze die genetischen Gefahren der Strahlung, und verweisen auf mit hohen Dosen bestrahlte Mäuse, die während 40 Generationen keine sichtbaren Schäden zeigten[10]. Aber Green[15] kritisiert, dass man dabei milde Mutationen übersehen haben könnte (man kann eine Maus nicht fragen, ob sie Kopfweh hat, ob ihre geistige Kraft etwas geschwächt wurde) oder die Experimente einen zu kleinen Umfang hatten. Es ist auch klar, dass, wenn eine solche Labormäusepopulation der harten, natürlichen Selektion im Freien ausgesetzt wäre, sich erst dann zum Beispiel gewisse Instinktsverminderungen hätten auswirken können.

Der BEIR-Bericht 1972 sagt zu solchen Mäuseexperimenten[14]:

> «Aber es besteht die Möglichkeit, dass man eine einzige Mutation bei Mäusen nicht bemerkt, welche beim Menschen grosses Leid verursachen könnte.»[14]

Das alles wird der Öffentlichkeit verschwiegen.

Zur Mutationsinduktion meint Frau Prof. Hedi Fritz-Niggli (Vorsteherin des Strahlenbiologischen Instituts der Universität Zürich), welche für die Atomenergie eintritt[53]:

> «Die Risikoschätzungen nach UNSCEAR 1977, ICRP 26, 27 und BEIR III 1980 beruhen auf tierexperimentellen Befunden (hauptsächlich Maus). Da die Erbmasse höherer Lebewesen nicht artspezifisch auf Strahlen reagieren dürfte, ist die Übertragung von Experimenten an Kleinnagetieren auf den Menschen durchaus gerechtfertigt.»

Und der Kommentar der Eidgenössischen Expertengruppe «Dosis-Wirkung» vom Juni 1981 zum BEIR-Bericht 1980 (Vorsitz Frau Prof. Hedi Fritz-Niggli) fasst die «Wirkungen kleiner Dosen ionisierender Strahlung auf die Bevölkerung» bezüglich Erbschäden wie folgt zusammen[48]:

> «Als genetische Risikoschätzung scheinen die vom BEIR III (1980) ermittelten Werte von 5 bis 75 manifesten, genetisch bedingten Störungen (zusätzlich zu den 107'000 ‹spontan› vorkommenden Anomalien) pro Million Lebendgeborener nach einer Exposition mit 1 rem angebracht, ebenso die aufschlussreiche Ermittlung eines Gleichgewichtes von 60 bis 1100 genetisch bedingten Störungen nach einer kontinuierlichen Exposition jeder Generation mit 1 rem. Das ‹natürliche› genetisch bedingte Vorkommen von Anomalien würde damit um 0,05 bis 1,03 Prozent erhöht.» (1 rem = 10 mSv).

Der BEIR-Bericht 1972 meint allerdings besorgt, die gut untersuchten genetischen Krankheiten könnten nur die Spitze des Eisbergs sein, und fragt[13]:

> «Was ist mit den übrigen menschlichen Krankheiten? Sie sind ebenso bis zu einem gewissen Grade genetisch mitbestimmt. (...) Ein Bedenken des Subkomitees ist die mögliche Existenz einer Klasse von genetischen Strahlenschäden, die den Schätzungen entgangen ist. Es könnte sein, dass wegen der hauptsächlichen Abstützung der Schätzung auf experimentelle Daten an der Maus wichtige Effekte übersehen worden sind, weil sie möglicherweise an diesem Objekt schwer nachweisbar sind oder die Maus überhaupt kein günstiges Versuchsmodell für das Studium des Menschen ist.»

Und die ICRP meint 1966 noch sehr ehrlich[65]:

> «Da sich der totale Erbschaden erst nach vielen Generationen zeigen wird, wäre es richtig, wenn sich das gemeinsame Gewissen hauptsächlich mit den langfristigen Schäden befasste. Von diesem Standpunkt aus sollte der totale, auf unbestimmte Zeit entstehende Schaden betrachtet werden.»

Ebenso ehrlich hält die UNSCEAR 1966 noch fest[198]:

> «Für die meisten genetischen Schäden kann man nicht einmal Vermutungen anstellen, wie sich der Schaden in zukünftigen Generationen beim Einzelnen und für die Gesellschaft auswirken wird.»

Und selbst der neuste Bericht der UNO (UNSCEAR 1982) schreibt:

> «Das Problem sowohl der spontanen als auch der strahleninduzierten rezessiven Mutationsrate bleibt weiterhin bestehen. Es ist eines, zu dem es gegenwärtig schwierig ist, gültige Antworten zu geben.»[204]

Aus allen in diesem Kapitel veröffentlichten Zitaten der drei höchsten wissenschaftlichen Gremien auf dem Gebiete des Strahlenschutzes und der Radiobiologie ist die ganze Hilflosigkeit der heutigen Strahlenbiologie gegenüber den langfristigen genetischen Schäden zu ersehen, die sich durch die Atomspaltung ergeben könnten. In andern Worten: Die heute aufgestellten Dosiswerte bieten zukünftigen Generationen keinen sicheren Schutz. Selbst von einem Standort in unbewohnten Gebieten gelangen die aus Atomanlagen ausgestossenen Radionuklide schliesslich in unseren Lebensraum. Boden, Meere, Atmosphäre und die gesamte Lebewelt werden dadurch unweigerlich immer stärker radioaktiv belastet. Wie lassen sich unter solchen Voraussetzungen Atomkraftwerke und Aufbereitungsanlagen überhaupt verantworten und als umweltfreundlich etikettieren?

H. Gesundheitliche (somatische) Schäden

Die somatischen Schäden treten beim Bestrahlten selbst auf, im Gegensatz zu Erbschäden, welche erst die Nachkommen treffen. Man unterscheidet zweckmässig die Wirkung hoher und mittlerer Dosen (akute, kurz nach Bestrahlung auftretende Schäden, wie zum Beispiel Hautrötung) und diejenigen niedriger Dosen (Spätschäden). Spätschäden treten aber auch nach überstandener akuter Strahlenkrankheit auf. Im weiteren muss man seit der Entdeckung des sogenannten Petkau-Effekts im Jahre 1972 auch die möglichen Folgen von Zellmembranschäden, die schon in kleinsten Dosisbereichen sehr wirksam sind, befürchten (siehe Seite 115).

Wirkung hoher und mittlerer Strahlendosen (akute Schäden)
Grässlich kann der kurzfristige Strahlentod sein, wie er bei Unfällen und Katastrophen von Atomanlagen auftreten würde. Bei einem Versagen der Notkühlsysteme könnte ein derartiger Tod vieltausendfach vorkommen, bei einem Atomkrieg millionenfach.
Solche akute Strahlenschäden infolge einer Ganzkörperbestrahlung mit hohen und mittleren Dosen erlebten Menschen zum ersten Mal nach den Atombombenabwürfen in Hiroshima und Nagasaki im Jahre 1945. Neben Verbrennungen und Verletzungen traten bei den Opfern, je nach ihrem Standort und ihrer Strahlenempfindlichkeit, verschiedene Erscheinungen des *akuten Strahlensyndroms* auf. Die Einzelsymptome, die sich bei dieser Schädigung nach Stunden und Tagen zeigen, findet man auch bei einigen anderen Krankheiten. Die Menschen litten an Kopfweh, Schwindel, Erbrechen, Fieber, Durchfall, wurden apathisch und starben oft nach wenigen Tagen. Aber auch scheinbar Unverletzte erkrankten plötzlich nach ein bis zwei Wochen: Bluterbrechen, blutige Flecken am ganzen Körper, Blutharn, etwas später Haarausfall und Blutstuhl; fiebrige Infektionen infolge Mangels an weissen Blutkörperchen traten ein. Überlebenden stand meist ein lebenslanges Siechtum bevor. Spätere nukleare Unfälle boten dann Gelegenheit, das Bild des akuten Strahlensyndroms zu bestätigen.
Bei einer einmaligen Ganzkörperbestrahlung sind die Reaktionen etwa die folgenden: Bei 0 bis 25 rem ist keinerlei Wirkung nachzuweisen, bei 25 bis 60 rem reagieren zehn Prozent mit Übelkeit und Erbrechen, bei 180 rem treten die ersten Todesfälle auf, und 25 Prozent der Bestrahlten leiden an Strahlenkrankheiten, bei 300 rem ergeben sich 20 Prozent Todesfälle, bei 420 bis 700 rem sogar 90 Prozent. Bei Dosen über 1000 rem ist ein Überleben unwahrscheinlich. Der Tod tritt schon nach einigen Stunden ein. Allerdings ist zu bemerken, dass in bezug auf diese Daten in der Literatur keine genaue Einheitlichkeit besteht[131].

Wirkungen niedriger Strahlendosen (auch Spätschäden)

Die unheimliche Wirkung der Radioaktivität machte sich schon im letzten Jahrhundert (1878), beim Erzabbau in dem stark uranhaltigen Gestein der schlecht belüfteten sächsischen Schneebergergruben, bemerkbar. 75 Prozent der Arbeiter starben an Lungenkrebs. Man weiss heute, dass neben dem uran- und thoriumhaltigen Staub auch das radioaktive Edelgas Radon, das sich in der Grubenluft konzentrierte, dafür verantwortlich war. Und die Röntgenpioniere legten noch unwissend ihre Hände in den Strahlenkegel, um dessen Intensität zu bestimmen. Aber bald zeigten sich die ersten Strahlenschäden auf ihrer Haut, und 1902 wurde der erste Hautkrebs nach Röntgenbestrahlung beschrieben. Einige weitere charakteristische Daten sind die folgenden:

1911 erschien die erste Abhandlung über Röntgenkrebs (Latenzzeit neun Jahre) durch O. Hesse[33].

1911 erster Bericht über Leukämie bei Röntgenärzten und -schwestern[33].

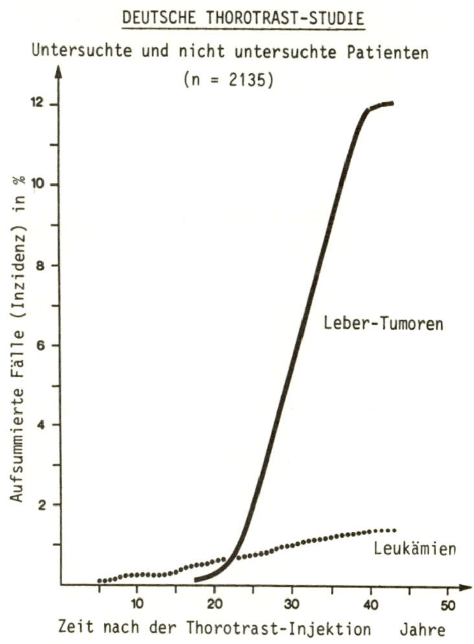

1928 wurde thoriumhaltiges Thorotrast als Kontrastmittel in der Röntgendiagnostik eingesetzt. Erst viel später erkannte man, dass diese Patienten Leukämie und Krebs bekamen. Nach einer Studie des Deutschen Krebsforschungsinstituts Heidelberg, Stand 1982[40], übertrafen die Leberkrebsfälle die Leukämie um das Zehnfache (siehe Abbildung Seite 57). Die kürzeste Latenzzeit* für Leukämie lag bei fünf Jahren, für Leberkrebs bei 16 Jahren.

1929 Zifferblattmalerinnen, die radiumhaltige Leuchtfarben auf Uhren auftrugen, erkrankten an Knochenkrebs[33].

1930 Experimenteller Nachweis der strahlenerzeugten Leukämie.

1956 Erste Arbeiten von A. Stewart über Krebs im Kindsalter nach diagnostischer Röntgenbestrahlung im Mutterleib[33].

1957 Erst zu diesem Zeitpunkt erkannte man, dass Krebs auch noch nach vielen Jahren an den Atombombenüberlebenden von 1945 in Japan auftrat. *Vorher war fast nur Leukämie vorgekommen, und man war sicher, dass dies die auffallendste Strahlenkrankheit sei und Krebs zu vernachlässigen wäre.*

1960 Nach K. Z. Morgan (ehemaliger Vorsitzender der ICRP) glaubten bis 1960 praktisch alle Wissenschafter noch an eine Toleranzdosis, d. h. dass es eine unschädliche Grenzdosis gäbe. Solange diese Toleranzdosis nicht überschritten würde, wäre auch keine Gesundheitsschädigung zu erwarten. «Seit 1960 aber gibt es eine überwältigende Fülle von Daten, die zeigen, dass es für Krebserzeugung durch Strahlung keine Toleranzdosis gibt.»[120]

1966 Immer noch stellt die Internationale Strahlenschutzkommission ICRP hartnäckig verharmlosend fest[66]:

> «Dosen in der Grössenordnung von einigen 100 rad können Krebs in gewissen Organen bewirken. Kein Beweis liegt vor (und es ist auch nicht wahrscheinlich, dass er einmal vorliegen wird), dass ein solcher Effekt bei kleineren Dosen in anderen Organen als dem Knochenmark des Erwachsenen wirksam werden wird.» (100 rad = 1 Gy)

---

* *Latenzzeit:* Nach einer Bestrahlung kann es bis zu 40 oder mehr Jahren dauern, bis eine Erkrankung infolge dieser Bestrahlung eintritt. Diese Zeit nennt man Latenzzeit. Deshalb spricht man auch von Spätschäden der Radioaktivität.

Die durch Strahlung verursachten Krankheiten können Jahre und Jahrzehnte nach überwundener akuter Strahlenkrankheit auftreten. Das gleiche gilt auch nach kürzerer oder langzeitig wirksamer kleiner Strahlenbelastung. Aber niedrige Strahlung verursacht keine spezifische Strahlenkrankheit (Strahlensyndrom), sondern eine Vielfalt von auch sonst bekannten Krankheiten tritt im statistischen Mittel vermehrt auf. Es erkranken also nicht alle Bestrahlten, sondern nur ein Teil von ihnen. Es ist wie ein russisches Roulette, bei dem niemand weiss, ob nicht gerade er betroffen sein wird!
Eine Vielfalt von Krankheiten kann durch niedrige Strahlung verursacht werden:

- Leukämie
- Krebs aller Arten
- verminderte Fruchtbarkeit
- Chromosomenveränderungen des Blutes
- geistige und körperliche Schäden am Ungeborenen (Entwicklungsschäden)
- Erbschäden

Zur Diskussion stehen auch
- Störungen im Hormon- und Enzymhaushalt
- vermehrte Anfälligkeit gegen Infektionskrankheiten, gegen Herz- und Kreislaufkrankheiten
- vorzeitiges Altern
- Hervorzuheben ist, dass Strahlung die grosse Zahl gesundheitlicher Risiken vergrössert[214]

Das Krebs- und Leukämierisiko ist heute von den oben erwähnten Krankheiten noch am besten erforscht. Aber auch bei diesen Schäden ist man weit davon entfernt, seriöse Abschätzungen machen zu können. Dies werden wir noch genauer besprechen. Man glaubt aber, dass Krebs die Folge einer *somatischen Mutation im Zellkern* einer Körperzelle sein kann. Jede solche Zelle kann sich also in eine potentielle Krebszelle verwandeln. Der genaue Mechanismus ist selbst heute noch unbekannt. «Da jede energiereiche Wechselwirkung mit einer bestimmten Wahrscheinlichkeit eine solche Umwandlung verursacht, ist aus theoretischen Überlegungen kein Schwellenwert (unschädliche Dosis) anzunehmen. Dies bedeutet, dass in Analogie zu den Erbschäden auch ein Teil der spontanen (natürlichen) Krebs- und Leukämiefälle auf die natürliche Strahlenbelastung zurückzuführen ist und dass jede zusätzliche Strahlenbelastung durch Atomenergie und Medizin die Krebs- und Leukämierate erhöht[208].

Dass solche niedrige Strahlendosen Krebs erzeugen, wurde 1970 am sehr strahlenempfindlichen noch ungeborenen Leben genauer nachgewiesen. Wurden zum Beispiel Kinder im Mutterleib geröntgt, so stehen sie bis zu ihrem zehnten Lebensjahr unter einem erhöhten Krebsrisiko (nach Stewart & Neale, 1970)[208]:

Zahl der Röntgenaufnahmen 0,2 bis 0,46 rad pro Aufnahme (2 mGy bis 4,6 mGy):	Erhöhte Krebsrate in %
0	0
1	20
2	28
3	70
4	100

1982 wurde eine Langzeitstudie bekannt, die nachweist, dass im Mutterleib bestrahlte Mädchen einem 5,5fach grösseren Brustkrebsrisiko ausgesetzt sind, wenn sie das (mittlere) Alter von 30 Jahren erreicht haben[62].

Auch Tokunaga et al. berichten über zusätzliche Brustkrebsfälle bei japanischen Frauen, die im Alter unter zehn Jahren durch den Atombombenblitz bestrahlt worden waren[188].

I. Strahlenschutz, der keiner mehr ist

Abhängige Gremien

Seit den siebziger Jahren wird es immer augenscheinlicher, dass die Gremien der ICRP und UNSCEAR der Atomenergie mit allen Mitteln den Weg offenhalten müssen, obgleich die Risiken der Strahlung seither massiv angewachsen sind. Dies verwundert aber nicht.

In der UNO-Kommission UNSCEAR (United Nations Scientific Committee on the Effects of Atomic Radiation) werden die Mitglieder von den Regierungen der betreffenden Staaten ernannt. Das besagt in der Regel, dass dort nur atombefürwortende Wissenschafter Einsitz nehmen können.

Auch in der Internationalen Strahlenschutzkommission ICRP (International Commission on Radiological Protection) ist durch den Wahlmodus und durch ihre finanzielle Abhängigkeit dafür gesorgt, welche Wissenschafter mitmachen. Aus der Publikation Nr. 26 von 1977 geht dies deutlich hervor. Danach wird die ICRP von lauter die Atomenergie befürwortenden Körperschaften finanziert, wie:

- Weltgesundheitsorganisation (WHO)
- Internationale Atomenergieagentur (IAEA)
- UNO
- Internationale Gesellschaft für Radiologie
- Internationale Gesellschaft für Strahlenschutz (IRPA)
- Kernenergie-Agentur (NEA)
- Europäische Gemeinschaft (EG)
- diverse nicht namentlich genannte nationale Quellen in Kanada, Japan und dem Vereinigten Königreich

Die Kommission bestätigt, allerdings ungewollt, ihre finanzielle Verflechtung[87]:

> «Die Kommission dankt für die Zeit, die ihren Mitgliedern von den Institutionen für die Arbeit zur Verfügung gestellt wird und für die finanzielle Unterstützung, ohne die es nicht möglich wäre, die Arbeit auszuführen.»

Die Amerikanische Akademie der Wissenschaften gibt ebenfalls massgebende Berichte heraus, die sogenannten BEIR-Berichte (Biological Effects of Ionizing Radiation). Ein berühmter Bericht war derjenige von 1972, der in leichtverständlicher Weise eine gute, objektive Übersicht über den Stand des Wissens vermittelte. Er war sogar bahnbrechend, wie wir später noch sehen werden (zum Beispiel Risikokalkulationen). 1979 wurde der BEIR-III-Bericht veröffentlicht. Erstaunlicherweise war auch er recht offen. Zu offen, wie es sich zeigen sollte; denn er wurde nach kurzer Zeit zurückgezogen. Dafür erschien 1980 ein revidierter BEIR-III-Bericht mit verharmlosenden Daten. Auf dieses Musterbeispiel von Manipulierung wichtigster wissenschaftlicher Informationen kommen wir noch später zurück.

Gofmann und Tamplin: erste Risikokalkulationen

Das wichtigste Ereignis der Jahre 1969/70 bildeten die Veröffentlichungen und Erklärungen der amerikanischen Forscher John W. Gofmann und Arthur R. Tamplin der Universität Berkeley in Kalifornien, welche Risikokalkulationen unabhängig von der ICRP ausgeführt hatten[58, 59, 60]. Das amerikanische Bundesstrahlenamt erlaubte für die friedliche Verwertung der Atomenergie eine Zusatzdosis von 170 mrem pro Jahr (1,7 mSv). Nach Gofmann und Tamplin wäre bei Ausschöpfung dieser Dosis während 30 Jahren allein in den USA mit jährlich

16'000 bis 30'000 zusätzlichen Krebs- und Leukämietoten

zu rechnen. Sie forderten damals die Herabsetzung der Dosis auf einen Zehntel, d. h. auf 17 mrem/Jahr (0,17 mSv).

Geradezu grotesk mutet es an, dass Gofmann und Tamplin ihr Forschungsprogramm im Auftrag und mit Unterstützung der Amerikanischen Atomenergiekommission (USAEC) ausgeführt hatten. Die Arbeit, schon 1963 begonnen, sollte die Gefahren radioaktiver Emissionen für die Biosphäre und den Menschen prüfen. Glücklicherweise hatten die beiden den Mut, nicht einfach ein Zweckgutachten abzugeben, wie es der USAEC* sicherlich gepasst hätte. Vielmehr scheuten sie sich nicht, ihre Ergebnisse ehrlich bekanntzugeben. Die atombefürwortende USAEC zeigte dann ihr wahres Gesicht und verfuhr nach dem üblichen Rezept, wie es bei allen Wissenschaftern, Fachleuten, Nobelpreisträgern, aber auch allen Aussenseitern, die sich gegen die Atomenergie stellten, angewendet wurde: Gofmann und Tamplin wurden verunglimpft und lächerlich gemacht. Man drohte ihnen mit Entlassung, ihr Material wurde zensuriert, verändert. Man entzog ihnen Mitarbeiter, kürzte das Gehalt und verweigerte Lohnerhöhungen. Trotz allem gelang es der USAEC nicht, die Forscher zu widerlegen. Selbst ihr Vorgesetzter konnte ihnen keine Fehler nachweisen. Bezeichnenderweise wich die USAEC der öffentlichen Diskussion aus, welche ihr die zwei Forscher angeboten hatten[182].

---

* USAEC = United States Atomic Energy Commission

Die Strahlenbiologie steht auch heute noch in den Kinderschuhen. Vom Strahlenschutz her betrachtet ist ihre bisherige Entwicklung als ein einziges Drama zu bezeichnen. Aus welchen Gründen auch immer wird nämlich die Tatsache negiert, dass Strahlung und Radioaktivität seit ihrer Entdeckung laufend als immer gefährlicher erkannt werden. Auch wenn bis Anfang der siebziger Jahre die für den Strahlenschutz massgebenden Gremien der ICRP und UNSCEAR und BEIR relativ offen und objektiv über die strahlenbiologischen Forschungen berichtet haben, darf man sich nicht täuschen lassen, denn im Gegensatz zu dieser relativ offenen Haltung haben seit Beginn des Atomzeitalters (1945) die Behörden aller Länder (einschliesslich deren wissenschaftlichen Beratungsgremien für Strahlenschutz, für Sicherheit der Atomanlagen usw.) und die Atomwirtschaft immer herausposaunt, die Anwendung der Atomenergie sei unschädlich und umweltfreundlich. Zu verurteilen ist, dass diese Haltung nie geändert worden ist, selbst als in der wissenschaftlichen Literatur (ICRP, UNSCEAR, BEIR usw.) die bisher unterschätzte Gefährlichkeit der Strahlung immer weniger verschwiegen werden konnte, weil sie fallweise in Grössenordnungen um das 10-, 100-, ja 1000fache höher lag.
Diese Haltung der Behörden – von der die Atomwirtschaft noch heute profitiert – war vorerst auch eine Folge des Kalten Krieges. Die um ihre Sicherheit besorgten westlichen und östlichen Staaten wollten sich den Ausbau ihrer Atomwaffenarsenale und ihre Prüfungen (Atombombenexplosionen) nicht unterbinden lassen. So wurde die Bevölkerung über die Gefährlichkeit der Strahlung und des radioaktiven Ausstosses ungenügend und falsch unterrichtet. Prof. Sternglass belegt dies auch aufgrund von erst später veröffentlichten Dokumenten in seinem Buch «Secret Fallout»[177]. Bei Atombombenexplosionen werden nämlich im Prinzip die gleichen gefährlichen Radionuklide freigesetzt (sogenannter Fallout) wie bei der Atomspaltung in Atomkraftwerken. Man wollte deshalb den allgemein verbreiteten Glauben an eine unschädliche Toleranzdosis aufrechterhalten.
Aus allem ersieht man, wie die berufliche Abhängigkeit von Wissenschaftern ihre Aussagen beeinflussen kann und welche Fehlentscheidungen Politiker treffen können, wenn sie sich einseitig auf beruflich abhängige Fachleute verlassen.

So schrieb die Schweizerische Vereinigung für Atomenergie in einem ganzseitigen Artikel in der «Neuen Zürcher Zeitung» vom 26.8.1970, die von der ICRP aufgestellten Empfehlungen verursachten *«keinerlei gesundheits- und erbschädigende Wirkungen»*. Oder in derselben Zeitung wurden 1972 die Strahlengefahren der maximal zulässigen Dosen mit den Worten herabgespielt: «Natürlich könnte kein einziger nicht naturbedingter Krankheits- und Todesfall geduldet werden.»[126]

Im Gegensatz dazu hatte die ICRP schon 1966 folgendes festgehalten:

> «Das Vorhergesagte macht klar, dass dieser Bericht keine einfache Lösung zu dem praktischen Dilemma bringt, Kriterien für den Strahlenschutz aufzustellen. Obgleich quantitative Empfehlungen zur Kontrolle der Atomenergieindustrie und auch zum Schutz der Bevölkerung in Notfällen nötig sind, sind die Unterlagen, auf denen die Empfehlungen beruhen, ungenau.»[67]

Und die Unterlagen waren nicht nur ungenau, sondern sind auch heute noch in entscheidenden Elementen überhaupt nicht vorhanden. Immerhin gaben sich die Wissenschafter damals so ehrlich, von einem Dilemma zu sprechen. Offensichtlich waren sie gezwungen, gegen ihre Bedenken, der Atomenergie den Weg zu ebnen. Später gibt es solche Äusserungen nicht mehr. Der Staat hatte die Kommissionen – insbesondere die ICRP und UNSCEAR fester in den Griff genommen.

So wurde schon in der ICRP-Publikation von 1969 brutal darauf hingewiesen, dass auszurechnen sei, wie viele Opfer in der Bevölkerung «tragbar» seien. Das Risikodenken im Strahlenschutz (gegen jede Moral und Ethik) war geboren. Es heisst dort:

> «Was Tumoren und genetische Effekte betrifft, so wird allgemein angenommen, dass es keine Toleranzdosis gibt. Empfehlungen für höchstzulässige Bestrahlungen müssen so festgelegt werden, dass die Wahrscheinlichkeit einer Schädigung der Bevölkerung auf ein tragbares Mass vermindert wird.»[73]

Dies ist der Bevölkerung verschwiegen worden. Und selbst heute noch wird falsch informiert mit der Behauptung, noch nie sei ein Mensch infolge Strahlung aus einem Atomkraftwerk getötet worden.

Frühe europäische Warner

Gofmann und Tamplin setzten damals für den Verfasser dieses Buches ein Signal. Er war schon vorher zum konsequenten Atomgegner geworden, nachdem das Studium der Publikationen der ICRP und UNSCEAR gezeigt hatte, dass die Strahlenschutzgesetze auf ganz ungenügenden Grundlagen beruhten, trotz gegenteiligen Beteuerungen von Behörden und den die Atomenergie unterstützenden Wissenschaftern.

Auch in Deutschland, Österreich und der Schweiz gab es zu jener Zeit schon prominente Atomgegner. Es seien hier nur genannt: Bechert, Bruker, Heitler, Herbst, Manstein, Niklaus, Par, Scheer, Schwab, Schweigert, Thierring, Thürkauf, Weish, Zimmermann. Hervorgehoben sei Prof. G. Schwab, der schon vor 30 Jahren die Öffentlichkeit mit seinem Buch «Der Tanz mit dem Teufel»[157] aufzurütteln versuchte und den «Weltbund zum Schutze des Lebens» gründete. Ohne den Computer des Club of Rome hatte er als grosser Denker die Schädigung der Natur schon damals aufgedeckt, analysiert und belegt. Die Interessenvertreter stürzten sich auf ihn, und man versuchte, den unbequemen Mahner zu zwingen, das Buch zurückzuziehen.

Leider gab es zu jener Zeit noch kein Buch über die Gefahren der Atomenergie, das sich hauptsächlich auf die strahlenbiologische Literatur der ICRP und UNSCEAR stützte. Nachdem es dem Verfasser damals nicht gelang, die Öffentlichkeit mittels Zeitungsartikeln oder Leserbriefen auf die Gefahren und Machenschaften aufmerksam zu machen, weil solche Publikationen von den Medien grösstenteils zurückgewiesen worden waren, erschien 1972 sein Buch «Die sanften Mörder – Atomkraftwerke demaskiert», das in verschiedene Sprachen übersetzt und 1974 auch als Taschenbuchausgabe zum Bestseller wurde[61].

Die Atombefürworter reagierten rasch. Sehr bald erschienen kritische Zeitungsartikel und eine im Sonderdruck hergestellte Broschüre. Verfasser war H. Brunner, dipl. Physiker, Sekretär des Schweizerischen Fachverbandes für Strahlenschutz[36]. Herr Brunner schrieb:

> «Gofmann und Tamplin machen Milchmädchenrechnungen. Sie behaupten wie Graeub, es sei zulässig und möglich, die Bevölkerung durch die Auswirkungen der Kernenergie jährlich mit 170 mrem

Dosis zu belasten und folgern daraus, dass dies pro Jahr für die Bevölkerung der USA bis zu 32'000 zusätzliche Todesfälle durch Krebs und Leukämie ergeben müsse. Sie verlangten deshalb eine Reduktion der Dosis auf einen Zehntel. – Woher nimmt Gofmann die moralische Rechtfertigung, sich schon mit einem Zehntel, also 3200 Toten zu begnügen, wenn er wirklich an seine Rechnung glaubt?»[35]

Nun erschien Ende 1972 der BEIR-I-Bericht der Amerikanischen Akademie der Wissenschaften, welcher die Studie von Gofmann und Tamplin grundsätzlich bestätigte. Der Bericht forderte geradezu, dass solche Risikokalkulationen für Krebs in Zukunft zusammen mit den genetischen Risiken als Grundlage für die Strahlenschutzgesetzgebung für die allgemeine Bevölkerung dienen müssten[19]. Auch wurden pro Jahr bis zu 15'000 zusätzliche Krebs- und Leukämietote in recht guter Übereinstimmung mit Gofmann und Tamplin geschätzt[19]. Damit waren letztere rehabilitiert, ihre Kritiker blamiert. Wenig später forderten dann Gofmann und Tamplin die Reduktion der 170 mrem (1,7 mSv) auf null, während die Akademie der Wissenschaften die Reduktion auf wenige mrem empfahl[7].

Die «Bibel» der Strahlenschutzgesetze

Die internationalen Gremien für Strahlenschutz wie ICRP, UNSCEAR und BEIR stützten ihre Erkenntnisse über die somatischen Schäden (z. B. Krebs- und Leukämierisiken) hauptsächlich auf Untersuchungen an den Opfern, die 1945, am Ende des Zweiten Weltkrieges, die Atombombenabwürfe von Nagasaki und Hiroshima überstanden und 1950 noch lebten. So beobachtet man seit Oktober 1950 etwa 80'000 strahlengeschädigte Japaner und wertet ihre Todesursachen aus. Jede Person ist einer bestimmten Strahlendosis ausgesetzt gewesen, die man nachträglich aufgrund des Standortes im Augenblick der Bombenexplosion abschätzen musste (sogenannte TD65-Studie). Es handelt sich dabei um hohe Kurzzeitdosen (Explosion).

Je nach der Dosis, der die Überlebenden ausgesetzt gewesen waren, haben sich im Laufe der Jahre Spätschäden entwickelt (Leukämie und Krebs). Da man einen durch Strahlung ausgelösten Krebs nicht von einem gewöhnlichen (spontanen, natürlichen) Krebs unterscheiden kann, muss man sich statistischer Methoden bedienen. Dabei vergleicht man die Anzahl auftretender Krebsfälle in einer Population (Bevölkerungs- und Tiergruppe), die einer ganz bestimmten, bekannten Strahlendosis ausgesetzt war, mit den aufgetretenen Krebsfällen in einer unbestrahlten Population. Diese sogenannte Kontrollgruppe sollte soziometrisch möglichst identisch mit der bestrahlten Gruppe sein. Bei hohen Dosen ist dann die erhöhte Zahl an Krebsfällen in der bestrahlten Gruppe deutlich feststellbar. Bei niedrigen Dosen aber kann diese Erhöhung so klein sein, dass man sie infolge natürlich bedingter Schwankungen nicht mehr mit statistischer Sicherheit nachweisen kann. Um sich dennoch darüber ein genaues Bild zu machen, ist man gezwungen, aus der beobachteten Wirkung bei hohen Dosen den krebsauslösenden Effekt von kleinen, niedrigen Dosen (nach der Lehrmeinung) rechnerisch zu ermitteln. Man schliesst also aus den Resultaten, die man von hohen Dosen kennt, auf die niedrigen Dosiswirkungen. Dies kann man mit sogenannten Dosiswirkungskurven sehr anschaulich darstellen. Je höher die Dosis, um so mehr Krebsfälle sind zu erwarten.

Dosiswirkungs-Kurven
(Dosis-Effekt-Kurven nach E. J. Sternglass)

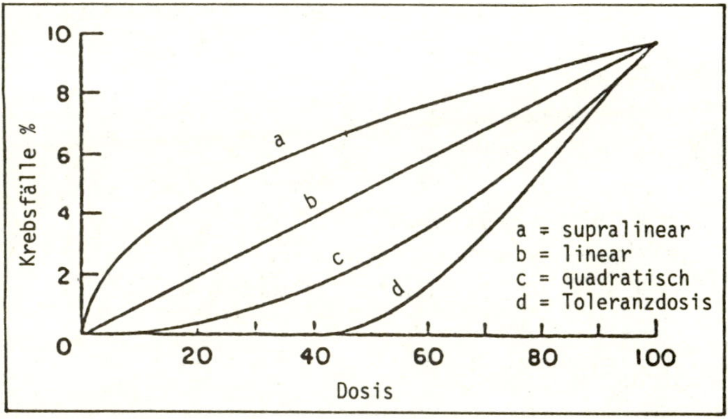

Solche Kurven ergeben sich aus komplizierten mathematischen Berechnungen, die uns hier nicht interessieren. In obiger Abbildung sind einige typische Formen zu sehen. die in vereinfachter Art und Weise die Folgen von verschiedenen Übertragungen

(= Extrapolationen) von hohen auf kleine Dosen zu illustrieren. Sie zeigen zugleich, wie gross unser radiobiologisches Unwissen ist, aber auch, wie begründet unsere Befürchtungen sind.

Auf der senkrechten Achse sind die zusätzlichen Strahlenkrebsfälle angegeben (0 bis 10 in %), welche die auf der waagrechten Achse angegebene Strahlendosis auslöst (0 bis 100).

In obigen *willkürlichen Beispielen* (der Kurven a bis d) ist angenommen, dass man aus einer praktischen Untersuchung weiss, dass bei der hohen Dosis von 100 zehn Prozent mehr Krebsfälle entstehen (siehe Schnittpunkt der vier Kurven rechts im Bild, senkrecht nach unten ist die Dosis 100, waagrecht nach links 10 Prozent). Möchte man nun wissen, wie es sich bei kleineren Dosen verhält (bei denen Versuche möglicherweise keine statistisch gesicherten Ergebnisse liefern), so kann man mit diversen Kurven gegen den Nullpunkt verlängern. Vier Möglichkeiten sind abgebildet. Jede Kurve liefert entsprechende andere Ergebnisse:

b. *Die gerade Kurve b* geht durch den Nullpunkt und ergibt bei Dosis 20 noch 2 Prozent Krebsfälle (Schnittpunkt der eingezeichneten Senkrechten bei 20 mit Kurve b.) *Eine solche lineare, gerade Kurve oder lineare Übertragung hat man seit jeher für Erbschäden benutzt. Später wurde diese lineare Beziehung auch für das Krebsrisiko übernommen* (BEIR I 1972). Diese Kurve entspricht auch einer konstanten Dosiswirkung von hohen Dosen bis zur Dosis null.

c. Diese sogenannte quadratische Kurve c entspricht der alten Hypothese (wissenschaftliche Annahme), die eine Toleranzdosis bzw. einen vernachlässigbaren Effekt (z. B. für Krebs und Leukämie) bei sehr kleinen Dosen berücksichtigt.

d. entspricht einer Kurve mit wahrer Toleranzdosis, wie man sie zum Beispiel für den sofortigen Tod bei hohen Ganzkörperdosen beobachtet hat.

a. Diese «supralineare», nach oben gewölbte Kurve werden wir später beim Petkau-Effekt besprechen (siehe Seite 120).

Lineare Kurve, konservative Sicherheit im Strahlenschutz?

Wenn wir nun bei Dosis 20 senkrecht nach oben auf den Kurven d, c und b ablesen, erhalten wir bei Kurve d null Krebsfälle, bei Kurve c etwa 0,2 Prozent Krebsfälle und bei b 2 Prozent Krebsfälle.

Je nachdem, mit welcher Kurve man die kleinen Dosen ermittelt, erhält man also ein kleineres oder grösseres Risiko der Strahlung. Wenn wir hier die Kurve a nicht beachten (dies machen wir später), so ergibt die lineare Kurve b das grösste Risiko, d. h. die lineare Übertragung. Sie wird deshalb als konservativ bezeichnet und schien den verantwortungsvollen Anforderungen des Strahlenschutzes angemessen zu sein. Auch der berühmte BEIR-I-Bericht 1972 stützte sich darauf. *Und nach K. Z. Morgan unterscheidet sich das Krebsrisiko zum Beispiel zwischen den Kurven b und c bei 1 rem um den Faktor 100!*[120]

Für Erbschäden hatte man schon immer diese lineare Beziehung zwischen Dosis und Wirkung angenommen (Kurve b). Dies war auch durch Experimente an Tieren erhärtet worden. Bei Krebskrankheiten glaubte man hingegen bis 1960 an die Toleranzdosis, wie sie Kurve c wiedergibt. Seither wurde das Risiko ebenfalls nach der linearen Kurve b kalkuliert. Man glaubte sich auf der sicheren Seite, zumal ja alle anderen Kurven (c und d) damit auch abgedeckt sind, die an sich kleinere Risiken aufzeigen. Und im Strahlenschutz sollte ja eher ein zu grosses Risiko angenommen werden, um die Gefahren nicht zu unterschätzen.

Japanische Atombombenopfer

Ausser von den überlebenden japanischen Atombombenopfern gibt es kaum von einer anderen Testgruppe Dosiswirkungskurven. Immerhin wäre es denkbar, dass beispielsweise die Röntgenologie und die Nuklearmedizin (Ärzte, Pflegepersonal, Patienten) wertvolle Daten liefern könnten. Aber offenbar sind diese Gruppen zu klein, der Dosisbereich zu eng und die Dosiswerte zu ungenau, um solche Kurven aufzustellen. Jedenfalls gilt nach wie vor die japanische Studie als beste Quelle. Sie ist quasi die «Bibel» des Strahlenschutzes[67]. Doch sie weist schwere Mängel auf:

a. Die den Opfern zugeteilte Dosis ist unexakt. Dazu schreibt die UNSCEAR[194]:

> «Trotz genauen Nachforschungen können die Dosen nur aufgrund der Entfernung vom Zentrum der Explosion abgeschätzt werden. Die Dosen sind deshalb unsicher, und diese Unsicherheit wirkt sich auf den Dosiseffekt aus.»

b. Die Gewebeempfindlichkeit der bestrahlten Japaner kann nicht für die gesamte Weltbevölkerung gültig sein. Die UNSCEAR schreibt diesbezüglich[197]:

> «Die überlebende Bevölkerung in Japan ist das Resultat einer harten Selektion durch die tödliche Wirkung der Strahlung, so dass die Überlebenden nicht unbedingt repräsentativ für normale Strahlenempfindlichkeit in bezug auf Krebs sein müssen.»

Und die ICRP hierzu[76]:

> «Sogar die japanische Bevölkerung war nicht ganz ‹normal›. Es fehlten die gesunden erwachsenen Männer, die im Kriegsdienst waren.»

c. Die ICRP und UNSCEAR bemerken ausserdem:

> «Ferner waren die Japaner nicht gleichmässig bestrahlt, denn zum Teil befanden sie sich in Häusern, hinter Wänden usw.»[196] «Ein bis zwei Drittel der Überlebenden, die Dosen von 650 rad erhielten, waren mehr oder weniger abgeschirmt.»[72]

d. Bedenklich ist, dass die Studie an den Überlebenden erst 1950 begann, d. h. fünf Jahre nach der Explosion[179]. Die Schwächsten waren infolge des «Katastropheneffekts»* dann schon gestorben. Obwohl – hätten sie überlebt – später auch sie infolge der erlittenen Strahlung frühzeitig hätten sterben können. In den jetzigen Krebsstatistiken werden diese möglichen Opfer gar nicht erfasst (siehe Seite 125).

Wir sehen hier also eine ganze Reihe weiterer schwerwiegender Unsicherheiten, auf denen unsere Strahlenschutzgesetze beruhen.

Strahlenrisiko wächst und wächst

Es wird klar, dass die Befürchtungen, die wir haben müssen, immer grösser werden. Zwar geben die für den Strahlenschutz massgebenden Gremien der ICRP, UNSCEAR und BEIR ihre Berichte über den Stand des Wissens bezüglich der Gefahren der Strahlung und der Radioaktivität periodisch heraus – je nach dem Anfall von neuen Erkenntnissen –, aber die Aufstellung auf Seite 71 belegt, wie sich die Wissenschaft laufend täuscht.

---

* *Katastropheneffekt:* Bei Grosskatastrophen fehlen in der ersten Zeit oft Wasser, Nahrung, Medikamente, Behausungen. Es herrschen unhygienische Verhältnisse usw. Die gesundheitlich und sozial schwächeren Menschen sterben deshalb unverhältnismässig vermehrt.

Angaben zum somatischen Strahlenrisiko des durchschnittlichen Erwachsenen:

[1] Mortalität = zu erwartende strahleninduzierte Leukämie- und Krebstote pro Million Personen, die einmalig mit 1 rem (10 mSv) Ganzkörperdosis bestrahlt wurden.

[2] Inzidenz = Im Gegensatz zur Mortalität (Leukämie- und Krebstote) zählt man alle an Leukämie und Krebs Erkrankten (ob sie nun sterben oder wieder geheilt werden).

[3] 1958 glaubte die ICRP noch nicht an ein Leukämie- oder Krebsrisiko bei niederen Strahlendosen, und die Dosisgrenzwerte für die allg. Bevölkerung wurden vor allem aus genetischen Gründen festgelegt.

Mortalität[1] (Leukämie- und Krebstote)

a	ICRP	1958	0	(siehe Ziffer [3] oben)
b	ICRP	1966	20	nur Leukämie
c	ICRP	1966	40	Leukämie 20 + Krebs 20 (+ 20 nicht tödliche Schilddrüsenkrebsfälle)
d	BEIR-I	1972	50 – 165	Leukämie + Krebs
e	ICRP	1977	100 – 125	Leukämie + Krebs
f	UNSCEAR	1977	75 – 175	Leukämie + Krebs
g	UNSCEAR	1982	100	Leukämie + Krebs
h	BEIR-III	1980	10 – 501	Leukämie + Krebs

Inzidenz[2] (Leukämie- und Krebsfälle)

i	BEIR-III	1980	260 – 880	bei Männern
i	BEIR-III	1980	550 – 1620	bei Frauen

---

a. BEIR 1972, S. 42, 60
b. ICRP Nr. 9, Ziff. 95, S. 16/17
c. ICRP Nr. 8, S. 56, Tab. 15
d. BEIR 1972, S. 167/168, 91
e. ICRP Nr. 27, Ziff. 38/39, S. 13/14, Ziff. 33, S. 12/Nr. 26, Ziff. 60, S. 12
f. UNSCEAR 1977, S. 414, Ziff. 318
g. UNSCEAR 1982, S. 11
h. BEIR III 1980, S. 145
i. BEIR III 1980, S. 246

Die Tabelle zeigt, dass die Strahlung als über tausendmal gefährlicher einzuschätzen ist, als 1958 angenommen wurde. Trotzdem hat die ICRP die festgelegten maximal zulässigen Dosen für beruflich strahlenbelastetes Personal, für Einzelpersonen der Bevölkerung und für die allgemeine Bevölkerung nicht herabgesetzt.
Die ICRP und UNSCEAR berücksichtigten bei ihren Risikokalkulationen zudem nur Tote. Nachdem aber nach heutiger Kenntnis Schilddrüsenkrebs und der Brustkrebs der Frauen die häufigsten Strahlenkrebse sind, sollten sie unter das Inzidenzrisiko fallen, d. h. als Krebsfälle angegeben werden. Damit wären alle an Krebs Erkrankten, d. h. inklusive Krebstote und vom Krebs Geheilte erfasst[28]. Schilddrüsenkrebs und Brustkrebs können nämlich oft geheilt werden[28], und Frauen sind durch Strahlung besonders gefährdet (Brustkrebs). Laut BEIR III 1980 (siehe Tabelle) beträgt die Krebsinzidenz von Frauen sogar 550 bis 1620 gegenüber den Männern mit 260 bis 800 (alles bei einmaliger Bestrahlung mit 1 rad pro Million Frauen oder Männer). Gerade Frauen hätten also allen Grund, sich gegen die Atomenergie zu wenden.
Es ist brutal, nur Krebstote und Leukämietote zu zählen, wie dies die ICRP und UNSCEAR machen. Damit wird vertuscht, dass zum Beispiel eine durch Brustamputation geheilte Frau oder die von Schilddrüsenkrebs erlösten Patienten eben auch Opfer des Strahlenrisikos waren. Kalt ignoriert man die Leiden dieser Menschen, die oft ihr Leben lang weiter ärztlich betreut werden müssen. Durch solch unmenschliche Verharmlosungen der Strahlengefahren soll der Atomenergie die Weiterexistenz ermöglicht werden. Der offizielle BEIR-III-Bericht von 1980 schreibt zudem:

> «Viele Mitglieder des Komitees glauben, dass Strahlenkrebsinzidenz ein vollständigeres Bild der sozialen Kosten gibt als Mortalität» (Tote)[26].

Man nimmt übrigens an, dass die gesamten Strahlenkrebsfälle (Inzidenz) etwa zweimal grösser sind als die Strahlenkrebstoten[18, 88].
Nun fällt in der Tabelle auf, dass mit den Jahren immer grössere Unsicherheiten in den Zahlenangaben auftreten. Beim BEIR III 1980 zum Beispiel beträgt die Spannweite der Unsicherheit 10 bis 501 Leukämie- und Krebstote! Das liegt einmal daran, dass man das wirkliche Krebsrisiko noch nicht einmal bei hohen Dosen kennt. Dazu ist die Beobachtungszeit der Japaner zu kurz. Erst

wenn diese Menschengruppe einmal ausgestorben ist – was noch Jahrzehnte dauern kann – oder die Strahlenkrebsfälle einmal abnehmen werden, wird man zu einer eindeutigen Berechnungsmöglichkeit kommen (sogenanntes relatives und absolutes Risiko werden identisch)[29].

Im BEIR III 1980 wird zudem festgehalten[27]:

> «Es gibt Beweise, dass das erhöhte Leukämie- und Knochenkrebsrisiko nicht unendlich, sondern nach 25 bis 30 Jahren vernachlässigbar wird. Für alle anderen Strahlenkrebse (...) beträgt die Latenzzeit zehn und mehr Jahre, und es gibt bis jetzt keinen Anhaltspunkt, dass das erhöhte Krebsrisiko abnehmen wird. Es sind allerdings noch keine Studien so weit beobachtet worden, bis die ganze Menschengruppe ausgestorben war. Jedes lebenslange Krebsrisiko von bestrahlten Personen weist deshalb beträchtliche Unsicherheiten auf.»

Und vorläufig nehmen die Krebsfälle bei den Japanern sogar noch stark zu, und niemand weiss, ob dies andauert und wie lange, oder ob sie überhaupt wieder abfallen werden[3, 50, 199].

Intrigen, manipulierte Wissenschaft (BEIR III 1980)

Die Wissenschafter sind sich uneinig, nach welcher Dosiswirkungskurve die Risikoschätzungen von kleinen Strahlendosen zu bewerten sind. Darin liegt ein weiterer Grund für die grosse Unsicherheit der Zahlenangaben. Bedenklich ist nur, dass dieser Meinungsstreit weniger ein akademischer zu sein scheint als vielmehr ein handfestes wirtschaftliches und militärisches Seilziehen. Zumindest deutet dies J. Rotblat an. Er schreibt im Bulletin of the Atomic Scientists von Juni/Juli 1981[145]:

> «Risikoschätzungen von kleinen Strahlendosen können um zwei Grössenordnungen differieren je nachdem, wessen Theorie angewandt wird oder welche beobachteten Daten verwendet werden. Leider ist dies nicht einfach nur von akademischem Interesse. Die Wahl eines Modells zur Risikoberechnung kann enorme Kostendifferenzen bringen. Mächtige aussenstehende Interessen spielen hinein. (...) Die beste Illustration hierfür bietet die Geschichte des BEIR-III-Berichtes.»

BEIR ist ein beratendes Komitee des Nationalen Forschungsrates (National Research Council, NRC) der Amerikanischen Akademie der Wissenschaften. Sein erster Bericht I 1972 galt als anerkanntes Nachschlagwerk für den Strahlenschutz der Bevölkerung. Die ständige Kernenergiedebatte und die Notwendigkeit, laufend neu eingehende Forschungsergebnisse über die schwache Strahlung aufzuarbeiten, veranlassten die Akademie, beim BEIR-Komitee einen neuen Bericht in Auftrag zu geben. Dies geschah 1976. Unter dem Vorsitz von E. P. Radford (Professor für Umweltepidemiologie an der Universität Pittsburgh), der auch Vorsitzender des BEIR-Subkomitees für somatische Schäden war, hatte das Komitee Ende 1978 seine Arbeit beendet. Laut Radford fand nachher keine weitere Sitzung des Komitees statt. Der Bericht BEIR III wurde denn auch im Mai 1979 veröffentlicht und verteilt.

Dann geschah etwas Aussergewöhnliches. Die Akademie zog den Bericht zurück, obgleich ihn 17 der 22 Komiteemitglieder genehmigt hatten! Zudem war den fünf ablehnenden Mitgliedern – unter Führung von H. Rossi – bereits ausführlich Gelegenheit gegeben worden, ihre Haltung darzulegen. Die Akademie bestimmte eine Rumpfgruppe von sieben Mitgliedern des Komitees, um das Kapitel über die Krebsrisiken zu revidieren. Mit einer Verzögerung von einem Jahr erschien dann die endgültige BEIR-III-Ausgabe von 1980. Die hauptsächlichste Änderung bestand darin, dass anstatt einer linearen Dosiswirkung eine linear-quadratische Kurve für richtig befunden wurde, die bezüglich der kleinen Dosen anders verläuft, offenbar wunschgemässer, denn diese Kurve weist ein erheblich kleineres Krebsrisiko auf. Sie liegt zwischen den Kurven c und b (siehe Seite 67). Rossi trat gar für das quadratische Modell, Kurve a, ein, mit dem noch kleineren Risiko! Im BEIR III 1980 konnten sowohl Radford als auch Rossi ihren Standpunkt darlegen[31].

Durch die vorgenommenen Manipulationen wurden die Strahlengefahren also verharmlost, und die im BEIR I von 1972 verwendete lineare Kurve wurde verworfen. Das Risiko für Strahlenkrebstote – in Tabelle Seite 71 mit 10 bis 501 angegeben – gliedert sich nun wie folgt auf:

Krebstote

167 bis 501	lineare Kurve b (Radford)
77 bis 226	linear-quadratische Kurve (liegt zwischen Kurven b und c). Offizielles Risiko gemäss dem Rumpfkomitee.
10.bis 28	quadratische Kurve c, gemäss Rossi

In seiner Stellungnahme in BEIR III 1980 erklärt Radford u. a.:

> «Die neue Version des Berichts missachtet alle Studien des Krebsrisikos am Menschen, mit Ausnahme der japanischen Daten. Sie reduziert auch die Risikoschätzungen so weit, dass sie etwa denjenigen im BEIR I von 1972 entsprechen. Dabei wird aber nicht beachtet, dass der wichtige Schritt fehlt, nämlich das Krebsrisiko von nun an als Inzidenz zu beschreiben, und sie missachtet auch viele Daten, dass z. B. das Krebsrisiko steigt, dass die Dosen, welche Wirkungen zeigen, sich ständig senken und dass die verschiedenen menschlichen Krebsarten, die durch Strahlung ausgelöst werden können, sich erhöht haben. Die neue Version des Berichts (...) hat diese wichtigen Punkte nicht beachtet und entspricht deshalb nicht dem neusten Stand der Wissenschaft bezüglich Risikoschätzungen, was eigentlich die Aufgabe des BEIR-III-Komitees gewesen wäre.»[31]

Radford illustriert das Krebsrisiko im BEIR III 1980 u. a. auch wie folgt[30]:

Lebenslängliches Krebsrisiko (Krebsfälle = Inzidenz) von 1 Million Männern und Frauen

	Männer	Frauen
ohne Bestrahlung	283 000	285 000
zusätzlich bei kontinuierlicher, lebenslanger Bestrahlung mit 1 rad/Jahr	16 000 – 31 000	37 000 – 185 000
zusätzlich bei einmaliger Bestrahlung mit 1 rad/Jahr	260 – 880	550 – 1620

So wird der Strahlenschutz zum Spielball irgendwelcher Interessengruppen gemacht, die sich um den Fortbestand der Menschheit wenig oder nur heuchlerisch kümmern. Das ist erschreckend, denn nach den heutigen Kenntnissen dürfte es gar kein Abwägen mehr geben zwischen Ökonomie und Risiko. Die Anwendung der Strahlung und der Radioaktivität müsste strikte auf medizinale Bereiche eingeschränkt werden. Technologien mit der Atomspaltung als Basis dürften schon heute nicht mehr erlaubt werden. Wie gross unser Mangel an radiobiologischem Wissen noch ist, beweist die grosse Schwankungsbreite der oben angeführten Zahlen. Oder ein anderes Beispiel: 1958 glaubte man, dass Dosen von 1 rad pro Jahr noch *kein* Krebsrisiko bedeuten! Auch dass Frauen so viel strahlenempfindlicher sind (Brustkrebs) als Männer, wusste man damals noch nicht.

Nukleare Sicherheit?

Radford erwähnt zu den BEIR-III-Angaben, dass es nicht einmal sicher sei, in allen Fällen die erzeugten Strahlenkrebsfälle nachweisen zu können, trotz den unrealistisch hohen Strahlenexpositionen. Es könnte also eine massenmörderische Wirkung von Strahlung und Radioaktivität eintreten, und die Atompropaganda könnte immer noch behaupten, es sei noch nie jemand durch Strahlung umgekommen!

Diese Bemerkung sei erlaubt, hat doch Dr. H. P. Hänni, dipl. Physiker ETH, Fachmann für Fragen der nuklearen Sicherheit im AKW Beznau (Schweiz), in der «Basler Zeitung» vom 13.5.1981 folgendes festgestellt[63]: «Die vielen Untersuchungen zeigen, dass eine jährliche Strahlendosis von 2 rem oder 2000 mrem (entspricht 60 rem in 30 Jahren) keine nachweisbaren Schäden auslöst. Sie ist nicht unbedenklich, aber die Wirkung ist so gering, dass keine nachweisbaren Schäden festgestellt werden. Andere Einflüsse sind dominant.» Eine Bestrahlung von einer Million Personen mit 60 rem (0,6 Sv) innert 30 Jahren würde aber gemäss offiziellen Daten eine massenmörderische Wirkung haben! (Siehe z. B. Tabelle Seite 75). Wie konnte man nur im Jahre 1981 eine akkumulierte Dosis von 60 rem (0,6 Sv) derart verharmlosen? Wird damit etwa verdeutlicht, was der Bürger unter «nuklearer Sicherheit» zu verstehen hat?

Zwangsmedikation der Bevölkerung mit künstlicher Radioaktivität

Anhand der obigen Risikokalkulationen lässt sich sehr schön belegen, wie Behörden die Atomenergie in grob fahrlässiger Weise schützen und propagieren. Man muss sich wirklich fragen, wie weit der Einfluss der Atomindustrie eigentlich reicht. Im Vergleich zu ihr scheint selbst die Grosschemie ein unscheinbarer Zwerg zu sein. Wir erinnern uns: Anfang 1984 erweckten gewisse Rheumamittel wie Butazolidin und Tanderil grosse Aufregung in der Öffentlichkeit. Durch Indiskretionen war eine interne Studie von

Ciba-Geigy bekanntgeworden, wonach durch diese Medikamente innerhalb von 30 Jahren möglicherweise 1182 Todesfälle zu verzeichnen seien. Dies bei einer Patientenzahl von 200 Millionen[127]. Kritiker errechneten sogar 11'000 Tote unter 180 Millionen Behandelten[127]. Umgerechnet auf eine Million Patienten erfolgten demnach *6 bis 61 Todesfälle.* Bei einer solchen Todesrate durch Medikamente, die ja nur *gezielt, individuell und freiwillig* eingesetzt werden und vor welchen die Gesunden verschont bleiben, erliess das Deutsche Bundesgesundheitsamt (BGA) bereits eine Verfügung. Danach dürfen Medikamente mit den Wirkstoffen Phenylbutazon und Oxiphenbutazon nur noch bei Bechterew-Krankheit (chronische Entzündung der Knochengelenke, vor allem der Wirbelsäule) sowie bei Gichtanfällen verschrieben werden, und dies lediglich für eine Therapie von sieben Tagen![5, 127] 1985 hat dann Ciba-Geigy den Verkauf von Tanderil in allen innerlich anzuwendenden Formen sogar weltweit eingestellt[130]. Aber wie steht es mit den Produkten der Kernspaltung? Die künstlich erzeugten radioaktiven Stoffe wirken vor allem von innen auf die Lebewesen ein.
Vor diesem Hintergrund sei einmal das *lebenslange* Krebsrisiko (Krebsfälle) der nur *einmaligen* Bestrahlung mit 100 mrem (1 mSv) pro Jahr verglichen. (Mit dieser Dosis dürfen laut ICRP 1984[90] Einzelpersonen der Bevölkerung sogar über längere Zeit wiederholt bestrahlt werden.) Nach der linearen Beziehung von BEIR III, 1980 (Radford), wäre pro Million Männer mit 26 bis 88 und pro Million Frauen mit 55 bis 162 Krebsfällen zu rechnen. Hierin sind mögliche Erbschäden und weitere Strahlenfolgen noch gar nicht berücksichtigt. Gemäss schweizerischer Richtlinie R-11 sind für die Umgebungsbevölkerung eines Kernkraftwerkes durch dessen Immissionen immer noch max. 20 mrem pro Jahr als Grenzwert «zugelassen»[103]! *Radioaktivität als Medikament mit einer solch möglichen Wirkung dürfte gemessen am Beispiel der Rheumamittel nicht einmal in den Handel kommen, geschweige denn der Bevölkerung laufend wirklich verabreicht werden! Zur Durchsetzung der Kernenergie sind jedoch so hohe Risiken gesetzlich erlaubt. Dabei kann das ungeborene Leben noch vielfach empfindlicher sein als das der Erwachsenen. Und für beruflich strahlenbelastetes Personal sind nochmals vielfach höhere Strahlendosen gesetzlich zugelassen als die hier betrachteten 100 mrem/Jahr* (1 mSv).

Das zwangsweise Besprühen unserer Umwelt und der gesamten Bevölkerung (das sind nicht einfach Kranke, denen man helfen muss!) mit künstlichen radioaktiven Substanzen ist unverantwortbar. Dass wir bereits von Natur aus gefährliche Radionuklide im Körper haben (mit denen das Leben aber im Gleichgewicht steht!), heisst nicht, dass einfach weitere zugefügt werden dürfen. Im Gegenteil, nachdem die Gefährlichkeit der Strahlung anerkannt und den offiziellen Stellen bekannt ist, müsste jede Erhöhung vermieden werden. Niemand weiss, wann diese künstlichen radioaktiven Substanzen in unserer Atemluft und im Wasser erscheinen oder auf unserem Teller landen. Sie können von einem Lebewesen zum anderen, von einer Generation zur anderen weitergereicht werden und immer neuen Schaden stiften. Man darf sich auch durch die scheinbar niedrigen Dosen nicht täuschen lassen. Es handelt sich meist um Gifte, die sich in unseren Körperorganen aufsummieren. Die natürliche Radioaktivität darf nicht mehr als Alibi dienen.
Ja, wer hat überhaupt ein Recht, für die ganze Bevölkerung Dosisgrenzen oder «maximal zulässige Dosen» festzulegen? *Die biologische Schädigung beginnt bekanntlich, auch nach ICRP, bei null.* Sie schreibt[73]:

> «Was Tumoren und genetische Schädigungen betrifft, wird allgemein angenommen, dass es keine Toleranzdosen gibt. (...) Die Effekte sind quantitativ abhängig von der Schädigungswahrscheinlichkeit pro Strahlendosiseinheit (rem) und von der Totaldosis, über den ganzen Bereich von Strahlendosis null aufwärts.»

Der Trick mit dem ALARA-Prinzip

Ein Trick der ICRP – um die Atomenergie zu schützen – besteht in der Festlegung oder im Festhalten *hoher* Dosisgrenzwerte bei gleichzeitiger Anwendung des sogenannten *ALARA-Prinzips* (as low as reasonably achievable), d. h. man solle die Strahlendosen *«so tief wie vernünftig ausführbar»* halten. Zugleich wird beigefügt:

> «. . . Ökonomischen und sozialen Betrachtungen muss Rechnung getragen werden . . .»[81]

Und das Wort «Ethik» soll auch noch im Begriff «sozial» enthalten sein[79].
Dass von Ethik keine Rede sein kann, beweist der Widerspruch,

wenn die ICRP dann ausdrücklich *Kosten/Nutzen-Analysen* empfiehlt:

> «Das Festlegen von Strahlenpegeln für eine vorauszusehende Tätigkeit sollte durch Kosten/Nutzen-Analysen bestimmt werden.»[82]

Das hinderte sie aber nicht daran, eine viel zu hohe Grenzdosis von 170 mrem (1,7 mSv)/Jahr (innert 30 Jahren) für die Weltbevölkerung aufzustellen und beizufügen, dass dieser Wert kein richtiges Gleichgewicht zwischen Schaden und Nutzen repräsentieren müsse (siehe Seite 51). Wo bleibt da die ethische Verantwortung?

Unmenschliche Rechnungen

In ihrer ganzen Widersprüchlichkeit gibt die ICRP auch ein Beispiel für eine in Geldwerten ausgedrückte Risikoschätzung:

> «Die Kommission diskutiert die Anwendung von Risikoschätzungen, um die effektiven Krankheitsfälle zu schätzen, die durch eine gegebene Strahlenexposition von Einzelpersonen oder Bevölkerungen entstehen können. (...) Eine Methode, die Nützlichkeit von Risikoschätzungen zu verbessern, besteht darin, sie als Schadenmessungen in Geldwerten auszudrücken . . .»[83]

Verschiedene Autoren haben solche unmenschliche Rechnungen schon ausgeführt und bezeichnen die Kosten pro man-rem (pro Mensch und rem) auf «10 bis 250 Dollar»[83].

Wen es interessiert, mag das folgende kurze Rechnungsbeispiel der Amerikanischen Akademie der Wissenschaften nachvollziehen, bei welchem menschliches Leid unbarmherzig in Dollar «umgerechnet» wird[16]. Dabei wurden die jährlichen Krankheitskosten pro Kopf in den USA pauschal auf 400 Dollar Arztkosten geschätzt, basierend auf 80 Milliarden Dollar Arztkosten im Jahre 1970 (bei einer Bevölkerung von 200 Millionen). Lederberg[16] nimmt nun an, dass bei den für die Bevölkerung erlaubten 170 mrem/Jahr (1,7 mSv) bzw. 5 rem (50 mSv) in 30 Jahren das gesamte Krankheitsniveau der USA um 0,5 bis 5 Prozent erhöht werden könnte. 1 rem (10 mSv) würde also eine Erhöhung um 0,1 bis 1 Prozent bewirken. In 30 Jahren (eine Generation) würden 12'000 Dollar pro Kopf Krankheitskosten entstehen (30 x 400 Dollar). 1 rem (10 mSv) würde also pro Generation 12 bis 120 Dollar (0,1 bis 1 Prozent von 12'000 Dollar) zusätzliche Krankheitskosten verursachen.

Als Massstab dienen Arztkosten und der Verlust an Arbeitstagen. Aber Strahlenopfer dürfen nicht einfach gemäss der technischen und wirtschaftlichen Vernunft durch Kosten/Nutzen-Analysen minimalisiert werden. Gesundheit und menschliches Leid sind mehr als Wirtschaftswert und niemals mit Wirtschaftswerten auf einen Nenner zu bringen. Indem man die höheren menschlichen (ethischen) Werte in Geld umrechnet, werden sie zerstört, und die Lebensgefahr wächst.

Besonders verwerflich werden solche Berechnungen, wenn man an die unweigerlich auftretenden Erbschäden denkt. Dann sind nämlich diejenigen, welche den Nutzen haben, nicht einmal identisch mit denjenigen, die den Schaden tragen müssen, und das sind die zukünftigen Generationen. Selbst die blutrünstigsten Herrscher in der Weltgeschichte besassen diese schreckliche Gelegenheit nicht; sie konnten ihre Zeitgenossen «nur» quälen und töten, nicht aber ihren zukünftigen Generationen absichtlich Krüppel, Krankheit und Siechtum einbauen, ganz abgesehen von möglichen Zerstörungen im ökologischen Bereich.

Perfektes Verbrechen, legal geplant?

Im Strahlenschutz werden immer schlauere Methoden zur Festsetzung von möglichst hohen Grenzdosen entwickelt, um damit die Existenzgrundlage der Atomenergie zu erhalten. An der Informationstagung der Schweizerischen Vereinigung für Atomenergie (SVA) vom 23.3.1973 hielt Prof. Dr. W. Jacobi, Leiter des Instituts für Strahlenschutz in Neuherberg (München) und Mitglied der Internationalen Strahlenschutzkommission ICRP, ein Referat, in welchem er ein damals ganz neues Konzept vortrug[96]. Es ist bezeichnend, dass die Schweizerische Kommission zur Überwachung der Radioaktivität (KUER) dieses Konzept dann sofort kritiklos vorstellte[100].

Jacobi vertrat ein sogenanntes «maximal akzeptables Strahlenrisiko» der Gesamtbevölkerung (ohne aber diese zu befragen!) und ging davon aus – man staune –, dass ein zivilisatorisches Strahlenrisiko nur dann bestehe, wenn es erkennbar sei. Das Risiko müsse nur derart niedrig gehalten werden (und soll dann akzeptabel und sinnvoll werden), dass es in der bereits vorhandenen natürlichen (spontanen) Krebshäufigkeit der Gesamtbevölkerung stati-

stisch nicht nachweisbar sei! Für die BRD schienen ihm nach seinen Berechnungen (aufgrund von 2350 spontanen Krebstoten pro Million Einwohner) maximal zehn Strahlentote pro Jahr und pro Million Bürger als akzeptabel. Dies ergibt bei 60 Millionen Einwohnern der BRD maximal 600 Strahlentote pro Jahr – die nicht erwähnt zu werden brauchen und die man nicht nachweisen könnte.
Wie ist so etwas mit rechtsstaatlichen Methoden vereinbar? Damit werden die geopferten Menschen zu statistischen Zahlen entmenschlicht, als ob sie nie gelebt hätten. Und alles Leid müssten die Betroffenen und ihre Familien ohne jede Entschädigung tragen. Der Verursacher hat sich abgesichert. Verdient ein solcher Strahlenschutz noch seinen Namen?
Prof. Jacobi fügte hinzu, man liege mit den 600 Toten auf der sicheren Seite, weil die natürliche Krebshäufigkeit ohnehin zunehme. Laut dem Biologen Dieter Teufel[186] wäre damit in direkter logischer Konsequenz jeder Mord akzeptabel und vom Staat geduldet, sofern er nur hinreichend raffiniert vollzogen würde und die Zahl der so verübten Morde nicht statistisch nachzuweisen wäre. «Die dem Modell zugrunde liegende Vorgabe, dass das zusätzliche Strahlenrisiko für den einzelnen um so ‹akzeptabler› sei, je mehr andere Menschen auch an Krebs – jedoch völlig anderer Ursache – sterben, ist ohnehin absurd, wie das Argument, dass der durch eine Massnahme verursachte Tod eines oder mehrerer Menschen dadurch ‹akzeptabel› wird, dass alle anderen Menschen letztlich ebenfalls sterben.»[186]
Eine solche Rechnung aus einseitig kernenergetischer Sicht ist ohnehin unbrauchbar, weil sie alle anderen Schäden (ausser Krebs) nicht in die Überlegungen einbezieht. Aber Menschenleben (mehr oder weniger) zählen offensichtlich überhaupt nicht, wenn es um die Durchsetzung der Atomenergie geht, vor allem, wenn man die Toten und Kranken nicht nachweisen kann. Deshalb bezeichnete Prof. Gofmann die Anwendung der Strahlenschutzgesetze zur Durchsetzung der Atomenergie als eine Lizenz zum Mord.
Wie gering die ICRP ihre ursprüngliche Aufgabe des Lebensschutzes wahrnimmt, geht auch aus ihrer Publikation von 1973 eindeutig hervor[80]:

> «Gegenwärtig ist die Beziehung zwischen Risiko und Dosis nicht genau bekannt. Auch ist es gewöhnlich nicht möglich, den Nutzen

quantitativ zu erfassen. Trotzdem und im Hinblick auf die ständigen Bedürfnisse der praktischen Anwendung für Planungen anerkennt die Kommission ihre Verantwortung, ihre bisherige Praxis aufrecht zu erhalten und angemessene Dosisgrenzwerte zu empfehlen.»[80]

Schon damals hätte die ICRP die Dosisgrenzwerte so tief ansetzen müssen, dass weitere Planungen verhindert worden wären – im Interesse des Lebensschutzes. Man darf nicht über mögliche Leichen gehen, «um Bedürfnisse zu stillen».
Nobelpreisträger Karl Lorenz meinte zu der unhaltbaren Situation im Strahlenschutz folgendes: «Was soll ein Reaktorsicherheitsexperte ohne Reaktor? Wir erleben den kuriosen Fall, dass die hitzigsten Befürworter der Atomenergie diejenigen sind, die uns eigentlich davor schützen sollten.»[109]. Und ein ehemaliger Präsident der amerikanischen Vereinigung für Strahlenschutz meinte in einer Ansprache: «Mit jedem Kernkraftwerk wächst der Einfluss unserer Berufsvereinigung. (...) Let us put our mouth where our money is» (Wes Brot ich ess, des Lied ich sing)[109].
Selbst Radford (Vorsitzender des BEIR-Komitees von 1980) meint in der angesehenen wissenschaftlichen Zeitschrift «Science» vom 19.6.1981, dass er sich, indem er Strahlung als immer gefährlicher ansehen müsse als bisher angenommen, gegen den professionellen Trend der Strahlenschutzfachleute wenden müsse, welche die Strahlengefahren als minimal hinstellen wollen[139].

Bedauernswert: das strahlenbelastete Personal (5 rem/Jahr sind zu hoch)

Und wo bleibt die ethische *soziale* Verantwortung, wenn die ICRP seit 1958 an der Grenzdosis für beruflich strahlenbelastetes Personal festhält, obgleich sich das Krebsrisiko seither um Grössenordnungen erhöht hat? Wenn ein solcher Arbeitnehmer an Krebs erkrankt, so wird er keine Entschädigung erhalten, sofern er die zulässigen Dosisgrenzwerte nicht überschritten hat. Keine Versicherung wird seine Erkrankung als Berufskrankheit anerkennen, geschweige, dass sie zahlen würde[144]. Die Verursacher sind geschützt. Im Gegensatz dazu wird bei jedem Verkehrs- oder Berufsunfall der Schuldige ermittelt und das Opfer oder seine Angehörigen entschädigt. Würde man das ALARA-Prinzip im Autoverkehr anwenden, so wäre eine Höchstgeschwindigkeit von zum Beispiel mehreren

hundert Kilometern pro Stunde gesetzlich erlaubt, mit der Empfehlung, so langsam wie möglich und vernünftig zu fahren!
Seit 1978 wird in Fachkreisen eine Reduktion der Dosis für beruflich strahlenbelastetes Personal um den Faktor 2 bis 20 gefordert – ohne Erfolg[120, 144]. Bei einer Reduktion um mehr als den Faktor 2 käme nämlich die Atomindustrie in grösste Schwierigkeiten, weil Reparaturarbeiten an Atom- und Wiederaufbereitungsanlagen nicht nur verteuert, sondern verunmöglicht werden könnten[120, 144]. Schon jetzt mussten bei Reparaturen laut einem amerikanischen Senatspapier Hunderte von Schweissern zusammengezogen werden, um die Gefahr für den einzelnen zu vermindern, und trotzdem erhielten viele ihre radioaktiven Höchstdosen. Andere bekamen aus Unvorsichtigkeit sogar höhere Dosen als erlaubt[183].
K. J. Rotblat (ehemaliger Präsident des British Institute of Radiology und der British Hospital Physicists' Association) hat im «Bulletin of the Atomic Scientists» zu den überhöhten Grenzdosen folgendes festgestellt[144]:

> «Wenn die Grenzwerte dadurch bestimmt werden, was eine bestimmte Industrie verkraften kann, können wir geradezu darauf verzichten, Risikoschätzungen aus aktuellen Daten vorzunehmen. Die Wirtschaft kann dann erlaubte Strahlenwerte festlegen. Diese würden dann von Land zu Land und von Industrie zu Industrie variieren. Wenn wir einmal von wissenschaftlichen Kriterien abweichen, wird die Situation unhaltbar. (...) Selbst die ICRP stellt fest, dass eine Strahlenbelastung über längere Zeit bei einem jährlichen Durchschnitt von mehr als 0,5 rem (5 mSv) eine Gefahr bedeutet, die höher ist, als sie für eine sichere Beschäftigung annehmbar ist.» Die heute immer noch erlaubten 5 rem (50 mSv) sind also zehnmal höher.

K. Gesundheitsschäden durch Fallout

Allgemeines

Unsere bisherigen Kenntnisse des Strahlenrisikos beim Menschen basieren auf in kurzer Zeit applizierten höheren Dosen (japanische Bombenopfer und bestrahlte Patienten). Bei den kleinen Langzeitdosen, wie sie bei der natürlichen Strahlung, dem Fallout von Atombomben oder den Emissionen aus Atomkraftwerken vorkommen, hatte man noch keine entsprechenden Daten. Man begnügte sich mit der theoretischen linearen Übertragung von höheren auf kleine Dosen und glaubte, damit auf der sicheren Seite zu sein. Man nahm auch an, dass infolge des kleinen Risikos mit statistischen Methoden keine Schäden nachzuweisen seien. Das aber war unverantwortlich. Die Kenntnislücken waren und sind nämlich besonders gross bezüglich kleiner Mengen von im Körper eingebauten Radionukliden, die dauernd kleine Strahlendosen abgeben.

Bei Atombombenversuchen breiten sich solche Spaltprodukte über die ganze Erde aus. Aus der Atmosphäre gelangen sie durch den Regen in den Boden und in die Gewässer, somit zwangsläufig über die Nahrung auch in alle Lebewesen. Nicht nur die Menge der erzeugten Produkte und ihre Halbwertszeit sind für die Gefährlichkeit entscheidend; ebenso wichtig sind die Selektionsvorgänge bei Pflanzen, Tieren und Menschen, das Resorptionsvermögen des zugehörigen chemischen Elements durch die Organismen sowie Speicherzeit und Speicherort in spezifischen Pflanzen- und Körperzellen.

Besonders gefährlich ist das künstliche Strontium 90, das in den Knochen angereichert werden kann. Seine 29jährige Halbwertszeit ist verhältnismässig lang. Es verteilt sich zudem nicht gleichmässig im Knochengerüst, sondern je nach Kalkbedarf entstehen Strontiumnester (hot spots) mit vielfach erhöhter Strahlung. Niemand kann voraussagen, an welchen Stellen dies eintritt. Auch Cäsium 137 ist eines der gefährlichsten akkumulierbaren Isotope. Es reichert sich im Muskelgewebe an. Besonders bedrohlich sind auch Jodisotope wie Jod 132, 133, 135, 131, die sich in der Schilddrüse konzentrieren, was besonders für das noch ungeborene Leben dramatisch ist.

Es ist nicht die Absicht, hier das vielfältige biologische Verhalten der Spaltprodukte zu behandeln. Vieles ist bekannt, vieles noch unbekannt, insbesondere auch bezüglich der Einflüsse auf Pflanzen. Die Gefährlichkeit von Tritium und Kohlenstoff 14 hat man zum Beispiel erst in den letzten Jahren erkannt und ist noch weit entfernt von der eindeutigen Beurteilung (eventuell auch bezüglich Waldsterben).

Durch die Atombombenversuche gegen Ende der fünfziger Jahre erhöhte sich der Strahlenpegel in Pflanzen, Tieren und Menschen auf der ganzen Welt. Der Strontiumgehalt in den Knochen der Säuglinge stieg beträchtlich, denn gerade die Milch wird durch Strontium besonders stark verseucht. Das führte sogar zu einer Verdoppelung der natürlichen Strahlenwirkung in den wachsenden Knochen der Kleinkinder.

Eskimos wiesen 10- bis 40mal höhere Cäsiumkonzentrationen auf als normal, denn die ihnen zur Ernährung dienenden Rentiere hatten im Muskelfleisch viel Cäsium gespeichert, das sie ihrerseits beim Fressen von Flechten aufgenommen hatten. Flechten nehmen besonders viele Stoffe aus der Atmosphäre auf.

Mit der teilweisen Einstellung der amerikanischen Atombombenversuche nahm die Verseuchung ab, stieg aber infolge der vorübergehenden Wiederaufnahme russischer Tests erneut an. Strontium 90 in den Knochen und Jod 131 in der Milch oder den Schilddrüsen von Schafen können als Indikatoren für solche Versuche dienen. Strontium wird von den Weidetieren mit dem Gras aufgenommen und mit der Milch wieder abgegeben. Milch und Getreide gehören ja zu den Hauptnahrungsmitteln, und wie die Milch neigt auch das Getreide stark dazu, die Spaltprodukte aufzunehmen, die sich dann in der Aussenschicht der Körner einlagern.

Unsinnige Vergleiche mit natürlicher Strahlung

In den Jahren 1960/61 waren wichtige Lebensmittel in der Bundesrepublik mit Strontium 90 und Cäsium 137 als Folge der Atombombenversuche beachtlich verseucht. Teile der Bevölkerung führten sich mit der täglichen Nahrung schon 70 Prozent der zulässigen Dauerbelastung zu[99]. Deshalb befasste man sich im deutschen Bundeswirtschaftsministerium bereits mit der Frage, ob der Verkauf von Vollkornschrot und Schwarzbrot zu verbieten sei und ob der Ausmahlungsgrad des Getreides begrenzt werden müsse. Da sich die Radionuklide gerade in der vitalstoffreichen Aussenschicht der Körner anreichern, wäre man beinahe gezwungen gewesen, diese für eine gesunde Ernährung wichtigen Randschichten der Verseuchung wegen zu entfernen und weniger gesundes Weissmehl zu verwenden.

Dabei illustriert die UNO-Kommission UNSCEAR 1982 die Kollektivdosis der Menschen durch atmosphärische Atombombentests wie folgt[201]:

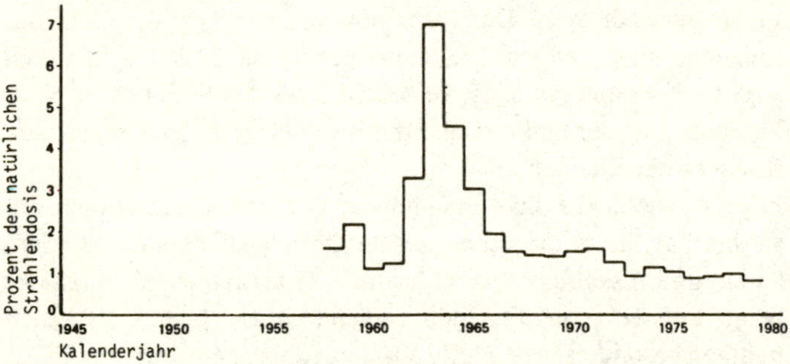

«In den frühen sechziger Jahren war ein starkes Ansteigen der Kollektivdosis festzustellen und führte 1963 zu einer Spitze entsprechend etwa sieben Prozent der durchschnittlichen Belastung aus natürlichen Quellen.»

Ein schönes Beispiel für den Unsinn solcher Dosisvergleiche mit der natürlichen Strahlung. Die Gefährlichkeit der künstlichen radioaktiven Strahlenbelastung wird ganz einfach bagatellisiert. Die natürliche Radioaktivität führt nicht zu derartigen Erscheinungen. Eine zunehmende Umweltverseuchung und zunehmende Bedrohung unserer Gesundheit erfolgt hier nicht.

Keine offiziellen Studien

Tatsächlich glichen die Atombombenversuche von Amerika, Russland und China einem riesigen Massenexperiment mit grossen Bevölkerungsgruppen, ja, der gesamten Weltbevölkerung. Durch ein weltweit aufgebautes Überwachungsnetz wurden denn auch ansehnliche Daten über die verursachten Strahlenbelastungen gesammelt. Sie berücksichtigten den Fallout und die Anreicherungen seiner Spaltprodukte in der Umwelt und in Nahrungsmitteln.

Aber diese wertvollen Daten wurden in keine epidemiologische Untersuchung einbezogen, um die gesundheitlichen und erbschädigenden Wirkungen des Fallouts der Bomben und damit auch der Emissionen aus Atomkraftwerken abzuklären. Im Gegenteil hatte man sich geweigert, dies zu tun. Offensichtlich war und ist man gar nicht interessiert daran! So konnte man weiterhin behaupten, der Fallout und die Atomanlagen seien unschädlich. Dieser schwerwiegenden Anklage können sich die abhängige oder offizielle Wissenschaft, die Behörden und vor allem die für den Strahlenschutz massgebenden Gremien der ICRP, der UNO und BEIR usw., nicht entziehen.

Erste Studien unabhängiger Forscher (Atombombenstopp)
Glücklicherweise dachten unabhängige Forscher anders. Mit bescheidenen Mitteln erzwangen sie indirekt den Atombombenversuchsstopp von 1963. Schon 1962 hatte der bekannte Atomphysiker Ralph Lapp im Science Magazine erstmals epidemiologische Studien verlangt[177]. Das sind Studien über Gesundheitsschäden an möglichst grossen Bevölkerungsgruppen. Lapp visierte namentlich einen Atombombentest vom 25. April 1953 in Nevada an, dessen Wolken hoch über diverse Staaten hinwegzogen und mit aussergewöhnlich heftigen Niederschlägen über dem Staat New York und zum Teil in Vermont und Massachusetts niedergingen. Etwa eine halbe Million Menschen erhielten stark radioaktiven Regen. In der Stadt Troy betrug die Aktivität des Regenwassers 270'000 Mikrocurie, während der AEC-Standard (Grenzwert) 100 Mikrocurie betrug. Es wäre deshalb eine einzigartige Gelegenheit gewesen, epidemiologische Studien vorzunehmen, da man mit grosser Wahrscheinlichkeit eindeutige Resultate erhalten hätte[177].
Aber wenn damit nachgewiesen worden wäre, dass viele Kinder infolge der Manöverexplosionen in Nevada möglicherweise gestorben sind, so hätte die Bevölkerung sicherlich Widerstand gegen die Atombombenexperimente und gegen die gigantische friedliche Verwertung der Atomenergie geleistet. Das konnte man von der USAEC (US-Atomenergiekommission) nicht erwarten, die zum vornherein alles als harmlos bezeichnete. Sie war schliesslich damals nicht nur für die Sicherheit, sondern auch für die Förderung

der Atomenergie zuständig. Man hatte den Fuchs zum Bewacher des Hühnerstalls gemacht!

Zu jener Zeit wiesen auch noch andere Wissenschafter auf die Gefährlichkeit der Atombombenversuche hin. So wurde Prof. J. E. Sternglass*, Professor für Radiologie an der Universität Pittsburgh, 1961 erstmals mit Fallout-Problemen konfrontiert. Im Rahmen von Studien zur Evakuation stiess er auf die tragische Tatsache, dass die Regierung nach einem nuklearen Krieg dem Erwachsenen die enorme Dosis von 200 rad innert einigen Tagen und 1000 rad (10 Gy) innerhalb eines Jahres zumutete[177]! Auf die daraus entstehenden Spätschäden in den Überlebenden und deren Kindern wurde überhaupt keine Rücksicht genommen. Man rechnete auch nur mit der äusseren Strahlung durch den Fallout[177].

Beim radioaktiven Jod 131 wusste man aber schon damals, dass es sich in der Milch und den Schilddrüsen auch des Menschen stark anhäuft. Dadurch wird die Schilddrüse viel stärker belastet, als wenn das Jod 131 nur von aussen im Fallout einwirken würde[177]. Man wusste auch schon, dass das ungeborene Leben vielfach strahlenempfindlicher ist als der Erwachsene und dabei die Dosis in seinen Schilddrüsen erst noch 10- bis 100mal höher ist als bei Erwachsenen[177]. Auch hatten Forschungen von Dr. Stewart schon damals angedeutet, dass Röntgenstrahlung von bereits 1 bis 2 rad (10 bis 20 mGy) das Krebsrisiko eines Kindes verdoppeln könnte, sofern die Bestrahlung in den letzten Monaten vor der Geburt erfolgte[112, 177]. Und in den ersten Lebensmonaten würde schon die Verabreichung eines Zehntels dieser Dosis den gleichen Effekt geben[112, 177].

Sternglass folgerte dann rasch, dass der Grossteil der nach einem nuklearen Krieg geborenen Kinder an Leukämie und Krebs sterben würden oder Missbildungen erleiden könnten. Dazu bezogen sich diese Hunderte von rad nur auf äussere Dosen des Fallouts

---

* Prof. Dr. Ernest Sternglass war bis 1984 Professor für Radiologie an der medizinischen Fakultät der Universität Pittsburgh. Er war auch Präsident der Sektion der «Federation of American Scientists» von Pittsburgh, Mitglied der «American Physical Society», der «Radiological Society of North America» und der «American Association of Physicists in Medicine». Als Experte für niedere Strahlung hat er vor dem «Joint Committee on Atomic Energy» und vielen anderen Gremien in den USA und in Übersee ausgesagt. Sternglass hat zwei aufsehenerregende Bücher verfasst, «Low-level Radiation»[165] und «Secret Fallout»[177]. Eine Vielzahl von wissenschaftlichen Abhandlungen über die biologischen Auswirkungen des Fallouts von Atombomben und der radioaktiven Emissionen aus Atomanlagen zeugen von seiner unermüdlichen Forschungstätigkeit.

und nicht auf die der verseuchten Nahrungsmittel[177]. Endlich konnte dann Sternglass – nach einigem Widerstand – im Frühling 1963 einen Artikel im Science Magazine unterbringen, der grosses Aufsehen erregte[159]. Er stellte dort erstmals die Frage, ob der Fallout, dem die Mutter ausgesetzt worden ist, nicht ebenfalls das noch ungeborene Kind schädigen könne, wie dies bei Röntgenbestrahlung der Mutter schon durch Stewart nachgewiesen worden war.

Atombombenstopp 1963

Aber auch Nobelpreisträger Linus Pauling errechnete bereits 1958 in Übereinstimmung mit anderen Genetikern, dass allein der Fallout der Atombombenversuche von 1958 jährlich 15'000 Kinder mit schweren erblichen Fehlern zur Folge hatte, dass 38'000 Kinder tot geboren wurden und dass 90'000 schon im Mutterleib gestorben waren[134]. Im Frühjahr 1963 erreichte dann in den USA die Radioaktivität in der Milch überraschend hohe Werte. Diese Faktoren gaben weiteren Wissenschaftern und der Öffentlichkeit Anlass zu schweren Befürchtungen, aber die USAEC beteuerte ständig, dass nichts zu befürchten sei. Der wachsende öffentliche Druck veranlasste Präsident J. F. Kennedy im Juni 1963 schliesslich doch, den Atombombenstopp mit Russland und Grossbritannien zu unterzeichnen.

In seiner Ansprache an die Nation, in welcher Kennedy die Ratifizierung des Bombenstopps verlangte, meinte er[177]:

> «Die Zahl der Kinder und Enkel mit Krebs in ihren Knochen, mit Leukämie im Blut, mit Gift in ihren Lungen kann statistisch klein erscheinen im Vergleich zum natürlichen Strahlenrisiko. Aber dies ist nicht eine statistische Frage. Der Verlust von nur einem Baby, das geboren werden kann, wenn wir längst nicht mehr da sind, sollte uns alle beschäftigen. Unsere Kinder und Enkel sind nicht statistische Zahlen, gegenüber welchen wir gleichgültig sein können.»

So ergreifend diese Worte auch waren, so hatte die ganze Staatsbürokratie und die USAEC nichts daraus gelernt. Weiterhin wurde versucht, die Gefahren zu verheimlichen. Dabei erwiesen sich ausgerechnet die Gesundheitsämter als besonders eifrige Anwälte der Atombombenbefürworter.

Studien von Prof. E. J. Sternglass

Prof. Sternglass unternahm dann umfassende Studien über Auswirkungen des Fallouts in Amerika und der ganzen Welt. Er kam u. a. zum Schluss, dass zwischen 1950 und 1965 etwa 400'000 Babies unter einem Jahr allein in den USA als Folge des radioaktiven Fallouts gestorben sind.

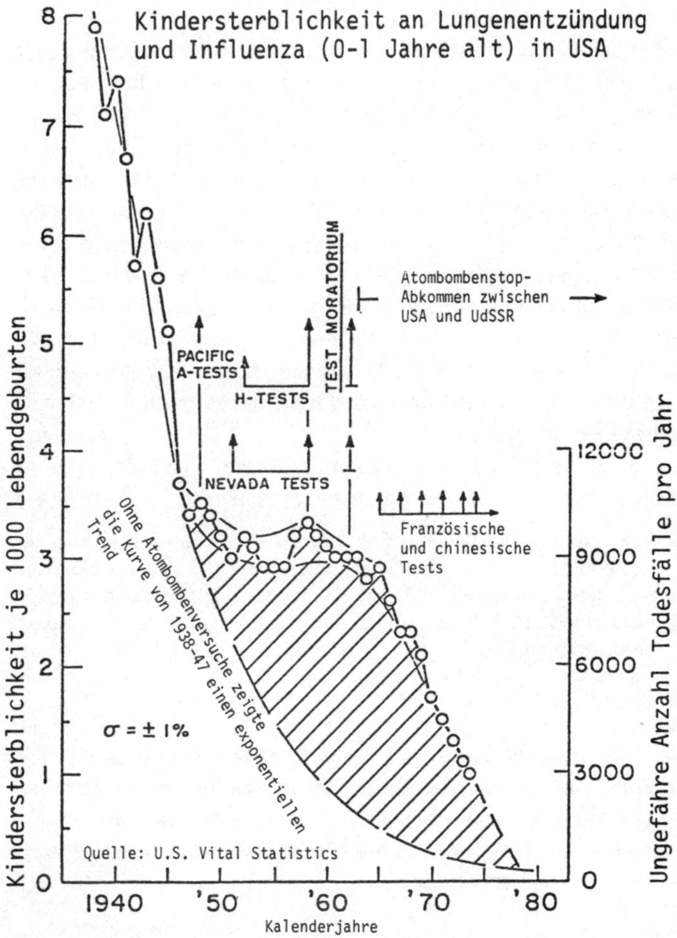

Die Kurve zeigt bei Lungenentzündungen und Influenza die Abnahme der Kindersterblichkeit in den USA von 1935 bis 1974 im ersten Lebensjahr. Die ab 1950 abflachende Kurve kann als Auswirkung der Atombombenversuche angesehen werden, um so mehr, als ein Absinken der Kurve nach dem Bombenstopp von 1963 tatsächlich wieder erfolgte[173].

Sternglass kann seine Befunde auch durch eine grossangelegte Studie von 1973 an der Johns Hopkins Universität stützen. Sie wertete Beobachtungen an Müttern aus, die während der Schwangerschaft geröntgt wurden. Dabei zeigte es sich, dass von den im Mutterleib geröntgten Kindern ungefähr eines von tausend bis zum zehnten Lebensjahr Krebs entwickelt hat und dass das Risiko für Todesursachen infolge Erkrankungen des Atmungs- und Verdauungssystems noch viel höher ist. Total ergaben sich für geröntgte Kinder 18,3 Todesfälle auf 1000 Geburten gegenüber 9,8 bei der nicht bestrahlten Kontrollgruppe. Und je früher vor der Geburt bestrahlt worden war, desto grösser war das Risiko. Diese Befunde deuten auf eine starke Einwirkung der Strahlung auf das Immunsystem der Kinder[173].
Aus Lebensstatistiken (US-Vital Statistics) konnte Sternglass zudem entnehmen, dass auf jedes tote Kind, das im ersten Lebensjahr starb, fünf bis zehn kamen, die vor der Geburt starben, so dass die Kindsopfer durch den Fallout von Atombombenexplosionen allein in den USA ein Total von zwei bis drei Millionen erreicht haben dürften.
Sternglass kam zu analogen Befunden in vielen weiteren Staaten der ganzen Welt und in verschiedenen Gebieten der USA selbst. Er fand sie in den lokalen Auswirkungen einzelner oder Reihen von Bombentests bestätigt[162, 165]. In einzelnen Gebieten jedoch, die infolge von Witterungsverhältnissen (weniger Regen) und ihrer besonderen topographischen Lage viel weniger Fallout erhalten hatten, zeigten die Kurven einen stetigen Abfall der Kindersterblichkeit, wie zum Beispiel in New Mexico (Fig. Seite 92)[162].

Aufgrund einer Studie der Japanischen Krebsgesellschaft (von 1972) fand Sternglass auch einen steilen Anstieg der Krebssterb-

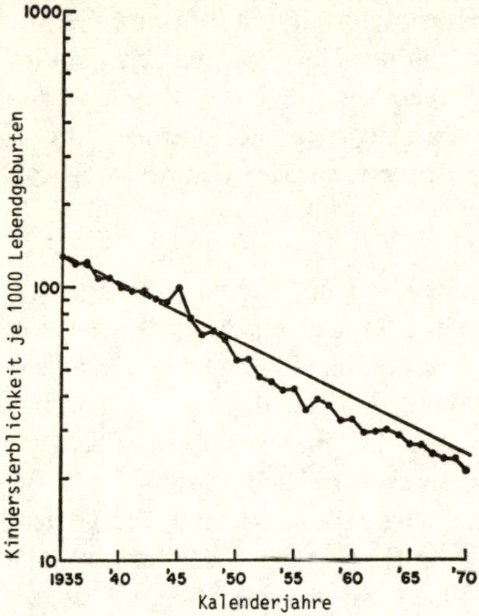

Trend der Kindersterblichkeit von New Mexico in den Jahren 1935 bis 1970. Man beachte die kontinuierlich abfallende Tendenz parallel zu der Geraden im Zusammenhang mit der sehr kleinen jährlichen Regenmenge und der geographischen Lage südlich der Nevada-Testgebiete.

lichkeit um bis zu 600 Prozent bei fünf- bis neunjährigen Japanern nach den Atombombenabwürfen (siehe Seite 93)[152, 173].
Seit der Entdeckung des Petkau-Effekts werden auch diese Zahlen durchaus glaubhaft (siehe entsprechendes Kapitel Seite 118).

Studie von Prof. L. B. Lave et al.

Auch eine dreijährige Studie der Carnegie Mellon University von 1971 stützt die Befunde von Sternglass[105]. Prof. L. B. Lave, ein renommierter Statistiker, untersuchte in den Jahren 1961 bis 1967 mit seinen Mitarbeitern 61 städtische Gebiete der USA mittels multivariabler Statistiken und fand eine hohe Beziehung zwischen der Todesrate der Bevölkerung – d. h. alle Todesursachen ungeachtet des Alters – und dem Falloutpegel in der Milch! Er forderte, dass mit der Sammlung weiterer und besserer Daten unverzüglich begonnen werde. Aber daran hatten weder Regierung noch Wirtschaft ein Interesse.

Krebssterblichkeit bei 5-9jährigen Japanern

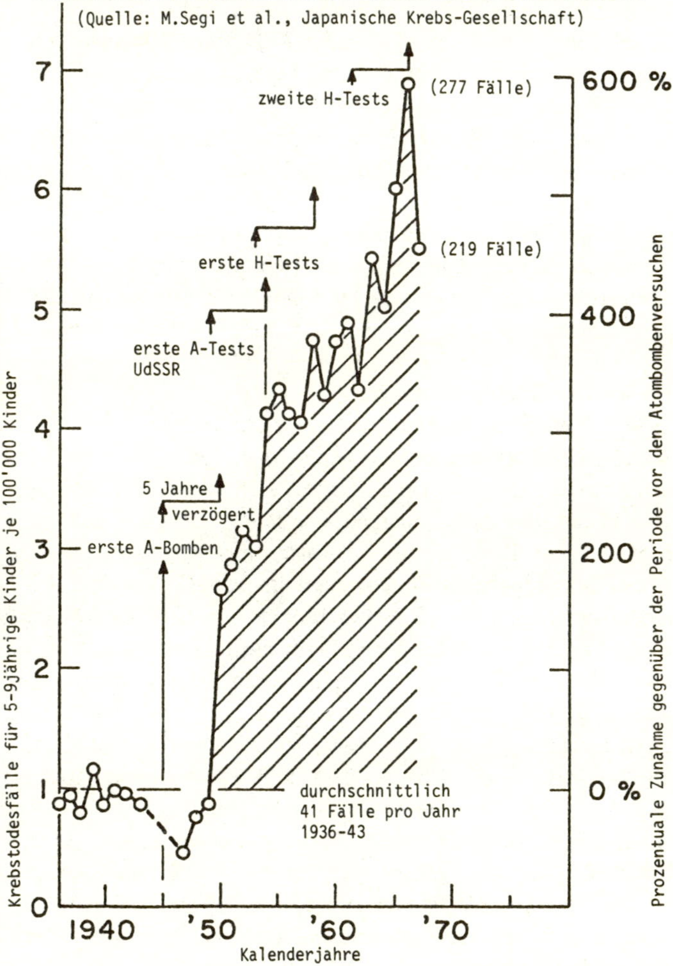

Studie von Dr. C. E. Mehring

Die erste umfassende Arbeit hatte der deutsche Arzt Dr. med. C. E. Mehring am Vitalstoffkongress 1971 in Montreux vorgestellt[119]. Seine umfangreichen statistischen Auswertungen aus zwei Perioden mit erhöhter Umweltradioaktivität (infolge der

Atombombenabwürfe) in den fünfziger und sechziger Jahren in Deutschland ergaben eine eindeutige Beziehung zu folgenden Schäden in der Bevölkerung: erhöhte Anfälligkeit für banale, allgemeine medizinische Erkrankungen, Tendenz zu schwererem Verlauf, wie zum Beispiel Perforation des Blinddarms, erhöhte Sterblichkeit bei Krebs, Leukämie und an Erkrankungen der Atmungs- und anderer Organe. Er benutzte dabei Daten von Krankenkassenmitgliedern und Erkrankungs- und Sterbestatistiken der Bundeswehr. Die Jugend unter 20 Jahren war dabei besonders betroffen. Er fand auch eine Minderung der Abwehrlage infolge Leukozytendepression. Mehring vermutete schon damals, dass Radioaktivität ein Schrittmacher für vielfältigste Krankheitsbilder sein könne.

Ein unerwartetes Gerichtsurteil

1984 hat erstmals ein Gericht den Opfern von Atomtests einen Schadenersatz zugesprochen. Richter Bruce Jenkins vom Bezirksgericht in Salt Lake City befand, dass die US-Atomenergiekommission in den fünfziger und sechziger Jahren fahrlässig gehandelt habe, weil sie Bewohner dreier Staaten nicht genügend vor den Folgen überirdischer Atomtests geschützt habe[128]. Vor allem seien die Informationen über die bekannten und voraussehbaren biologischen Langzeitfolgen der Versuche mangelhaft gewesen, und die vorhandenen Methoden zur Verhinderung oder Milderung der Strahlungseffekte hätten nicht ausgereicht, stellte der Richter fest. Nach Zeugenaussagen wurden die Explosionen jeweils aufgeschoben, wenn die Gefahr bestand, dass die Winde den Fallout in dicht bevölkerte Regionen wie Las Vegas oder nach Südkalifornien getragen hätten, wobei aber keine Rücksicht auf ländliche Gegenden östlich der Testbasis genommen wurde. 24 individuelle Klagen wurden beurteilt. Jenkins entschied, dass in zehn Fällen die Radioaktivität für diverse Krebserkrankungen verantwortlich sei. Insgesamt wurden den Familien und einem überlebenden Opfer 2,6 Millionen Dollar zugesprochen. Es handelt sich um einen Testfall, der erstmals eine Verbindung zwischen Nuklearversuchen und Krebserkrankungen herstellt. Er dürfte an höhere Gerichte weitergezogen werden. Es sind noch Hunderte von weiteren Klagen aus Nevada – wo die Tests durchgeführt worden waren –, Utah und Arizona hängig[128].

Aber auch in England laufen Klagen von britischen Soldaten, die in den fünfziger Jahren an Atombombenversuchen in der Nähe der australischen Wüstengarnison Maralinga teilgenommen hatten. Von 600 Soldaten und Zivilisten, die sich damals im Testgebiet befanden, sollen inzwischen 114 gestorben sein, 109 davon an Krebs[211].

L. Gesundheitsschäden durch Atomanlagen

Studien unabhängiger Forscher

Prof. Sternglass glaubte bis 1970, dass beim Normalbetrieb von Reaktoren keine Gefahr bestünde. Aus Veröffentlichungen der USAEC entnahm er dann, dass zum Beispiel der Dresden-Reaktor 1967 260'000 Curie abgab, während andere nur 2,6 Curie ausstiessen. Es gibt nämlich zwei Typen, die Siedewasser- und Druckwasserreaktoren. Die ersten Reaktoren wurden für Unterseeboote gebaut und mussten möglichst dicht sein. Gasblasen hätten das U-Boot verraten können. Deshalb wurden zwei getrennte Kühlkreisläufe verwendet, der Druckwasserreaktor war geboren. Für die Industrie hingegen begnügte man sich damals aus Kostengründen mit nur einem Kühlkreislauf (Konkurrenz zu fossilen Kraftwerken) und nahm in Kauf, dass das radioaktiv verseuchte primäre Kühlwasser direkt auf die Turbinen geleitet wurde. Aber es gibt für rotierende Lager der Turbinen keine völlig dicht haltenden Pumpenpackungen, so dass vermehrt Leckstellen entstehen.

Sternglass dehnte deshalb seine Statistiken auch auf Atomanlagen aus und fand ganz analoge Ergebnisse wie beim Fallout. Zu vielfältigen Gesundheitsschäden konnten Beziehungen gefunden werden: erhöhte Kindersterblichkeit oft in Beziehung mit weniger Geburten, vermehrt unreife Geburten, vermehrt Leukämie- und Krebstote und auch Tod durch arteriosklerotische Herzerkrankungen.

Beziehungen zu erhöhter Kindersterblichkeit ergaben sich u. a.

- bei den Reaktoren *Dresden* (Illinois)[160]
- beim Kernkraftwerk *Big Rock Point* (Michigan)[163]
- bei der *Peach Bottom Nuclear Power Station* (Pennsylvanien)[164]
- bei einer Wiederaufbereitungsanlage bei *West Valley* (N. Y.)[161]
- bei der *Indian Point Nuclear Power Station* bei New York[162]

Der Dresden-Reaktor war ein Paradebeispiel. Selbst wenn sich Sternglass auf verhältnismässig kleine Zahlen stützen muss, war die Zunahme der unreifen Geburten im Bezirk Grundy (dem Standort des Reaktors) um 140 Prozent im Jahre der Spitzenemission nicht zu übersehen. Nach statistischen Massstäben beträgt dort laut Sternglass die Wahrscheinlichkeit eines Irrtums 1:10'000! Nach der Inbetriebnahme der West Valley-Aufbereitungsanlage in Cattaraugus County (N. Y.) stieg 1967, ein Jahr später, die Kindersterblichkeit um 54 Prozent gegenüber derjenigen des Staates New York. Ihr Anstieg war auch in den umliegenden Gemeinden der Aufbereitungsanlage festzustellen. Sie nahm mit zunehmender Entfernung ab. In nordöstlicher Richtung sank die Kindersterblichkeit erst nach 90 km wieder auf die Höhe des New Yorker Durchschnitts, der sich mit den andern an New England grenzenden Staaten deckt. Aber südwestlich entlang des Allegheny River unterhalb Cattaraugus County stieg die Kindersterblichkeit, um erst gegen Pittsburgh hin langsam abzunehmen. Sogar die Gemeinde Armstrong, 180 km weiter unten am Fluss, zeigte noch eine vierprozentige Zunahme der Kindersterblichkeit. Offensichtlich war, laut Prof. Sternglass, nicht nur das Einatmen der Abgase entscheidend: Das Auswaschen der Luft durch den Regen führte dem Fluss giftige Spaltprodukte wie Strontium, Cäsium, Jod zu, der ohnehin die Abwässer der Anlage mitführte[165]. Flusswasser wird dort auch zur Aufbereitung von Trinkwasser benutzt.

Das verschwiegene Drama von Shippingport

Es war auch Prof. Sternglass, welcher 1973 eine schwere Umweltverseuchung beim Shippingport-Reaktor (nur 90 Megawatt) durch Strontium 90, Cäsium 37 und Jod 131 aus dem Jahr 1971 aufgedeckt hat[107, 166, 167, 168, 169]. Der Strontiumgehalt des Bodens in der Umgebung des Reaktors war 100mal höher als irgendwo in den USA und nahm mit der Entfernung vom Reaktor ab. Parallel dazu wurde im Umkreis von 18 km eine hohe Strontium- und Jodmenge in der Milch festgestellt. Die Verseuchung konnte auch in den Sedimenten des Flusses, der durch Shippingport fliesst, in Nahrungsmitteln und in den Zähnen von Kleinkindern und Kälbern nachgewiesen werden. Die Strahlenbelastung betrug in der Gemeinde Shippingport 180 mrad/Jahr (1,8 mGy). Die natürliche Strahlung beträgt dort 96 mrad. Es gab sogar Monate mit 306 und 371 mrad/Jahr. Sternglass konnte wiederum erhöhte Kindersterblichkeit und eine erhöhte Zahl Krebstoter feststellen. Dabei galt der Reaktor als Demonstrationsreaktor mit den kleinsten Ausstossraten (auf dem Papier). Im Jahr 1971 zum Beispiel null Curie – dem Jahr der grössten Verschmutzung!

Es lag soviel erdrückendes Material vor, dass zum ersten Mal in der Geschichte der Atomenergie eine staatliche Untersuchungskommission eingesetzt wurde, um abzuklären, ob der Reaktor Gesundheitsschäden verursacht habe. In den Hearings erhielt Sternglass erstmals Unterstützung von bekannten Wissenschaftern* wie E. P. Radford, K. Z. Morgan, J. Bross, M. De Groot[6, 141]. Aber die Behörden und die Kraftwerksgesellschaften zogen alle Register, um den Vorfall abzustreiten.

Im Schlussbericht der Untersuchungskommission von 1974 an den Gouverneur konnten sich die Behörden nur fadenscheinig herausreden. Es hiess dort zum Beispiel: «Das Fehlen einer genauen und verständlichen Strahlenüberwachung ausserhalb des Reaktors während der bisherigen Betriebsjahre 1958 bis 1971 schliesst eine genaue Bestätigung der veröffentlichten Ausstossraten des Reaktors aus. Die hohen Werte von Strontium 90 in der Milch und von Strontium und Cäsium in den Nahrungsmitteln der Einwohner von Pittsburgh, wie sie in staatlichen Protokollen festgehalten wurden, bleiben unerklärlich.»[6, 141]

Wie wichtig der Strontium-90-Nachweis sein kann, beweist die untenstehende Statistik von Sternglass, nach welcher der Strontiumgehalt in der Milch während den Monaten Januar bis Juni 1971 in der Umgebung des Reaktors mit der Stromproduktion genau parallel verlief! Es ist bezeichnend, dass die USA-Behörden die Strontiumuntersuchungen nach dem Unfall in Harrisburg 1979 allgemein eingestellt haben – aus Ersparnisgründen!

---

* Bross J.: Direktor der Abteilung für Biostatistik am hochangesehenen Rosewell Park Memorial Institute in Buffalo
De Groot M.: Vorstand der Statistischen Abt. des Carnegie Mellon Institute of Technology
Morgan K. Z.: Ehemaliger Präsident der ICRP
Radford E. P.: Vorsitzender des BEIR-Komitees 1980

Strontium-90-Gehalt in lokaler Milch, verglichen mit der monatlichen Energieabgabe des Shippingport Kernkraftwerks

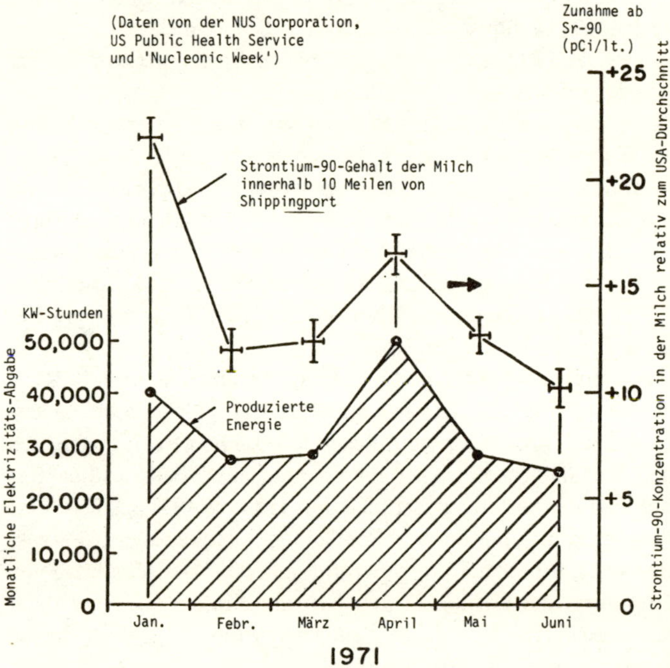

Während einer Beobachtungsdauer von zehn Jahren fand Sternglass zudem eine mit der Distanz vom Kernreaktor Shippingport abnehmende Krebssterblichkeit[167] (siehe Tab. S. 99).

Einen hohen Preis mussten Reaktorangestellte in Shippingport zahlen. Prof. Sternglass hatte 1979 Einblick in 22 Todeszertifikate von Reaktorangestellten, die mitgeholfen hatten, radioaktiv verseuchte Pumpen und andere schwere Ausrüstungsgegenstände zu reinigen. Von diesen 22 Leuten starben zehn an Leukämie und Krebs, d. h. doppelt so viele als normalerweise[177].

Forschungsreaktoren

Auf ganz schlimme Verhältnisse stiess Sternglass bei den kleinen Triga-Forschungsreaktoren, die an Universitäten und Forschungslaboratorien vorhanden waren[165, 177]. Beim Reaktor an der Univer-

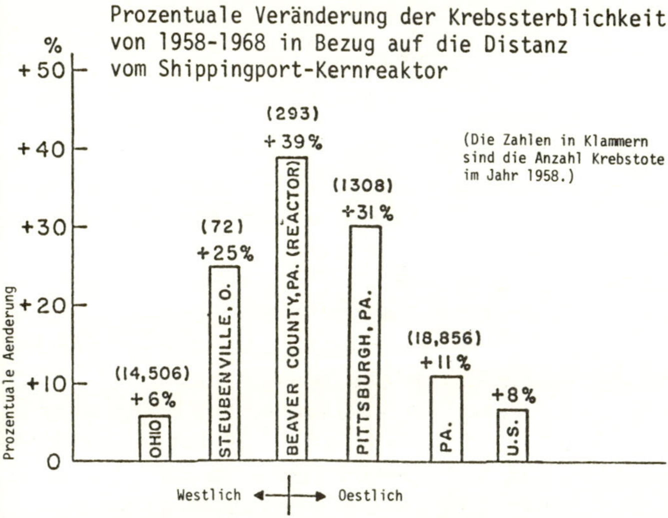

Lage entlang dem Ohio-Fluss relativ zum Shippingport Kernreaktor.

sität Illinois (Urbana) stieg mit der Inbetriebnahme 1962 die Kindersterblichkeit bis 1965 um 300 Prozent und die Todesrate wegen Missbildungen um 600 Prozent! Als der Reaktor 1968 stillgelegt wurde, sanken die Fälle wieder drastisch ab. Die kurzlebigen Spaltprodukte erreichten die Menschen in voller Stärke, weil die Anlage inmitten der Ballungszentren stand.

Studien von Morris De Groot, Gerald Drake und John Tseng

M. De Groot, Direktor der Statistischen Abteilung der Carnegie Mellon Universität, hat im Juli 1971 vier Reaktoren untersucht (Dresden-, Shippingport-, Indian Point-, Brookhaven National Laboratory-Reaktor). Er bestätigte, es sei fair, festzustellen, dass die Hypothese eines Zusammenhangs zwischen Schadstoffausstoss und Kindersterblichkeit gestützt werde[45].

Auch Dr. Gerald Drake, ein Arzt aus Michigan, hat in einer Studie 1973 in der Standortgemeinde des Big Rock Point-Reaktors in Charlevoix County (Michigan) gemittelt über zehn Betriebsjahre folgende Schäden über dem Staatsdurchschnitt gefunden:

erhöhte Kindersterblichkeit	+ 49%
vermehrt unreife Geburten	+ 18%
vermehrt Leukämietote	+400%
vermehrt Krebstote	+ 15%
vermehrt Missbildungen	+230%

Weil alle Kategorien von Schäden überhöht sind, aber die Ergebnisse auf kleinen Zahlen basieren, verlangt Drake, dass vermehrt solche Statistiken aufgestellt werden[47].

Eine weitere wichtige Studie, von John C. Tseng an der North Western University of Illinois ausgeführt, untersuchte sieben Atomanlagen und bejahte in allen Fällen die Möglichkeit einer Beziehung zwischen Schadstoffausstoss und Kindersterblichkeit. Bei vergleichsweise untersuchten vier Kohlekraftwerken war aber jede solche Beziehung definitiv nicht festzustellen. Tseng machte schon damals einen sehr wichtigen Vorschlag: «Der ganze Körper wurde bisher als kritisches Organ für die Umweltradioaktivität angesehen. Für die Grundstrahlung, sie ist hauptsächlich eine Gammastrahlung, kann dies möglicherweise eine gute Annahme sein. Aber für den Fallout und Ausstösse aus Atomanlagen – welche Betastrahler enthalten – sollte vielleicht ein anderer Teil des Körpers als kritisches Organ gelten oder der Embryo.»[193]

Der TMI-Unfall bei Harrisburg (Three Mile Island = TMI)

Beim berühmten TMI-Unfall vom 28. März 1979 ging man knapp an einer riesigen Katastrophe vorbei. Die katholische Diözese hatte schon alle Priester ermächtigt, die Generalabsolution zu erteilen[190]. 170'000 Personen verliessen das gefährdete Gebiet. Fast wäre der Reaktorkern total geschmolzen. Unheimliche radioaktive Abgasmengen müssen ausgetreten sein. Als Prof. Sternglass 36 Stunden nach dem Unfall nach Harrisburg zu einer Pressekonferenz flog, zeigte sein Geigerzähler immer noch 4- bis 15mal höhere Werte, als die natürliche Grundstrahlung beträgt. Auch an der anschliessenden Pressekonferenz in Harrisburg deutete der drei- bis viermal höhere Wert selbst in Gebäuden auf intensive radioaktive Gase.[177]

Das Laboratorium des Gesundheitsamtes, 375 km entfernt in Albany (New York), registrierte noch nach 36 Stunden radioaktive Wolken, die Mengen von Xenon 133 mitführten (3120 bis 3530 pCi pro m³), welche den sonstigen Durchschnittswert dieses Edelgases um das Tausendfache überstiegen (2,6 pCi pro m³)[207]. Dies muss nicht erstaunen, hatte doch der Reaktorbetreiber in einem eigenen Dokument TDR-TMI-116 vom 31. Juli 1979 die Menge an radioaktiven Edelgasen mit zehn Millionen Curie angegeben, die in den ersten sechseinhalb Tagen ausgestossen worden seien. Davon entwichen allein sieben Millionen in den ersten anderthalb Tagen[207]. Die gleichzeitig ausgestossene Menge an Jod 131 wurde auf 14 bzw. 10 bis 20 Curie geschätzt[177, 190], davon der grösste Teil – dem Xenon entsprechend – ebenfalls in den ersten anderthalb Tagen[177].

Sternglass weist darauf hin[177], dass damit die erst am dritten Tag beginnende Evakuation von schwangeren Frauen zu spät erfolgt war, denn zu diesem Zeitpunkt hätten die sich entwickelnden Föten das Jod schon in ihrer Schilddrüse aufgenommen. Eine seiner Statistiken weist deutlich darauf hin[176,189].

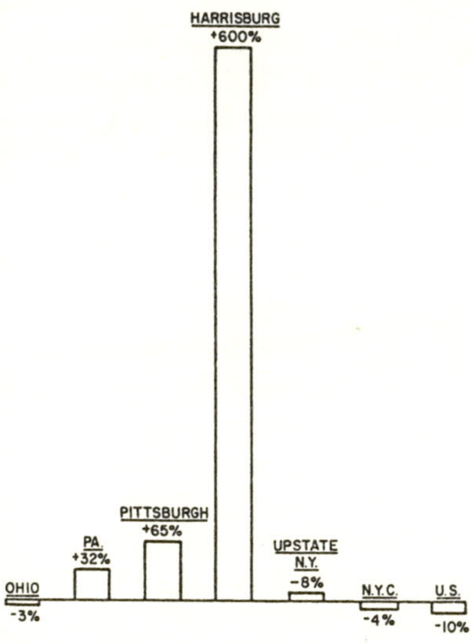

Geographische Verteilung der Sterblichkeit frischgeborener Kinder bei verschiedenen Distanzen vom TMI-Reaktor, zehn Meilen von Harrisburg entfernt. Die Zahlen geben die prozentualen Veränderungen in den Monaten Februar bis April 1979 und Mai bis Juli 1979 an. Der grösste Anstieg erfolgte in nächster Nähe vom Reaktor.

Die starken Jod-Emissionen wurden auch durch den erhöhten Gehalt von Jod 131 in der Milch von Milchvieh und in den Schilddrüsen von Wildtieren der Umgebung bestätigt[49]. Ja, Van Middlesworth[206] vermutet, dass der gering erhöhte Gehalt an Jod 131

(1 bis 2 pCi/g) in Schilddrüsen von Schafen in Wales Ende April bis Mai 1979 auf den 3600 Meilen entfernt stattgefundenen TMI-Unfall zurückgehe.
Sternglass macht auch deutlich, dass nicht die Ganzkörperdosis von aussen in erster Linie die Schäden verursache, sondern eine leichte Verzögerung der Schilddrüsenfunktion infolge der Jodaufnahme aus dem Fallout. Dies führe zu Wachstumsverzögerungen, so dass die Föten nach neun Monaten noch nicht ganz reif zur Geburt waren. Die Neugeborenen starben dann vermehrt an Unreife und Atmungsdefekten. Genau das konnte er in den Spitälern von Harrisburg und Pittsburgh nach dem TMI-Unfall feststellen[176, 177, 189].

Man warf Sternglass vor, selbst wenn statistisch gesichert ein Zusammenhang zwischen geringer Radioaktivität und erhöhter Kindersterblichkeit und Gesundheitsschäden bestehe, so sei damit der ursächliche Zusammenhang noch nicht bewiesen[189]. Er konterte voll berechtigt, dass die gleiche Logik dazu führen müsste, nicht gegen das Rauchen zu sein. Auch dort ist der Zusammenhang nur statistisch aufgezeigt. Der ursächliche Beweis für den Zusammenhang zwischen Rauchen und Krebs konnte nie erbracht werden. Deshalb war noch niemand in der Lage, von einem Zigarettenfabrikanten entschädigt zu werden, weil er zwei Pakete Zigaretten täglich geraucht hatte und an Krebs erkrankte. Das gleiche gilt im Prinzip für alle epidemiologischen Untersuchungen.
Das oben erwähnte Argument wird weltweit von den atombefürwortenden Regierungen und ihren abhängigen wissenschaftlichen Beratern ausgenutzt. Auch die Schweizer Regierung verschanzt sich dahinter. Sie stellte nämlich in Beantwortung einer parlamentarischen Anfrage betreffend statistische Erhebungen über Todesursachen und Häufigkeit von Krankheiten und anderen Schäden (Leukämie, Krebs, Tot- und Missgeburten) in der Umgebung von Kernkraftwerken u. a. folgendes fest[158]:

> «In der Umgebung von Kernkraftwerken überlappen sich das Messnetz der KUER und die Umgebungsüberwachung durch das Amt für Energiewirtschaft. Der Bundesrat erachtet diese Art der Kontrolle in der Umgebung von Kernkraftwerken als ausreichend und mit vertretbarem Aufwand durchführbar. (...) Hinzu kommt, dass sich mit der

statistischen Signifikanz des Unterschiedes zweier Sterblichkeitszahlen allein noch keine Beziehung zwischen Ursache und Wirkung etablieren lässt.»

Diese Antwort zeigt, dass man nicht bereit ist, alle Mittel einzusetzen, um die Möglichkeit von Gesundheitsschäden durch Atomanlagen abzuklären. Die erwähnten Messnetze der KUER und des Amtes für Energiewirtschaft betreffen lediglich physikalische und chemische Messungen.
Aber aus rein physikalischen und chemischen Messungen lassen sich heute die biologischen, gesundheitlichen und möglicherweise auch ökologischen Folgen von niedrigen Strahlendosen nur ungenügend abschätzen. Die Befürchtungen jedoch, die wir heute haben müssen, sind riesengross. Sie werden zudem durch den bisher verschwiegenen Petkau-Effekt untermauert. Nur durch epidemiologische Untersuchungen können wir erfahren, was wirklich in einer AKW-Umgebung passiert.
Schliesslich stützten sich zum Beispiel die Auswertungen der ICRP über das Krebsrisiko bei den Atombombenopfern ebenfalls auf epidemiologische Untersuchungen, desgleichen auch die Aussage, dass Rauchen Lungenkrebs verursachen könne. Wo solche Untersuchungen also politisch ins Konzept passen, sind sie sinnvoll und anerkannt, wo nicht, sinnlos!
Nun gab es in jener Zeit des TMI-Unfalls schon Hunderte von laufenden Prozessen gegen die Regierung von an Krebs und Leukämie erkrankten ehemaligen Soldaten und von Einwohnern in Nevada und Utah, welche ihre Krankheiten als Folge der Atomwaffentests in Nevada während der fünfziger Jahre zurückführten. Um eine ähnliche Entwicklung zu unterbinden, haben die Regierung und die Kraftwerksbetreiber denn auch in den Gerichtsverhandlungen zum TMI-Unfall alle Schäden abgestritten[177]. Dabei erschien wenige Monate vor dem Unfall eine Studie von Dr. Joseph Lyon in New England im Journal of Medicine. Ihr ist zu entnehmen, dass bei Kindern, die während der Testperioden in den Testgebieten wohnten, die Leukämierate 2,5mal grösser war als vorher und nachher[177]. Ausserdem war eine regierungseigene Studie eines Gesundheitsamtes (sogenannte Weiss-Studie) unterdrückt worden, welche in diesen Testgebieten ebenfalls erhöhte

Leukämieraten auswies. Es wurde auch ein Brief der US-Atomenergiekommission (USAEC) an jenes Gesundheitsamt bekannt, im dem es hiess[177]:

> «Obgleich wir nicht gegen weitere Studien betreffend Leukämie und Schilddrüsenabnormalitäten sind, bereitet die Beurteilung solcher Studien der Kommission grosse Probleme: heftige Publikumsreaktionen, Prozesse und Torpedierung der Programme der Nevada-Testserien.»

Bezeichnend ist auch, dass der während dem TMI-Unfall amtierende Sekretär im Gesundheitsamt, Prof. G. MacLeod, die starke Zunahme der Säuglingssterblichkeit nach dem Unfall im Fünf- bis Zehnmeilenradius um das Kraftwerk zugegeben hat, während sein Nachfolger, Dr. Arnold Müller, erklärte, dass die Säuglingssterblichkeit in der Zehnmeilenzone sich nicht von der Sterblichkeit im gesamten Staat Pennsylvanien unterscheide[111]. MacLeod war nach dem Unfall gezwungen worden, zurückzutreten. Er sagte auch aus, dass seit seinem Rücktritt verschiedene besorgte Angestellte des Gesundheitsamtes bei ihm wiederholt angerufen hätten, um sich zu beklagen, dass abnormale Gesundheitsdaten nicht veröffentlicht würden[111]. MacLeod warf dem Gesundheitsamt zudem Widersprüche und Ungereimtheiten im veröffentlichten Zahlenmaterial vor, was unerwidert blieb[111]. Es sei deshalb unverständlich, dass im Mai 1980 offiziell festgestellt worden sei: «Nach sorgfältigem Studium aller Informationen konnten wir bisher nicht finden, dass die Strahlung des KKW erhöhte Sterblichkeit von Föten, Neugeborenen und Kindern verursachte.»[111]
Wie im Falle von Shippingport hat man auch in Harrisburg offiziell keine Gesundheitsschäden registriert. So einfach geht das! Man schätzt, dass die Aufräumungsarbeiten im zerstörten Reaktor noch bis 1988 dauern werden und dass mindestens 10'000 Arbeiter benötigt würden, weil der einzelne wegen der grossen Strahlengefahr nur kurzfristig eingesetzt werden kann. Die Radioaktivität hat sich als vielfach höher erwiesen, als nach dem Unfall angenommen worden war[133].

Mögliche Unfallfolgen weiterhin unabsehbar

Neuerdings wird mit altbekannten «wissenschaftlichen» Tricks versucht, die möglichen Folgen von nuklearen Unfällen und Katastrophen in Atomanlagen zu bagatellisieren[150]. Atombefürwortende Kreise (American Nuclear Society und eine Industriegruppe, genannt IDCOR) haben mit theoretischen Studien nachweisen wollen, dass die radioaktive Verseuchung der Umwelt unvergleichlich viel kleiner sei, als bisher angenommen. Deshalb sollten Betriebsbewilligungen und Sicherheitsvorschriften weniger streng gehalten werden.

Aber die angesehene «American Physical Society» hat die Studie widerlegt, wenn sie schreibt, dass es unmöglich sei, anzunehmen, dass bei allen Unfallabläufen und in jedem Reaktor immer nur ein kleiner Anteil des gerade vorhandenen Spaltinventars (= im Reaktor gespeicherte künstliche Radioaktivität) freigesetzt werde[150]. Also bleibt alles beim alten!

M. Dümmer durch künstliche Radioaktivität?

Amerikanische Psychologen rätselten viele Jahre, wieso die Ergebnisse der routinemässig vorgenommenen akademischen Eignungstests (SAT = Scholastic Aptitude Test), die alle 18jährigen Amerikaner ablegen, seit 1964 beunruhigenderweise laufend abgenommen haben (und damit auch die IQs = Intelligenzquotienten). Schon 1977 erschien ein Bericht einer speziell dafür eingesetzten staatlichen Kommission, die über zwei Dutzend Studien verarbeitet hatte (sogenannte Wirtz-Studie). Das Resultat war niederschmetternd. Nicht ein einziger verantwortlicher Faktor oder gar eine Gruppe von solchen Faktoren, wie zum Beispiel kulturelle Unterschiede, schärfere Prüfungen, Unterschiede zwischen schwarzer und weisser Rasse usw., konnten ermittelt werden. Schon frühere Erklärungsversuche, wie zum Beispiel Depressionen infolge des Vietnamkriegs, zu viel Fernsehen, höhere Scheidungsraten, mehr Gewalttätigkeit, überfüllte Schulen, schlechtere Unterrichtsqualität, erhöhte Anforderungen usw., scheiterten.

Zufällig las dann Prof. Sternglass in der New York Times, dass im Jahr 1975 die SAT-Resultate im US-Durchschnitt den grössten Abfall innert zwei Jahrzehnten hatten[177]. Anstatt zwei bis drei Punkte deren zehn! Wie ein Blitz durchfuhr es ihn: *«Wann wurde diese Jugend geboren, und wann war sie noch im mütterlichen Körper?»*

Die meisten Jugendlichen waren 18 Jahre alt, also war es 1957. Jenes Jahr hatte aber den höchsten je in den USA gemessenen Fall-out als Folge der höchsten Zahl von Kilotonnen an je explodierten

Sprachliche Prüfungsergebnisse (SAT) in USA von 1958–1982 und die Beziehung zu Nuklearbomben-Tests bei der Geburt der Prüflinge 18 Jahre früher

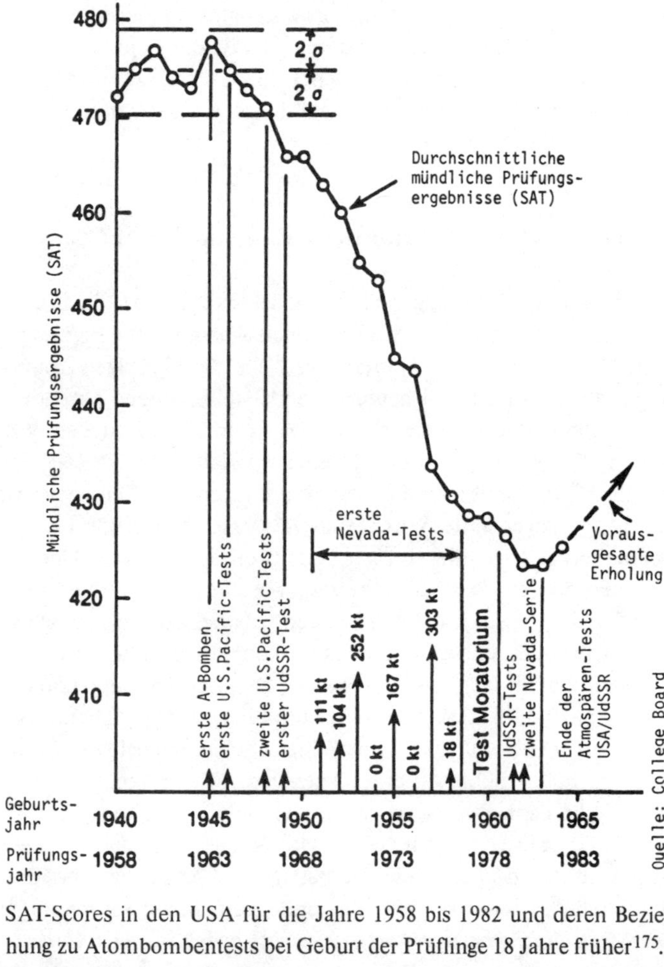

SAT-Scores in den USA für die Jahre 1958 bis 1982 und deren Beziehung zu Atombombentests bei Geburt der Prüflinge 18 Jahre früher[175].

Atombomben in Nevada. Und Sternglass war froh, dass er seine Frau und seine Freunde in jener Zeit gedrängt hatte, Pulvermilch für die Kinder zu verwenden, so dass das Jod 131 (HWZ = acht Tage) Zeit hatte, zu zerfallen.

Sternglass erinnerte sich auch an das Hanford-Symposium von 1969. Dort wurde über die Folgen der Explosion der Atombombe «Bravo» auf den Marshall-Inseln berichtet, deren Fallout zufällig die 152 Meilen entfernte Insel Rongelap berührte. In den folgenden 15 Jahren entwickelten dort alle Kinder Schilddrüsenerkrankungen und zeigten Entwicklungsstörungen sowohl am Körper als auch im Gehirn[154].

In Zusammenarbeit mit dem Schulpsychologen Steven Bell am Barry College in Mount Barry, Georgia, konnte dann Sternglass in einer ausführlichen Studie mögliche Zusammenhänge zwischen der Durchschnittsintelligenz von amerikanischen Jugendlichen (SAT-Resultate) und dem Fallout von Atombombenexplosionen der fünfziger und sechziger Jahre hauptsächlich in Nevada und New Mexico aufzeigen[175, 177, 178].

Die Tabelle auf Seite 106 zeigt die enge Beziehung zwischen den abfallenden Testergebnissen (SAT) für die ganzen USA von 1958 bis 1982 und dem Anfang sowie Ende der Atombombenexplosionen insbesondere von Nevada 17 bis 18 Jahre früher. Da sprachliche (Aufsätze) und mathematische Ergebnisse parallel gehen, wird nur der Bezug zu den sprachlichen Prüfungen aufgezeigt. Und weil bis Ende der fünfziger Jahre keine Radioaktivitätsmessungen in der Milch für die gesamten USA vorliegen, wird auf die Tonnen der explodierten Atombomben Bezug genommen. Wichtig ist, dass die Prüfungsergebnisse seit dem Bombenstopp wieder besser geworden sind (aufsteigende Kurve), so wie es Sternglass schon in seiner ersten Publikation von 1979 vorausgesagt hatte!

Seit den sechziger Jahren veröffentlichte dann das US-Gesundheitsamt auch die in der pasteurisierten Milch von 50 Staaten gefundenen Konzentrationen der wichtigsten radioaktiven Spaltprodukte, nämlich[177]

Jod 131	Cäsium 137
Strontium 90 und 89	Barium 140

Auch hier konnten statistische Zusammenhänge mit den SAT-Ergebnissen gefunden werden. Die stärkste Beziehung hatte nämlich Jod 131, das sich in der Schilddrüse konzentriert, welche auch die Entwicklung des Gehirns kontrolliert. Viel weniger Beziehung hatte das langlebige Cäsium 137, das sich in den weichen Geweben anreichert. Keine Beziehung bestand zum langlebigen Strontium 90 und kurzlebigen Strontium 89, die wie Barium 140 Knochensucher sind, dort allerdings zu Knochenkrebs führen können.

Bei einem Vergleich der SAT-Prüfungen nach einzelnen US-Staaten in den Jahren 1974 bis 1976 hatte Utah den höchsten Punkteverlust von 26 gegenüber von Ohio mit nur zwei Punkten. Erfasst wurden die Jahrgänge 1956 bis 1958, wobei Utah damals den höchsten Jodgehalt in der Milch aufwies, während Ohio südlich des Durchgangs der Fallout-Wolken lag.

Nun war Utah mit seiner Mormonenbevölkerung immer mit bei den höchsten Prüfungsergebnissen gewesen, trotz ernsten Luftverschmutzungsproblemen durch Kupferschmelzanlagen und Kohlekraftwerke. Utah hat auch ebensoviele Autos wie überall in Amerika (all dies produziert aber kein Strontium 90 oder Jod 131). Die Faktoren der klassischen Luftverschmutzung kann man also nicht verantwortlich machen für den scharfen Abfall im Vergleich zu Ohio. Ebenso gab es keine Unterschiede in der Lehrerqualität, im Fernsehkonsum oder in den allgemein sozio-ökonomischen Faktoren. Und Mormonen rauchen nicht, nehmen keinen Alkohol, keine Drogen. Trotzdem war dieser starke Abfall an Intelligenz in Utah festzustellen[177].

Sternglass kann auch auf zwei Studien am New York University Medical Center und am Chain Sheba Medical Center in Israel verweisen[177], wo seinerzeit 2215 bzw. 10'842 Kinder wegen einer Pilzerkrankung am Kopf (Tinea capitis) nach damaliger Methode mit Röntgenstrahlen behandelt worden waren. Während der Beobachtungszeit von 20 bis 25 bzw. 30 Jahren zeigten sich gegenüber nicht bestrahlten Kontrollgruppen neben häufigeren Gehirn- und Schilddrüsentumoren auch vermehrt geistige Defekte, die sich in schlechteren Schulleistungen und vermehrten psychiatrischen Behandlungen äusserten. Die Schilddrüsendosis betrug dabei bei den Exponenten etwa 6 bis 9 rad, also weit unter der Dosis von 10 bis 60 rad bei den Kindern aus Utah[177].

Sternglass und Bell diskutieren ausserdem viele andere Einzelheiten, die alle ihre Hypothese stützen, dass tatsächlich der Fallout die einzige Erklärung für die aussergewöhnlichen Beobachtungen sein muss. Zu ähnlichen Erkenntnissen kamen auch B. Rimland und G. Larson, zwei Wissenschafter eines Marineforschungszentrums in San Diego, Kalifornien. Sie machen darauf aufmerksam, dass den physikalischen und chemischen Veränderungen der Umwelt bislang zu wenig Aufmerksamkeit geschenkt worden sei. Gegenstand ihrer Untersuchung war die auffällig schlechter werdende Intelligenz der jungen Soldaten, und sie nehmen auch Bezug auf die Sternglass/Bell-Befunde[142].

Die unheimliche Wirkung des radioaktiven Jod 131 auf die Schilddrüsenfunktionen und damit auf die geistige Entwicklung des Ungeborenen dürfte wohl eine der heimtückischsten Folgen der Kernspaltung sein – neben steigender Kindersterblichkeit und Spätschäden wie Krebs[177]. Nur schon die Möglichkeit, dass der Fallout von einigen kleinen Atomwaffen in Nevada ganze Jahrgänge von geistig schwächeren Jugendlichen verursacht hat, müsste alarmierend wirken. Selbst in einem begrenzten Atomkrieg müssten sowohl Angreifer wie Verteidiger mit unabsehbaren Konsequenzen zum Beispiel für ihre Kinder auf Generationen hinaus rechnen – und zwar allein als Folge des Fallouts, welcher Luft, Wasser und Nahrung vergiften würde. Und dies selbst, wenn nicht eine einzige Stadt vernichtet und nicht ein einziger Mensch verwundet oder getötet worden wäre[177].

Aber auch Atomkraftwerke produzieren Jod 131. Man muss sich deshalb fragen, ob nicht auch sie (schon im Normalbetrieb oder bei Stör- und Unfällen wie in Harrisburg) die Lernfähigkeit von Kindern beeinflussen können. Jod 131 gehört nämlich mit zum normalen Ausstoss aus Atomkraftwerken[104].

Es wäre mehr als tragisch, wenn in einer Gesellschaft der Hochtechnologien eine Hochtechnologie ausgerechnet die Intelligenz vermindern würde, die gerade eine solche Gesellschaft so sehr benötigt.

N. Der verschwiegene Petkau-Effekt

Eine neue Dimension der Strahlengefährdung?

Der kanadische Wissenschafter A. Petkau hat schon im Jahre 1972 im kanadischen Atomenergielaboratorium in Manitoba zufällig eine nobelpreiswürdige Entdeckung gemacht[135, 136]. Er bestrahlte künstliche Zellmembranen unter Wasser. Es handelte sich um Phospholipidmembranen, die den Zellmembranen in lebenden Zellen ähnlich sind. Dabei stellte er folgendes fest: Wenn die Bestrahlung über einen längeren Zeitraum erfolgte, so brachen die Membranen bei einer viel niedrigeren total absorbierten Strahlendosis, als wenn diese totale Dosis als Kurzzeitbestrahlung (wie zum Beispiel beim Röntgen) abgegeben wurde.

Eine lebende Zelle besteht ja aus einer Zellmembrane und einem Zellkern (siehe Figur). Aber die Zellmembrane ist nicht nur da, um den wässrigen Zellsaft zusammenzuhalten, sondern hat vielfältige Funktionen in den biologischen Abläufen. Diese Aufgaben wurden schon mit denjenigen eines ganzen Industriekonzerns verglichen. Intakte Zellmembranen sind deshalb für gesundes Leben geradezu entscheidend.

Petkau fand nun folgendes:

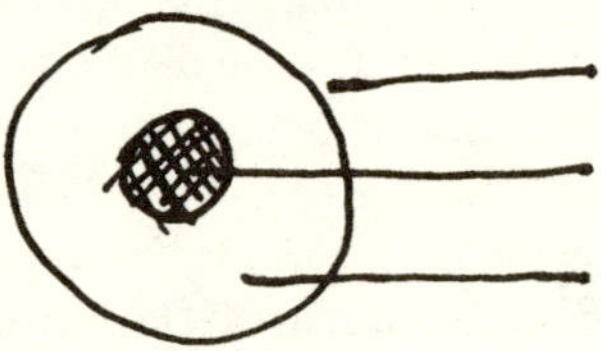

Bei *kurzzeitiger* Bestrahlung mit *26 rad pro Minute* (d. h. mit einer grossen Dosisleistung*) aus einer grossen Röntgenapparatur war die hohe totale Dosis von *3500 rad* nötig, um die Zellmembranen zu zerstören.

---

* *Dosisleistung:* Man kann ein grosses Bier in kurzer Zeit austrinken, was einer grossen Dosisleistung entsprechen würde. Die gleiche Menge Bier kann man aber auch langsam (gedehnt) trinken, was einer kleinen Dosisleistung gleichkommt.

Die Strahlendosis entspricht nun einer bestimmten Energiemenge, welche der bestrahlte Körper aufnimmt (rad). Man kann deshalb *eine bestimmte Strahlendosis* (oder Energiemenge) in kurzer Zeit übertragen, d. h. mit einer grossen Dosisleistung. Man kann dies aber auch gedehnt, langsam, in grösserer Zeit übertragen, was einer kleinen Dosisleistung entspricht.

Bei *gedehnter* Bestrahlung mit nur *0,001 rad pro Minute* (d. h. mit einer kleinen Dosisleistung) mittels eines im Wasser gelösten radioaktiven Salzes ($Na^{22}Cl$) war jedoch nur die totale Dosis von *0,7 rad* zur Zerstörung nötig.
Bei gedehnter Bestrahlung war also eine 5000mal kleinere totale Dosis zur Zerstörung notwendig (3500 : 0,7 = 5000). Das war direkt sensationell!
In seinen vielfach wiederholten Experimenten kam Dr. Petkau immer zum gleichen Resultat: Je gedehnter die Strahlung, um so weniger totale Dosis wurde zum Brechen der Membranen benötigt.
Damit war gezeigt, dass kleine chronische Strahlendosen in ihrer spezifischen Wirkung viel gefährlicher sein können als kurzzeitige hohe Dosen. Diese revolutionierende neue Erkenntnis steht im Gegensatz zur erbschädigenden Wirkung im Zellkern. Dort besteht in der Wirkung kaum ein Unterschied, ob die gleiche totale Strahlendosis innert kurzer Zeit verabfolgt wird oder gedehnt über längere Zeit (d. h. eine konstante Dosiswirkung pro rad reicht von kleinen bis zu recht hohen Dosen).
Es ist längst bekannt, dass im Zellkern die die Erbinformation tragenden DNS-Moleküle im wesentlichen durch die Strahlentreffer *direkt* geschädigt werden. Bei den Zellmembranen hingegen wirkt – wie sich zeigte – ein ganz anderer, nämlich ein *indirekter* Schädigungsmechanismus.

Wieso können kleine Dosen gefährlicher sein als grosse?

Im sauerstoffhaltigen Zellsaft kann sich durch die Strahlung eine hochgiftige unstabile Form von Sauerstoff bilden. Diese sogenannten «freien Radikale» (von 0_2^-) werden von der Zellmembrane angezogen und lösen dort eine Kettenreaktion aus. Diese bewirkt, dass Moleküle der Zellmembrane sukzessive oxidiert werden, so dass eine Schwächung oder gar Zerstörung der Membrane eintritt. Die Schädigung erfolgt hier also nicht wie beim Zellkern *direkt* durch die Strahlung, sondern *indirekt,* vereinfacht ausgedrückt erst durch die von der Strahlung erzeugten «freien Radikale».

– *Starke Schädigung bei kleinen, gedehnten bzw. chronischen Strahlendosen*

  Je weniger «freie Radikale» nun in der Zellflüssigkeit sind, um so grösser ist der zerstörende Effekt. Die «freien Radikale» können nämlich auch mit sich selbst reagieren und werden dadurch unwirksam (Rekombination zu gewöhnlichem Sauerstoff 0_2). Je weniger solche «freie Radikale» die Strahlung also erzeugt (kleine Dosen), um so mehr haben sie die Chance, ihr Ziel (d. h. die Zellwand) zu erreichen und der vorher drohenden Rekombination zu entgehen.

– *Kleine Schädigung bei hohen, kurzzeitigen Strahlendosen*
  Umgekehrt, je mehr solche «freie Radikale» die Strahlung erzeugt (hohe Dosen), um so schneller werden sie rekombinieren, also unwirksam werden, und damit weniger die Chance haben, die Membrane zu erreichen und zu schädigen.
– Es kommt aber noch ein weiterer Effekt dazu. Zellmembranen erzeugen in der Zellflüssigkeit ein *elektrisches Feld,* welches negativ geladene Moleküle – wie das hochgiftige «freie Radikal 0_2^-» – anzieht. Computerberechnungen zeigten, dass je grösser die Konzentration an «freien Radikalen» ist, um so schwächer wird das elektrische Feld, das sie anzieht[135]. Wenn also die Radikalenkonzentration hoch ist, sind die «freien Radikale» nochmals weniger in der Lage, die Zellwand zu erreichen, als wenn die momentane Radikalkonzentration sehr klein ist.

So ergibt sich paradoxerweise – im Gegensatz zu *Zellkern*schäden –, dass dicht ionisierende Strahlung, wie sie Alphastrahlung darstellt oder der kurze, intensive Strahlenstoss einer medizinischen Röntgenapparatur, die Zellmembrane weniger schädigt als die gedehnte bzw. chronische niedere natürliche Strahlung, der Fallout oder die Emissionen aus Atomanlagen.

Es war Prof. Sternglass, der dies schon 1974 als erster erkannte[170]. Sein Verdienst ist es u. a. auch, radiobiologische Forschungsarbeiten in der Literatur gesucht, zusammengestellt und verarbeitet zu haben, deren Ergebnisse die Wirksamkeit des Petkau-Effekts auch in biologischen Systemen aufzeigen konnten[171, 172, 174]. Erstmals hat dann der BEIR-III-Bericht von 1980 diesbezüglich Sternglass erwähnen müssen und damit den Petkau-Effekt überhaupt![32] ICRP und UNSCEAR haben diesen Effekt bezeichnenderweise bisher verschwiegen.

Aufgrund des Petkau-Effekts können laut Prof. Sternglass kleine und kleinste, d. h. gedehnte Strahlendosen, wie sie auch als Folge des Fallouts oder durch Emissionen aus Atomanlagen auf die Lebewelt einwirken, 100- bis 1000mal gefährlicher sein, als man aus medizinischen Erfahrungen, den Studien über die Atombombenopfer in Japan und auch aus Zehntausenden von Tierversuchen hätte erwarten können.

Bisher nur Zellkernschäden berücksichtigt, Zellmembranschäden übersehen!

Ursprünglich glaubte man, dass die radioaktive Strahlung nur Erbschäden verursache. Und weil die Erbmasse sich im Zellkern befindet (in der DNS der Chromosomen), war man auf den *Zellkern* geradezu fixiert. Aus Tierversuchen musste zudem geschlossen werden, dass man bezüglich Erbschäden mit einer linearen Beziehung von hohen zu kleinen Dosen und durch den Nullpunkt auf der sicheren Seite war und damit das genetische Risiko nicht unterschätzte[52]. Man hatte sogar in einigen Experimenten eine Abnahme der erbschädigenden Strahlenwirkungen bei Verminderung der Dosisleistung gefunden[148], d. h. eine gedehnte Strahlung gab weniger Schädigungen[52]. Man erklärt sich dies mit einer möglichen Erholung, wenn die Dosis in Raten oder mit verminderter Leistung (gedehnt) verabfolgt wird[52], d. h. *mit noch besseren Reparaturmöglichkeiten* im Zellkern.*

Als man dann später auch Strahlenkrebs als Strahlenschaden in grösserem Umfang anerkennen musste[7], glaubte man wiederum, dass die Schädigung vor allem im *Zellkern* selbst erfolge, obgleich der genaue Mechanismus der Strahlenkrebsentstehung auch heute noch nicht geklärt ist. In Analogie zum Erbschadenrisiko wähnte man sich deshalb beim Krebsrisiko wiederum mit einer linearen Beziehung von hohen zu kleinen Dosen auf der sicheren Seite[7, 52]. Man sprach selbstgefällig von einer konservativen, also vorsichtigen Einschätzung der Strahlenrisiken. Man konnte auch die lineare Beziehung bezüglich des Krebsrisikos bei im Mutterleib geröntgten Kindern nachweisen[208]. Und noch 1973 zeigte eine Studie aller vorhandenen Tierversuche über Strahlenkrebs, dass auch bei verschiedenen Dosisleistungen der gleiche Trend vorhanden war wie bei den Erbschäden[118, 171]. Aber diese Arbeiten waren mit Dosisleistungen *ausgeführt worden, die über 1000mal grösser waren, als die natürliche Strahlung sie aufweist.*

***Repair-Faktoren (52):** Ähnlich wie Wunden heilen können, so können sich im Zellkern die biologischen Systeme infolge von Reparaturmechanismen erholen, sofern ihnen Zeit gelassen wird.

Dass die konservative, lineare Beziehung richtig war, schien auch durch alle anderen Studienergebnisse an menschlichen Bevölkerungsgruppen, die medizinischen Strahlenbelastungen oder Atombombenexplosionen ausgesetzt gewesen waren, gestützt, wie dies noch im BEIR-I-Bericht von 1972 ausgeführt worden war[17, 171]. Von tiefen Dosisleistungen, wie sie in der Nuklearmedizin üblich sind (0,01 rad/Minute), bis zu so hohen, wie sie Atombombenexplosionen direkt erzeugen (10'000 rad/Minute), also über einen Bereich von sechs Grössenordnungen, schien die Zunahme des relativen Krebsrisikos konstant. Dies galt auch für die Zunahme der Verdoppelungsdosis für Krebs, für die ungefähr der Bereich von 10 bis 100 rad (0,1 bis 1 Gy) angenommen wurde. Eine ähnliche Spannweite hatte man ebenfalls für die Verdoppelungsdosis von Erbschäden angenommen. Dies deutete wiederum auf eine Bestätigung für ein lineares Krebsrisiko[171].
Alle diese Befunde geben den Anschein, dass kleine Strahlenbelastungen, nahe der natürlichen Strahlung, kaum gefährlich sein könnten, Fallout und die Emissionen der Atomanlagen selbstredend miteingeschlossen. Die einzige Ausnahme schien das ungeborene Leben in der Schwangerschaft zu machen. Dort ergaben umfangreiche Studien – bei diagnostischen Röntgenbestrahlungen –, dass die Verdoppelungsdosen für Leukämie, Krebs und andere Todesursachen 10- bis 100mal kleiner waren als für Erwachsene.

Einseitig geforscht: falsche Schlüsse!
Die folgende Tabelle zeigt nun, dass bisher vorwiegend in ganz falschen Bereichen und Dosisleistungen (Strahlenblitz der Atombomben, medizinische Anwendungen, Tierversuche) geforscht worden war, nämlich zwischen etwa *1 und 1000 rad pro Minute.* Daraus wurden dann falsche Schlüsse gezogen; denn sie vernachlässigten die Gesundheits- und Umweltrisiken durch die natürliche Strahlung, den Fallout von Atombombenexplosionen, die Emissionen von Atomanlagen und auch das berufliche Strahlenrisiko beim Umgang mit ionisierenden Strahlen. In all diesen Fällen ist nämlich der Bereich der Dosisleistungen um Grössenordnungen kleiner. Er liegt etwa bei *0,000'000'1 bis 0,000'1 rad pro Minute!* Alle Daten nach Sternglass[170, 173].

Untenstehendes Bild gibt in etwa einen Überblick von den Dosisleistungsbereichen:

Dosisleistung rad pro Minute

10^6	1 000 000	
10^4	10 000	Atombomben-Blitz,
10^3	1 000	Direkt-Strahlung
10^2	100	
		Medizin
1	1	(Diagnostik und Therapie)
10^{-2}	0,01	Medizin (Nuklear)
10^{-4}	0,000 1	
10^{-6}	0,000 001	Fallout und
10^{-8}	0,000 000 01	natürliche Strahlung

Petkau-Effekte auch in lebenden Systemen bestätigt?

Viele wissenschaftliche Arbeiten der letzten zwölf Jahre zeigen, dass dieser indirekte Zellmembranschaden durch Strahlung auch in biologischen Systemen wirksam sein muss, und zwar schon bei kleinsten Dosen von etwa 10 bis 100 mrad (0,1 bis 1 mGy), d. h. im Bereich der natürlichen Strahlung, des Fallouts und des Normalbetriebs von Atomanlagen. Selbst Ergebnisse von früheren Arbeiten werden erst jetzt durch den Petkau-Effekt erklärbar und glaubhaft. Prof. Sternglass hat verschiedentlich auf solche Studien hingewiesen[170, 171, 172, 174]. Wir wollen hier nur folgende anführen:

- *An Mikroorganismen* wurde gezeigt, dass sich der Petkau-Effekt auch an lebenden Zellen feststellen lässt (W. S. Chelack)[43].
  Beim Ersetzen des in den Zellen gelösten Sauerstoffs durch Stickstoff musste die Dosis zur Zerstörung der Membranen vielfach erhöht werden. Dadurch wurde die entscheidende, schädigende Rolle des Sauerstoffs (bzw. des freien Radikals 0_2^-) belegt.
- *BEIR III 1980*[32, 51]. Dort wird auf eine Reihe von Arbeiten hingewiesen, die zeigen, dass ein Schutz der Membranen durch gewisse Enzyme und Substanzen, die «freie Radikale» binden, möglich ist. Damit war der indirekte Beweis für die Oxidation der Membranen in lebenden Systemen geliefert.
- *An Ratten* fand man, dass je niedriger die Strontium-90-Konzentration im Knochenmark war (und damit die Dosis-

leistung), um so grösser erwies sich auch die Knochenmarkschädigung (W. T. Stokke)[181].

Dabei lagen die Konzentrationen an Strontium 90 pro Gramm Körpergewicht im Bereich der Konzentration, wie sie im Körper von neugeborenen Kindern vorhanden war zur Zeit der höchsten Zahl von Atombombenversuchen.

– *An menschlichen Blutzellen* von beruflich strahlenbelastetem Personal (Radiologen, Röntgentechniker) wurden an der Universität von Kalifornien Studien ausgeführt (E. G. Scott)[151]. Die Membranen der Blutzellen waren für Rubidium viel durchlässiger, also mehr geschädigt als bei gewöhnlichem Personal. Und wieder war, wie bei Petkau und Stokke, die grösste Zunahme der Schäden (pro Dosiseinheit) bei den kleinsten totalen Dosen zu erkennen. Der Prozentsatz der Veränderungen pro rad erwies sich als hundertfach grösser, als aufgrund von Untersuchungen an hohen Dosen zu erwarten gewesen wäre.

– *B. Shapiro und G. Kollmann*[153]. Petkaus Entdeckung wurde eigentlich schon 1968, aber am anderen Extrem bei hohen Dosisleistungen bestätigt! Shapiro fand, dass bei einer hohen Dosisleistung von 1900 rad (19 Gy) pro Minute – wie sie bei Atombombenexplosionen auftritt – die hohe totale Dosis von 2000 rad (20 Gy) benötigt wird, um Zellmembranen des Blutes zu schädigen!

– *An Ratten,* welche im Langzeitversuch Plutoniumstaub inhalierten, betrug die Verdoppelungsdosis für Krebs nur 180 mrad (1,8 mGy) (C. L. Sanders)[149]. Hätte man aber das Ergebnis einer hohen Dosis von 395 rad linear nach unten durch den Nullpunkt übertragen, so wie es heute immer noch üblich ist (und konservativ sein soll!), wäre man auf eine Verdoppelungsdosis von 34 rad gekommen. Man hätte sich also um das 190fache verrechnet und das Strahlenrisiko im kleinen Dosisbereich entsprechend um das 190fache unterschätzt. Für fachkundigere Leser sei noch die Kurve nach Sanders bzw. Sternglass angegeben.

– *An Hamstern* konnte ebenfalls die grössere Wirkung von kleinen Dosisleistungen beobachtet werden (J. B. Little)[108]. Man hatte ihnen Polonium 210 in die Lungen appliziert. Dabei entstand die grösste Zunahme der Krebsfälle bei der geringsten totalen Strahlendosis in Übereinstimmung mit den Beobachtungen von Petkau, Chelack, Stokke, Scott und Sanders.

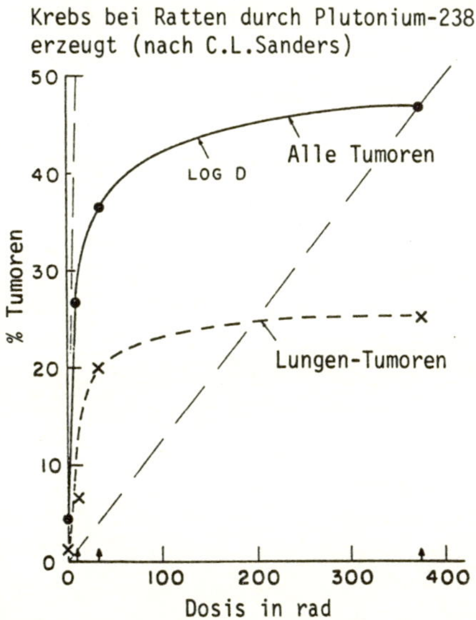

Erklärung zu den Dosiswirkungen:
Die ausgezogene Kurve zeigt die Abhängigkeit *aller* Krebsfälle von der angewandten Dosis. Die gestrichelte Kurve gilt nur für Lungenkrebs. Man beachte den sehr steilen Anstieg bei kleinen Dosen, ähnlich, wie man ihn für die indirekte Wirkung einer Zellmembranschädigung erwarten müsste. Die schräge, gestrichelte Kurve zeigt die lineare Übertragung der hohen Dosis.von 395 rad.

- *An Hamstern* konnte auch 15mal mehr Lungenkrebs hervorgerufen werden, wenn Polonium 210 in kleinen Einheiten über 15 Wochen verteilt einwirkte, als wenn die Gesamtdosis auf einmal erfolgte (R. B. McCandy)[110].
- *BEIR III 1980* macht noch auf eine sehr schwerwiegende Beobachtung von Petkau aufmerksam[32]: Im Gegensatz zur Schutzwirkung eines Enzyms, wenn die Bestrahlung der künstlichen Zelle *von aussen* mit Gammastrahlung erfolgte, konnte bei *innerer Bestrahlung* mit Tritium (Betastrahler) keine Schutzwirkung beobachtet werden. Es wäre sehr dringend zu erforschen, ob dies auch in lebenden Systemen beobachtet werden kann, meint das BEIR-Subkomitee.

Petkau-Effekt auch am Menschen bestätigt?

Es gibt eine Reihe von weiteren Hinweisen, dass die lineare Dosiswirkungskurve bei niederen Dosen die Risiken auch am Menschen nicht richtig wiedergibt und zu einer Unterschätzung um das Vielfache führt. Es seien folgende Arbeiten hier genannt:

- *Beim Personal der Plutonium-Anlage von Hanford* (USA) wurde in einer vielbeachteten Studie schon 1977 durch Mancuso, Stewart und Neale[113, 156] ein derart erhöhtes Krebsvorkommen festgestellt – trotz nur geringer, mittlerer Strahlenbelastung –, dass die Autoren damals die Reduktion des maximalen Grenzwertes für Strahlenarbeiter um den Faktor 20 forderten[113]. Mit allen Mitteln wurde versucht, die Arbeit zu widerlegen, sogar mit dem Argument, die gemessenen Strahlenmengen seien falsch gewesen. Dabei wird doch immer argumentiert, wie genau solche Arbeiter überwacht würden!
- *Bei Werftarbeitern* in Portsmouth (USA), welche mit der Reparatur von Atom-U-Booten beschäftigt waren, haben 1978 Najaran und Colton[123, 156] Ähnliches festgestellt. Es wurde eine 5,6mal höhere Leukämierate gefunden als bei nicht strahlenbelasteten Arbeitern.
- *J. T. Gentry*[55] hat schon 1956 im Staate New York in Gegenden mit erhöhter natürlicher Radioaktivität des Bodens (Uran, Thorium) eine Erhöhung der Sterblichkeit von Neugeborenen infolge verschiedener Entwicklungsdefekte gefunden, und zwar um 20 bis 40 Prozent. In Übereinstimmung mit Stokke ergäbe dies eine Erhöhung des Effektes um ein Prozent pro mrad (= 0,001 rad)! Dieses Ergebnis stimmt auch mit der Arbeit von Scott überein, der Blutschäden bei beruflich strahlenbelastetem Personal untersuchte[174].
- Nach *J. P. Weseley*[156, 210] besteht eine enge Beziehung zwischen Totgeburten mit sichtbaren Missbildungen und der Intensität der globalen kosmischen Strahlung. Nach seinen schon 1960 gemachten Angaben gibt es am Äquator 1,8 Missbildungen auf 1000 Geburten, während sie bei gleicher Geburtenzahl in Gebieten über 50 Grad nördlicher Breite auf fünf ansteigen. Erst nach Entdeckung des Petkau-Effekts wird dieser Befund erklärbar und glaubhaft. Mit der Strahlenwirkung auf den Zellkern

(Erbschäden) wäre die stark erhöhte Anzahl von Totgeburten nicht zu erklären gewesen[174].

- *Barcinski*[4, 156] und *Costa-Ribeiro*[44] haben vielfach erhöhte Chromosomenveränderungen im Blut bei Personen gefunden, die auf thoriumhaltigem Monozit-Sandboden leben (sowohl Einwohner als auch Monozitsandarbeiter wurden untersucht). Bei zehnfacher Erhöhung des radioaktiven Blei-212-Gehaltes in der Luft (ein Betastrahler) stiegen die Chromosomendefekte von 0,9 auf 2 Prozent. Eine weitere zehnfache Erhöhung der Blei-212-Konzentration erhöhte hingegen die Defekte nur noch um 0,57 Prozent. Damit wurde wiederum eine grössere Wirkung von kleineren Konzentrationen (Strahlendosen) gefunden[174].
- *1984 berichtet «New Scientist»*[132] von internen Studien des US-Department of Energy (DOE) an Arbeitern in zwölf verschiedenen Nuklearanlagen. Neun der Studien fanden bis zu 50 Prozent höhere Leukämieraten, überdurchschnittlich viel Lungen-, Lymph- und Hirnkrebs und bösartige Tumoren der Verdauungsorgane. Auch gewöhnliche Erkrankungen des Atmungssystems waren häufiger. Eine Studie an 2529 Arbeitern in verschiedenen Anlagen des DOE, die mehr als 5 rem (50 mSv) Strahlung pro Jahr erhielten, berichtet, dass dort die Krebsrate dreimal höher war, als erwartet wurde.
  In der zusammenfassenden Arbeit heisst es: «Diese Studie gibt Gelegenheit, die Gesundheits- und Krebsrisiken wissenschaftlich abzuklären, welche sich durch kleine, gedehnte (langfristige) Strahlendosen ergeben können. Radiobiologische und epidemiologische Beobachtungen legen nahe, dass diese Risiken sich von denjenigen unterscheiden, die sich auf Beobachtungen bei hohen (kurzfristigen) Dosen (hohen Dosisleistungen) stützen, auf welchen immer noch die üblichen Risikoberechnungen beruhen.»

Denn nach Studien von Petkau, Stokke, Scott, Sanders und Little genügt die totale Dosis von 0,1 bis 0,2 rad (0,001 bis 0,002 Gy), um bei Dosisleistungen der natürlichen Strahlung, des Fallouts und der Emissionen von Atomanlagen die Zellmembranschäden zu verdoppeln[177].

Bei hohen Dosisleistungen in der medizinischen Röntgentechnik wird dagegen die hohe Totaldosis von *100 bis 200 rad* (1 bis 2 Gy) benötigt. Und auf solchen hohen oder noch höheren Dosisleistungen beruhen die meisten bisherigen Studien über Strahlenschäden an Menschen und Tieren. Es scheint deshalb, dass die Schädlichkeit der natürlichen Strahlung – sieht man von deren erbschädigender Wirkung auf den Zellkern ab – um das 100- bis 1000fache unterschätzt worden ist. Anstatt eine erhoffte Toleranzdosis (Kurven d oder c) zu finden oder selbst eine konservative lineare Beziehung zwischen Dosis und Wirkung (Kurve b), zeigen die neuen Forschungsergebnisse für Zellmembranschäden eine «supralineare», d. h. nach oben gewölbte Kurve a[174] (siehe unten). Dies bedeutet sehr rasch steigende Zellmembranschädigungen im kleinen Dosisbereich, die dann bei höheren Dosen stark abflachen.

Allgemeine Konsequenzen des Petkau-Effekts
(nach Sternglass)[170, 172, 173, 174, 177]
Die Strahlung schädigt die gesamte Zelloberfläche und nicht nur den kleinen Zellkern (wie man bisher glaubte). Die dadurch verursachte indirekte Strahlenschädigung der Zellmembranen, die bei kleinen Dosisleistungen vielfach verstärkt auftritt, führt zu einer Dosiswirkungskurve (a), die bei kleinen Dosen schneller ansteigt als eine lineare Kurve (b).

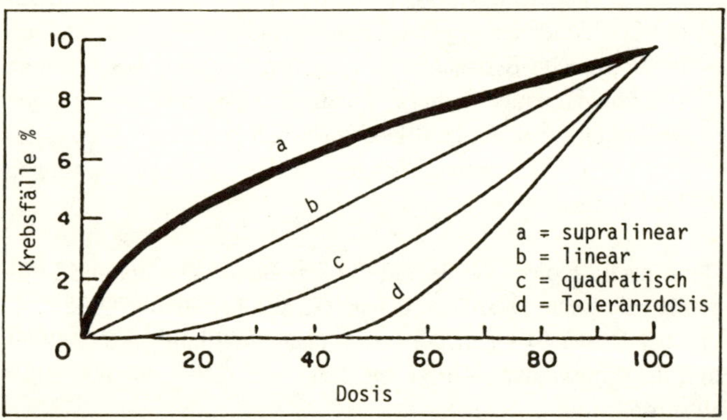

Zellmembranschädigungen und Gesundheit?

Der Petkau-Effekt scheint zu bewirken, dass durch kleine Mengen von künstlicher Radioaktivität in Nahrung und Wasser (und Luft) auch diejenigen Zellen schon bei kleinsten Dosen geschädigt werden, welche für die Abwehrkräfte des Körpers verantwortlich sind. Damit steigt das Infektionsrisiko des Körpers. Viren, Bakterien und Krebszellen können sich leichter vermehren. Ganz besonders gefährdet sind offenbar das sich entwickelnde, noch ungeborene Leben sowie Kinder, deren Immunsystem (Abwehrkräfte) noch nicht voll entwickelt ist.

Durch kleine Dosen von Radioaktivität könnten letztlich also auch Schäden verursacht werden, an die man früher nie gedacht hätte. Dies betrifft Infektionskrankheiten (z. B. Influenza, Lungenentzündungen) und dann all die altersbedingten Krankheiten wie Emphyseme, Herzkrankheiten, Drüsenkrankheiten, Diabetes, Schlaganfälle, aber auch die Hirnschäden am sich entwickelnden Embryo (z. B. schlechtere Intelligenz).

Vor der Entdeckung des Petkau-Effekts konnte man sich deshalb die zahlreichen und vielfältigen Statistiken, die auf solche erhöhten Gesundheits- und Sterblichkeitsrisiken infolge des Fallouts und von Emissionen aus Atomanlagen hingewiesen haben, nicht erklären. Die auf die Menschen einwirkenden Strahlendosen betrugen ja nur etwa 10 bis 100 mrad pro Jahr (0,01 bis 0,1 rad). Als Berechnungsgrundlage für diese Strahlenbelastungen dienten vor allem die Spaltprodukte Cäsium 137, Strontium 90 und 89 und Jod 131. Sie wurden mit der Nahrung, der Milch und dem Trinkwasser aufgenommen.

Aber auch die Statistiken bezüglich der natürlichen Strahlung und des beruflich strahlenbelasteten Personals, die vielfach grössere Risiken aufzeigen als bisher angenommen, werden mit dem Petkau-Effekt plausibel.

Meinung der Strahlenschutzgremien zum Petkau-Effekt

ICRP und UNSCEAR ignorieren bis jetzt diese grundlegend neue Erkenntnis. Das BEIR-Subkomitee (BEIR III 1980) hat aber, indirekt durch Prof. Sternglass veranlasst, nach langem sogar persönlich mit Dr. Petkau Kontakt aufgenommen und ihm seine Entdeckung und damit den Effekt bestätigt. U. a. wird folgendes ausgeführt[32]:

> «Die experimentellen Befunde der Strahlenwirkung auf Zellmembranen zeigen einen andersartigen oder verbindenden Schädigungsmechanismus zusätzlich zum Effekt auf die DNA (Zellkern), welcher im allgemeinen als die primäre Schädigungsart in biologischen Systemen angesehen wird. (...) Die Rolle der Strahlenschädigung der Membranen auf krankhafte Auswirkungen in lebenden Systemen ist nicht geklärt, obgleich mögliche Folgen bezüglich Krebs, Immunabwehr und dem Altern (...) erwähnt worden sind.»

Es wird auch zugegeben, «dass man einen Schädigungsmechanismus bei kleinen Dosisleistungen und Annäherung an die natürliche Strahlendosis auch in biologischen Systemen vermuten muss»[32]. Auf zahlreiche entsprechende Studien wird verwiesen. So auf eine Arbeit von T. E. Fritz[32], welche die verstärkte Wirkung kleiner Dosisleistungen von Gammastrahlung bei der Leukämierate von Hunden nachweist. Auch die Studie von Mancuso, Stewart und Neale, die an Arbeitern der Plutoniumanlage in Hanford erhöhte Krebsfälle aufdeckte (siehe Seite 118), wird ohne Kommentar erwähnt.

Zum Schluss hält dann der BEIR-III-Bericht von 1980 fest[32]:

> «Das umgekehrte Verhältnis zwischen Dosisleistung und den Schäden an künstlichen Zellmembranen und der Möglichkeit von solchen Schäden in Biomembranen in bezug auf die Krebsentstehung lässt vermuten, dass diese Erscheinung bei kleinen Dosen und kleinen Dosenraten in lebenden Zellen mitbeteiligt ist. Deshalb besteht die Notwendigkeit für weitere Studien auf diesem Gebiet.»

Schlussfolgerungen zum Petkau-Effekt

Die bisherigen Forschungen stützen die Annahme, dass die von der Strahlendosisleistung abhängige, indirekte chemische Schädigung der Zellmembranen *im niedrigen Dosisbereich* viel wichtiger ist als die direkte Strahlenwirkung auf den Zellkern mit seiner Erbmasse. Im Zellkern scheint es viel stärkere Reparaturmechanismen zu geben als in den Zellmembranen. Dies stimmt mit den Zielen der Evolution (zunehmend höhere Entwicklung des Lebens) überein. In erster Linie mussten nämlich die Gene im Zellkern durch stark entwickelte Reparaturmechanismen geschützt werden. Nur so konnte die Natur die Erbmasse (Gen-Pool) gegen die stark schädlich wirkende natürliche Strahlung schützen und damit die relativ hohe Stabilität der Arten über Millionen von Jahren aufrechterhalten[172].

Aber im Gegensatz zur Erbmasse sind einzelne Mitglieder von Populationen (Pflanzen- und Tierarten, Menschen) für die Evolution nicht so wichtig. Im Gegenteil ist ihr ständiger Tod und ihr Ersatz durch Fortpflanzung ein wichtiger Evolutionsprozess. Die Reparaturmechanismen in den Zellmembranen brauchten, ja durften deshalb nicht so wirksam sein, denn ihre Schädigung verursachte lediglich Krankheiten, aber keine Erbschäden. Und wenn ein Mitglied einer Population seine evolutionäre Aufgabe der Fortpflanzung erfüllt hat, so wird es nicht mehr benötigt, weshalb eine Lebensverlängerung über das Fortpflanzungsalter hinaus nicht unbedingt nötig ist. Das ist für das Überleben der Tier- und Pflanzenarten nicht unbedingt problematisch, hingegen für die menschliche Gesellschaft. In ihr hofft jedes Individuum auf ein langes und gesundes Leben, weit über das Fortpflanzungsalter hinaus. Zudem ist eine Anpassung an giftige Umweltsubstanzen beim Menschen schon wegen des langphasigen Generationenwechsels nicht möglich.

Wenn der Mensch deshalb ein langes, gesundes Leben geniessen will, möglichst frei von Geburtsfehlern, Krebs, Herzkrankheiten und anderem chronischem Leid, so darf er keinesfalls die natürliche Strahlenbelastung seiner Umgebung erhöhen, genau wie er es sich auch nicht leisten kann, krebserregende und erbschädigende Chemikalien seiner Luft, seinem Wasser und seiner Nahrung zuzufügen[172].

O. Bombe geplatzt (1981). Wichtigste Strahlenschutzdaten für die Menschheit sind falsch

«Die Analyse der Überlebenden der Atombombenexplosionen von Hiroshima und Nagasaki übertrifft an Qualität und mit der Zahl bei weitem alle anderen Studien», sagten noch 1981 die Fachexperten[48]. Nur wenige andere Kollektive, wie zum Beispiel bestrahlte und häufig durchleuchtete Patienten, seien noch genügend gross und genügend dokumentiert. Die Japaner überträfen jedoch an Zuverlässigkeit alle anderen Daten. Diese Studie galt bekanntlich quasi als «die Bibel» für die Strahlengesetze.

Diese «Bibel» basiert auf der berühmten Studie T65D (= Tentative Dose Estimate compiled in 1965). Darin sind die nachträglich berechneten Strahlendosen festgelegt, welche die japanischen Atombombenopfer erhalten hatten. Zur Verifikation dieser Daten wurde sogar eine spezielle Testexplosion in Nevada vorgenommen[116].

Wissenschafter von amerikanischen nationalen Waffenlaboratorien haben kürzlich die Strahlenfelder der zwei Atombomben «Little Man» in Hiroshima und «Fat Man» in Nagasaki nachgerechnet[116]. Sie fanden, dass die Neutronenstrahlung in Hiroshima um den Faktor 6 bis 10 überschätzt worden war, die Gammastrahlung zum Teil unterschätzt. Damit sind die Grundlagen der heutigen Strahlenschutzgesetze erschüttert, d. h. das bisher erwartete Krebsrisiko erweist sich als zu klein.

Die Meinungen über das Ausmass dieser Unterschätzung gehen auseinander[116, 117, 139, 202]. Auf alle Fälle sind die Krebszahlen des BEIR-III-Berichtes von 1980 hinfällig[202]. Beim Nachrechnen der Daten stiess man aber auf unerwartete Schwierigkeiten. Als der Nationale Rat für Strahlenschutz der USA (NCRP) detaillierte Unterlagen der T65D-Studie anforderte, wurde entdeckt, dass ein Teil der Akten in den Abfall gewandert war. In andern Worten: Die wichtigsten Daten für den Strahlenschutz der Menschheit überhaupt sind verschwunden![116] Wie lange es dauert, bis die Überprüfung abgeschlossen werden wird, weiss man noch nicht. Was herauskommt, auch nicht! Vertrauen wird man mit gutem Gewissen kaum haben können. Schon jetzt gibt es Stimmen, die behaupten, dass die gemachten Falschrechnungen am Ergebnis nichts ändern würden![95]. Der neuste Bericht der UNO-Kommission UNSCEAR von 1982 schätzt, dass das Krebsrisiko, wie es heute aus den japanischen Zahlen abgeleitet werden muss, etwa doppelt so gross ist[202]. Nur schon deshalb müssten dann alle Dosisgrenzwerte um die Hälfte verkleinert werden ... Aber dann könnte die Atomenergie nicht mehr machbar sein.

P. Und nochmals falsch um Faktor 10?

Ganz gravierend ist – was in neuster Zeit wieder hervorgehoben wird –, dass man erst im Oktober 1950, also ganze fünf Jahre nach den Bombenexplosionen, mit der Studie an den überlebenden Japanern begonnen hatte. Deshalb wurden nach Ansicht der renommierten Wissenschafter Stewart und Kneale zwei wichtige Faktoren gar nicht berücksichtigt[3, 179].

- In den ersten fünf Jahren (bis die Studie überhaupt begann) starben die gesundheitlich schwächsten Menschen vermehrt. Es ist aber zu bedenken, dass viele unter ihnen Spätschäden entwickelt hätten. Sie statistisch zu erfassen, war nicht mehr möglich[3]. Solche Katastropheneffekte sind bekannt. Auch in Hiroshima und Nagasaki fehlten namentlich in der ersten Zeit nach den Explosionen Wasser, Nahrung, Medikamente, Behausungen, und es herrschten schlechte sanitäre Verhältnisse.
  Die Bevölkerung hat deshalb eine starke Selektion durchgemacht, d. h. nur die gesundheitlich Stärkeren haben überlebt. Darauf hatte schon die UNO-Kommission UNSCEAR 1964 aufmerksam gemacht[197] (siehe auch Seite 70).
- Der zweite durch Stewart und Kneale genannte unberücksichtigte Faktor ist ein möglicher Langzeiteffekt der Strahlung, welcher bis nach 1950 gedauert haben kann. Viele Überlebende haben eine bestimmte Strahlenschädigung des Knochenmarks erlitten, welches im Immunsystem des Körpers eine wichtige Rolle spielt. Diese Schädigung verursacht auch eine Blutkrankheit (Aplastic anemia), die erhöhte Anfälligkeit gegen Infektionskrankheiten aller Art bewirkt (z. B. Tuberkulose, Lungenentzündungen, Bronchitis, Nierenentzündungen). An solchen Infektionskrankheiten Gestorbene werden bei den Krebs- und

Leukämiestatistiken jedoch nicht berücksichtigt, obwohl sie auch Strahlenopfer sind. Stewart und Neale fanden ihre Hypothese anhand von Statistiken der Nichtkrebssterbefälle der Japaner bestätigt[3]. Aber die «Radiation Effects Research Foundation» (RERF) wie die ICRP bezeichnen alle gefundenen aussergewöhnlichen Bluterkrankungen einfach als Fehldiagnosen. Bezeichnend ist auch, dass diese RERF den beiden Forschern Stewart und Neale den Zugang zu wichtigen Daten verweigert.

Die Berücksichtigung dieser zwei neuen Faktoren führt nach Stewart und Neale zur Annahme, dass nach 1950 *zehnmal mehr* Japaner an den Strahlenfolgen gestorben sind oder wären, als bisher angenommen wurde, und davon zwei Drittel an anderen Krankheiten als Krebs.[3]

Forderung nach unabhängigen Gremien und unabhängigen Studien im Strahlenschutz

Im «Bulletin of the Atomic Scientists» vom Oktober 1984[3] fordert deshalb Robert Alvarez*, dass, wenn die japanische Atombombenstudie offenbar nicht mehr die gewünschten Daten für niedrige Strahlung erbringen könne, man eine grossangelegte Studie an den 600'000 beruflich strahlenbelasteten Personen machen solle, welche seit den vierziger Jahren in den staatlichen Nuklearanlagen gearbeitet haben. Diese Angestellten waren nur einer niedrigen Strahlung ausgesetzt, die zudem individuell gemessen und aufgezeichnet wurde.

Zugleich fordert Alvarez, dass solche Studien vom Energiedepartement weggenommen werden müssten und einer öffentlichen Institution wie dem «National Institute of Occupational Safety and Health» zugeteilt würden. Aufgabe des Energiedepartements ist es nämlich, Atomwaffen zu entwickeln und die Atomenergie zu fördern.

Alvarez forderte auch, dass die japanische Atombombenstudie von unabhängigen Wissenschaftern überprüft werden müsse, und zwar seien die offiziellen Schätzungen der Strahlenrisiken mit einzubeziehen[3].

---

* Robert Alvarez ist Direktor des «Nuclear Power and Weapons Project of the Environmental Policy Institute» in Washington D. C. 20003.

Immer weniger massgebende Wissenschafter haben also Vertrauen in die Strahlenschutzgesetze. Dieselben werden den neuen Erkenntnissen – entgegen dem Interesse des Lebensschutzes – nicht mehr angepasst. Der Schutz der Atomenergie hat offenbar den Vorrang. Zu bedauern sind auch die vielen Strahlenarbeiter selbst.

Q. ICRP jetzt endgültig unglaubwürdig

Neues Gerüst für Strahlenschutzgesetze

Anstatt die gültigen Dosisgrenzwerte um wenigstens den Faktor 2 bis 20 herabzusetzen – was auch Fachkreise fordern –, hält die ICRP hartnäckig an bisherigen Dosislimiten fest. Dabei hatte die Amerikanische Akademie der Wissenschaften schon 1972 empfohlen, die Grenzdosis für die allgemeine Bevölkerung von 170 mrem/Jahr auf wenige mrem zu beschränken. Dies wegen der neuen Erkenntnisse über das Krebsrisiko. Jeder einzelne sollte doch das Recht haben, vor Strahlenkrebs infolge künstlicher Radioaktivität geschützt zu werden.

Skrupellos benutzt jedoch die ICRP die Einführung eines neuen Gerüstes der Strahlenschutzgesetze – mittels sogenannten Wichtungsfaktoren – maximal zulässige Dosen in einzelnen Körperorganen sogar zu erhöhen.*

Die ICRP musste nämlich schon 1969 zugeben[75], dass die Strahlenschutzgesetze auf einem falschen Gerüst aufgebaut waren (Theorie vom sogenannten kritischen Organ). Seit den Anfängen der Atomenergie beruhen also die Strahlenschutzgesetze auf katastrophal falschen Voraussetzungen. Dies hatte der Verfasser 1972 erstmals mit seinem Buch «Die sanften Mörder – Atomkraftwerke demaskiert» einer weiten Öffentlichkeit bekannt gemacht[61].

Die ICRP beschrieb diese Verhältnisse damals wie folgt[61,74]:

> «Es ist selbstverständlich, dass bei gleichmässiger Ganzkörperbestrahlung das totale Krebsrisiko sozusagen die Summe der individuellen Risiken eines jeden Organs darstellen müsste. Gegenwärtig wird aber die maximal zulässige Dosis bei Ganzkörperbestrahlung durch die Dosis im Knochenmark und in den Gonaden bestimmt, ohne Berücksichtigung des Krebsrisikos im übrigen Körper.

Die Auffassung vom ‹kritischen Organ› erlaubt keine Summierung der Risiken, die sich durch Bestrahlung aller Körperteile – unter Berücksichtigung ihrer relativen Strahlenempfindlichkeit – ergeben. Eine solche Summierung wäre sicher nötig, um das Risiko irgendeiner Strahlenexposition seriös zu berechnen.
Es darf nicht übersehen werden, dass die Dosis, die ein kritisches Organ bei irgendeiner Bestrahlung erhält, nicht das gesamte Krebsrisiko ergeben kann, das immer grösser sein wird, manchmal nur unbedeutend, manchmal viel grösser.»

Die ICRP gab also damals schon zu, dass seriöse Risikokalkulationen zum Krebsrisiko gar nicht möglich sind. *Aber der Bevölkerung wurde dies selbst von den zuständigen Behörden verschwiegen.*
Die ICRP beschrieb dann 1969 ein richtigeres Gerüst, bei dem das totale Krebsrisiko nicht mehr von einem einzigen kritischen Gewebe abhängen sollte, sondern von den summierten Einzelrisiken von 27 genau definierten Körperorganen unter Berücksichtigung ihrer relativen Strahlenempfindlichkeit[77]. Da aber die dazu nötigen Unterlagen damals nicht vorhanden waren[70] (sie sind auch heute noch längst nicht vollständig), wurde das bisherige und falsche Gerüst weiterhin aufrechterhalten. Weil es das Krebsrisiko unterschätzt und zudem in der Praxis einfach anzuwenden ist, bedeutet dies eine entscheidende Wegebnung für die Atomenergie.
Nachdem aber das Strahlenkrebsrisiko als immer grösser erkannt werden musste, wurde bereits 1977 von der ICRP ein neues Konzept mit sogenannten Wichtungsfaktoren* für einzelne Organe vorgeschlagen. Auch ist die genaue relative Strahlenempfindlichkeit der meisten Organe und damit deren Krebsrisiko immer noch ungenügend bekannt.
Im Bulletin Nr. 14 von 1983 der Schweizerischen Vereinigung für Atomenergie (SVA) wurden diese Wichtungsfaktoren für einzelne Organe wie folgt in Prozenten übersichtlich dargestellt[54] (S. 129):

Dies sieht alles recht freundlich und sachlich aus. Die Summe der Wichtungsfaktoren für Erbschäden und Krebs (inklusive Leukämie) beträgt 100 Prozent. 25 Prozent beziehen sich auf Erbschäden, 75 Prozent auf Krebs, wobei diese 75 Prozent wiederum un-

* Der Wichtungsfaktor soll den Anteil des Krebsrisikos des betreffenden Organs oder Gewebes angeben, wenn der ganze Körper gleichmässig bestrahlt wird.

Wichtungsfaktoren (ICRP 26)

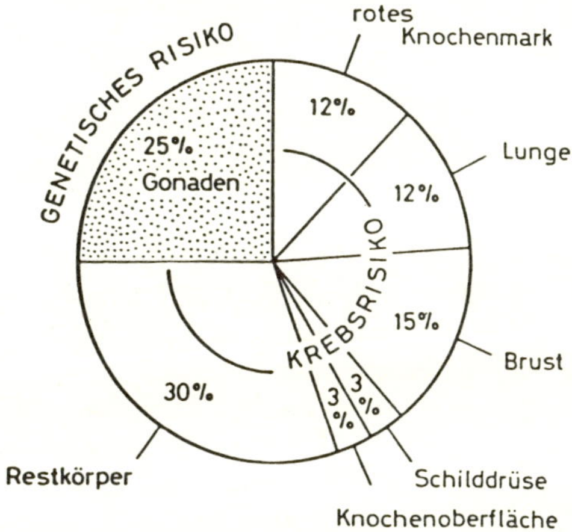

terteilt sind auf diverse Organe. Dabei werden die maximalen Ganzkörperdosen von 5 rem/Jahr für Strahlenbeschäftigte und die 500 mrem/Jahr für Einzelpersonen der Bevölkerung im Prinzip beibehalten.

Nun kommt aber das Hinterlistige und Ungeheuerliche!
K. Z. Morgan, ehemaliger Präsident der ICRP und des Nationalen Rates für Strahlenschutz der USA (NCRP), der auch als Vater des Strahlenschutzes bezeichnet wird, hat dies schon 1978 ausführlich angeprangert[120]. Er machte darauf aufmerksam (und hat sich nicht getäuscht), dass dieses neue Konzept dazu benutzt werde, die maximal zulässigen Grenzdosen in einzelnen Körperorganen und damit auch die maximal zulässigen Konzentrationen an Radionukliden in der Luft, im Wasser und in der Nahrung *stark zu erhöhen,* ausgenommen dann, wenn sie eher gleichmässig im Körper verteilt sind[120].
Die folgende Tabelle zeigt Empfehlungen der ICRP für beruflich strahlenbelastetes Personal.

Organ	MZD*(120, 71) **bisher**	MZD*(101, 86) **neu**	Wichtungs-faktoren in % (86)
Ganzer Körper	5 rem	5 rem	100
Gonaden	5 rem	20 rem	25
rotes Knochenmark	5 rem	42 rem	12
Lungen	15 rem	42 rem	12
Schilddrüse	30 rem	50 rem	3
Knochen	30 rem	50 rem	3
Brust	15 rem	32 rem	15
Haut	30 rem		
Rest	15 rem	17 rem	30

Diese neuen impliziten Werte sind ebenfalls von grosser Bedeutung, denn sie stehen auch in Beziehung zu niedrigeren Dosisgrenzwerten. Wie weit sie in neuen nationalen Verordnungen berücksichtigt werden, sei dahingestellt!
Ein ganz schwerer Fehler am schönen Kreis der Wichtungsfaktoren ist, dass Krebstote und Erbschäden miteinander bewertet werden. Hier lässt sich überhaupt kein ethisch vertretbarer gemeinsamer Schadensmassstab erstellen. Erbschäden können lebenslang und in ganzen Familien selbst in zukünftigen Generationen zu unterschiedlichstem Leid führen (lebenslange Behinderungen, geistige Defekte, Gesundheitsschäden usw.). Die Folgen sind offensichtlich derart anders, dass es unzulässig ist, diese Schäden überhaupt mit dem Leid eines Krebstoten auf einen Nenner bringen zu wollen. Selbst die ICRP hatte 1969 dieses Problem erkannt und erwähnt, dass *ungenügende Erfahrungen über Erbschäden vorliegen würden und auch ein Mangel an besonderer wissenschaftlicher Beurteilung über die relative Schädlichkeit von Erbschäden und Krebs*[78]. Über diese berechtigten Bedenken hat sie sich jetzt skrupellos hinweggesetzt.

Natürliche Strahlung «einfach verdoppelt»

Und aufgepasst: Die internationalen Gremien für Strahlenschutz täuschen sich bei Risikokalkulationen bekanntlich in sensationeller Weise immer wieder. Die quantitativen Angaben in rem (auf denen die Risikoberechnungen beruhen) sind ja allerhöchstens gutwillige Schätzungen (siehe Seite 34, «Die Lüge vom rem»), die nicht berechtigen sollten, künstliche Radioaktivität freizusetzen, d. h. die Atomenergie – zivil und kriegerisch – anzuwenden!

* MZD = maximal zulässige Dosis pro Jahr

So wurde 1982 von der UNSCEAR die normale natürliche Strahlenbelastung des Weltbürgers *einfach verdoppelt!* Die ICRP schreibt 1984 dazu folgendes[89]:

> «Bis vor kurzem wurde die jährliche Ganzkörperdosis aus natürlichen Quellen auf etwa 1 mSv (= 100 mrem) geschätzt. Im UNSCEAR-Bericht von 1982 jedoch wird die jährliche Äquivalenzdosis auf 2 mSv (= 200 mrem) geschätzt. Diese höhere Schätzung ist durch das Zufügen der Äquivalenzdosis entstanden, die infolge der Lungenbelastung durch die Zerfallsprodukte von Radon und Thoron – hauptsächlich in der Innenluft der Häuser – bewirkt wird, und weniger durch die gleichförmige Bestrahlung des ganzen Körpers durch die übrigen Bestandteile der natürlichen Strahlung.»

Diese Verdoppelung hat sich also hauptsächlich ergeben durch die Umstellung vom bisherigen falschen Strahlenschutzgerüst mit der falschen «Ganzkörperdosis» auf das neue Prinzip mit der die Wichtungsfaktoren berücksichtigenden «Ganzkörper-Äquivalenzdosis». Auch die Erkenntnis, dass Radon uns stärker belastet, als bisher angenommen, hat hierzu beigetragen. Jetzt müssen die Strahlenbelastungen durch Alpha-, Beta- und Gammastrahlen in den einzelnen Organen bei der Ganzkörperdosis mitberücksichtigt werden, auch wenn die Gonaden und das Knochenmark nicht mitbelastet werden (Alpha- und Betastrahlen haben nämlich nur kurze Reichweiten in Geweben). Dies trifft auch für natürliches Radon im wesentlichen zu. Es belastet die Gonaden nicht, stark jedoch die Lungen (Lungenkrebs)[101], so dass es bei dem neuen Strahlenschutzgerüst mit der neuen Ganzkörper-Äquivalenzdosis mitzuberücksichtigen ist[203].

Schutz vor natürlicher Strahlung gefordert!

Eine Kehrtwendung um 180 Grad wird 1984 gemacht. Die ICRP diskutiert nun den Schutz vor natürlicher Strahlung[90]! In den letzten paar Jahren habe man immer mehr erfahren, dass durch menschliche Aktivitäten höhere natürliche Strahlenbelastungen auftreten können. Insbesondere würde das beim radioaktiven Zerfall (von Uran 238 und Thorium 232) im Boden entstehende radioaktive Edelgas Radon in Häuser einsickern und bei schlechter Lüftung (wie z. B. zu guter Raumisolation) sich ansammeln. Je nach Bodenbeschaffenheit und auch je nach der Radioaktivität im

Baumaterial werden sehr verschiedene Mengen an Radon abgegeben. Eine um den Faktor 1000 erhöhte Radonkonzentration könne auf diese Weise entstehen[90]!

Bei der Erhöhung um den Faktor 100 bis 1000 käme nur eine Verlegung des Wohnsitzes in eine andere Gegend in Frage, meint die ICRP[90]. Auch Baumaterialien mit zu hoher Radioaktivität müssten in Zukunft vermieden werden[91]. Selbst das Fliegen in bisheriger Art wird zur Diskussion gestellt[91]. Die ICRP schreibt auch[92]:

> «Zukünftige Strahlenbelastungssituationen hat man gewöhnlich in dem Sinne im Griff, dass man sie vermeiden kann. Z. B. das Vermeiden des Wohnens in einer Gegend mit hoher Strahlenbelastung, die nicht schon bewohnt ist.»

Die Schweizerische Kommission zur Überwachung der Radioaktivität (KUER) schätzt 1983 als Mittelwert in Ein- und Mehrfamilienhäusern der Schweiz die Radonbelastung auf 125 mrem/Jahr, was 10 bis 20 Lungenkrebstote pro Jahr und pro Million Einwohner verursachen soll[102].

Künstliche Erhöhung der Umweltradioaktivität, ein Verbrechen?

Die Atompropaganda versuchte bisher, die natürliche Strahlung zu bagatellisieren, um ein Alibi für eine gewisse Erhöhung des Strahlenpegels durch Kernkraftwerke zu haben. Damit rechtfertigt sie gleichzeitig den Ausstoss von gefährlichsten künstlichen Spalt- und Korrosionsprodukten in unseren Lebensraum. Eine solche verzerrte Einschätzung sollte nicht statthaft sein. Das Leben steht im Gleichgewicht mit der natürlichen Radioaktivität, d. h. die Organismen haben sich im Laufe der Jahrmillionen der natürlichen Radioaktivität «angepasst», so dass der Prozentsatz der dadurch erblich oder gesundheitlich geschädigten Individuen durch das Prinzip der natürlichen Auslese jeweils (sehr brutal) eliminiert worden ist. Infolgedessen blieben die Arten gesund und konnten sich sogar weiterentwickeln. Dieser harten Auslese konnten wir Menschen uns weitgehend durch die Errungenschaften der modernen Medizin entziehen. Dank ihr ist es uns möglich, Kranke und Erbgeschädigte besser denn je zu pflegen. Aber wir müssen auch wissen, dass wir alle Erbfehler weitergeben und dass die Menschheit dadurch immer kränker wird. Diese Gefahr darf nicht grösser werden, als sie schon ist. *Und wir wollen ja alle kranken und erbgeschädigten Menschen schützen.* Eine weitere Erhöhung des natürlichen Strahlenpegels durch künstliche Radioaktivität dürfte deshalb niemals erlaubt sein.

Bankrott-Erklärung

Viele der bei der Atomspaltung freigesetzten künstlichen Radionuklide sind gefährlichste Alpha*- und Betastrahler. Sie können – von sehr komplexen Faktoren abhängend – zu völlig neuartigen Konzentrationsmechanismen in den verschiedensten Organen und Organsystemen führen. Es ist völlig ausgeschlossen, die durch Emissionen verursachte Umweltverseuchung mittels Modellrechnungen derart in den Griff zu bekommen, dass niemand unzulässige Dosisbelastungen erhält. Abgesehen davon sollten solche «zulässigen Vergiftungen» gar nicht erlaubt sein! Und selbst wenn alles erforscht wäre – was überhaupt nicht der Fall ist –, wäre eine Kontrolle unmöglich. Die ICRP empfiehlt denn auch ausdrücklich – im Gegensatz zu beruflich strahlenbelastetem Personal –, für die Bevölkerung nur das theoretische Konzept zur Überprüfung der Wirksamkeit der Begrenzung der Äquivalenzdosen anzuwenden. Sie schreibt dazu[85]:

> «Ihre Wirksamkeit wird überprüft, durch Ermittlungen mittels Probenahmeverfahren und statistischen Berechnungen sowie durch Kontrolle der Quellen, von denen eine Strahlenexposition erwartet wird, und nur in seltenen Fällen durch Stichproben der Strahlenexposition von Einzelpersonen.»

Da haben wir es. Individuell soll die Bevölkerung nicht überwacht werden. Im Gegensatz zu beruflich strahlenbelastetem Personal erfolgt die radioaktive Überwachung im wesentlichen nur pauschal. Aber müsste die Bevölkerung – wie jenes – mit Dosismetern herumlaufen, Urinproben machen, in Ganzkörperzähler steigen usw., so wäre die Atomenergie unverzüglich schachmatt.

---

* Plutonium ist ein Alphastrahler.

R. Atommüll-Lager ohne Risiko gibt es nicht!

«Extremes Sicherheitsdenken von Anfang an» ist ein Schlagwort, mit dem der Bevölkerung die Atomenergie schmackhaft gemacht wird. Bestimmt hat man sich bemüht, Gefahrenquellen möglichst auszuschalten, zum Teil mit unerhörtem Einsatz und Aufwand. Aber leider genügt das nicht, um radioaktive Emissionen zu verhindern. Dies gilt auch für Atommüll. Selbst nach bald 30 Jahren Atommüllproduktion wird noch experimentiert, wie diese Abfälle auf weite Sicht zu lagern sind[64].

Die einst als sicher gepriesenen Meeresversenkungen für schwach- und mittelaktive Abfälle mussten weitgehend eingestellt werden, und niemand weiss, wie weit und wie lange noch die unvermeidlich freiwerdende Radioaktivität sich im Meerwasser ausbreiten wird. Sie speichert sich jedenfalls in tierischen und pflanzlichen Früchten des Meeres. Auf unserem Teller kann sie dann landen.

Auch das Problem der hochaktiven Abfälle ist als ungelöst und *prinzipiell unlösbar* zu bezeichnen, denn Lagerung mit kalkulierbaren Risiken – mit diesem Prinzip gibt man sich neuerdings zufrieden – ist unverantwortlich. Weder über die Stabilität der Erdkruste, noch über materialtechnische Veränderungen des Atommülls und seiner Verpackungen, über Auswaschprozesse und die nachfolgende Migration von Radioaktivität an die Erdoberfläche (Trinkwasser), und schon gar nicht über unsere Zivilisation und Gesellschaft sind für die erforderlichen Hunderttausende von Jahren absolut sichere Voraussagen zu machen.

Die Unberechenbarkeit belegen auch die Erfahrungen beim tiefsten auf der Welt gebohrten Loch (auf der Kola-Halbinsel in Russland). 1984 wurden 12'000 Meter Tiefe erreicht. Selbst dort wurden noch Wasser- und Gasvorkommen gefunden. Von einem kompakten Urgestein kann keine Rede mehr sein. Das Vorhandensein von Brüchen im Gestein bei Drücken von mehr als 3000 Bar ist etwas vollkommen Unerwartetes[38, 39]. Man versucht deshalb, die in der Tiefe gefundenen Wasser zu datieren, d. h. festzustellen, wie lange sie im Erdinnern verweilten, um damit auf die Fliessgeschwindigkeit zu schliessen[122]. Aber auch hier bietet ein günstiges Ergebnis keine Garantie.

Deshalb wird probiert, die Abfälle mit den verschiedensten Stoffen zu sehr schwer löslichem Material zu verschmelzen (z. B. verglasen) und dann mit weiteren Materialien (z. B. Stahl und quellfähigem Ton) noch zusätzlich zu umgeben bzw. zu verpacken[97]. Selbst ein Vergolden der Abfälle ist schon vorgeschlagen worden, um ein Auflösen durch Wasser zu verhindern. Und 1972 glaubte der Leiter der US-Atomenergiekommission J. Schlesinger sogar, der Atommüll werde bis in zehn Jahren «mit Raumfähren» in die Sonne «geschossen», weil Lösungen wie das heute vorgesehene Versenken in Bohrlöchern, vermieden werden sollten. Langzeiteffekte können niemals mit Experimenten (auch nicht in Felslabors) auf Hunderttausende von Jahren hinaus mit absoluter Sicherheit vorausgesagt werden. Kein Wunder, wenn es in den USA alle ausser drei Staaten abgelehnt haben, innerhalb ihrer Grenzen nukleare Abfälle zu lagern. Dies laut Regierungsstudie Global 2000[56]. Gewisse Staaten haben ihre Ansprüche herabgeschraubt. So verlangt zum Beispiel Schweden nach einer Gesetzesänderung keine «sichere» Endlagerung mehr, sondern nur noch eine mit «akzeptablem Risiko». Auch in der Schweiz wurden die Ansprüche gesenkt. Die Nationale Genossenschaft für die Lagerung radioaktiver Abfälle (Nagra) erhielt 1978 den Auftrag, bis 1985 das Projekt «Gewähr» für eine dauernde, sichere Entsorgung und Endlagerung vorzulegen[212]. 1981 musste «Gewähr» nur noch einen Lösungsweg aufzeigen, in Form eines Modellprojektes[212]. Und im Oktober 1982 schliesslich wurde festgelegt, dass «Gewähr» die Zweifel an der Durchführbarkeit der Abfallbeseitigung ausräumen und nur noch einen Modellstandort vorlegen sollte[212]. Man spricht nicht mehr von Garantie. Man spricht nur noch von «realistischerweise anzunehmenden Umständen, unter denen der Schutz von Mensch und Umwelt gewährleistet sei»[121]. Dann fügt die Nagra bei[121]:

> «Soweit überhaupt radioaktive Stoffe aus Endlagern in unseren Lebensbereich gelangen können, liegt die Strahlenbelastung jederzeit weit unter dem von den Behörden festgelegten Grenzwert.»

Dieser Grenzwert liegt gemäss schweizerischen Richtlinien bei 10 mrem! *In wirklich dichte Endlager hat man also kein Vertrauen.*

Auch Prof. Marcel Burri, Ordinarius für Geologie an der Universität Lausanne, hat 1981 darauf aufmerksam gemacht, dass die Geologie nicht einmal in der Lage sei, Voraussagen zu machen, was in einer Tiefe von einigen hundert Metern in einem Zeitraum von 25 Jahren passiert (Beispiel: Senkung der Staumauer beim Kraftwerk Tseuzier in der Schweiz)[42]. Entsprechend äussert er sich zum Atommüllproblem: «Und wieder sollen geologische Gutachten zuverlässige Aussagen über die geologischen Verhältnisse in einigen tausend Metern Tiefe für eine Dauer von mehreren hunderttausend Jahren machen. Müssten nicht die Geologen zugeben, dass sie mit solchen Prognosen überfordert sind?»[42]
Getäuscht haben sich die Fachleute auch im sogenannt sicheren Endlager bei Gorleben (BRD). 1984 wurde die grundsätzliche Eignung von Steinsalz als Endlager (natürliche Barriere) für radioaktiven Abfall in Frage gestellt. Wissenschafter in den USA zeigten, dass Steinsalz durch Radiolyse ausgerechnet bei denjenigen Temperaturen am wirkungsvollsten gespalten wird, mit denen man in einem Steinsalzendlager in den ersten 50 bis 100 Betriebsjahren rechnet (150 bis 175 Grad Celsius)[209]. (Radioaktiver Abfall erhitzt seine Umgebung.) Bei dieser Zerstörung des Steinsalzes (NaCl) durch die Strahlung entsteht kolloidales Natrium (Na) und gasförmiges Chlor (Cl). Es wird Kristallwasser frei, so dass die Abfälle schliesslich mit einem gefährlichen Gemisch aus gasförmigem Chlor und Wasserstoff sowie Natrium und Natronlauge umgeben sein werden, was jeder Sicherheitsphilosophie Hohn spricht[106]. Und als Schlusspunkt hat gar der australische Forscher A. E. Ringwood[143] gezeigt, dass auch die mit Borsilikat verglasten Abfälle durch die Radioaktivität innert kurzer Zeit erhöhte Wasserlöslichkeit aufweisen können. «Dies war schon nach einem Monat Liegezeit in 95 Grad Celsius heissem destilliertem Wasser zu erkennen.»[209]

Der Salzstock von Gorleben hat sich ohnehin als wertlos erwiesen (wasserdurchlässig)[125]. Der Fussboden der Zwischenlagerungshalle bekam trotz Ausbesserungsarbeiten Risse und buchtete aus. Die Atommüllfässer begannen zu rosten und sind nicht absolut bruchfest, wie behauptet wurde. Der Traum vom sicheren Endlager scheint auch hier ausgeträumt zu sein. Kein Wunder bei der heutigen Situation, dass als Alternative zur Endlagerung im eigenen Land bereits das Abschieben des Atommülls in die chinesische Wüste Gobi von westlichen Staaten diskutiert wurde.

S. Wirtschaftliche Pleite der Atomenergie

Die Weltkapazität aller Kernkraftwerke betrug 1983 191 Gigawatt (1 GW = 1 Milliarde Watt), womit 15 Prozent des gesamten Strombedarfs gedeckt wurden. Aber der Ausbau der Atomenergie hat schwere Rückschläge erlitten. Laut Jahresbericht der Atomenergiebehörde (IAEO) sind die immer grösser werdenden Investitionskosten für den Bau der Anlagen am verlangsamten Wachstum schuld. Man rechnet bis zum Jahr 2000 nur noch mit einem Anstieg des Stromanteils auf etwa 20 Prozent.

Aber die Ausbauaussichten stehen wohl viel schlechter. In Amerika scheint das wirtschaftliche Interesse an der Atomenergie laufend abzunehmen[129, 184]. Man konnte 1984 Nuklearanlagen und Zubehörteile mit 50 bis 80 Prozent Rabatt im Ausverkauf erwerben. Die dortigen Stromfirmen, zum Teil vom Konkurs bedroht, verlegen sich vermehrt aufs Finanzieren von Stromsparmassnahmen, weil Atomkraft sich in den USA als unwirtschaftliche Stromquelle erwiesen hat. So wurden seit 1978 keine AKWs mehr in Auftrag gegeben, dafür etwa 100 abbestellt und schon angefangene Anlagen nicht fertiggebaut. Die Zeitschrift «The Nuclear Engineer» illustriert diese Entwicklung mit nebenstehender Abbildung[187] (Seite 138).

Das alles muss nicht überraschen. Der bekannte atombefürwortende US-Physiker Alvin M. Weinberg hat 1984 folgendes ausgeführt[98]: «Wir Nuklearingenieure haben die Öffentlichkeit nicht davon überzeugen können, dass die Kernenergie eine gutartige und akzeptable Technik ist. In der amerikanischen Öffentlichkeit waren im Jahre 1977 30 Prozent gegen die Kernenergie eingestellt, heute sind es 60 Prozent.» Die ehrliche Aufklärung der Gegner hat offensichtlich gewirkt, zusammen mit dem Unfall von Harrisburg und der Unwirtschaftlichkeit des Verfahrens. Auch in der Schweiz haben sich 1984 bei einer Abstimmung fast die Hälfte der Abstimmenden gegen die Atomenergie ausgesprochen.

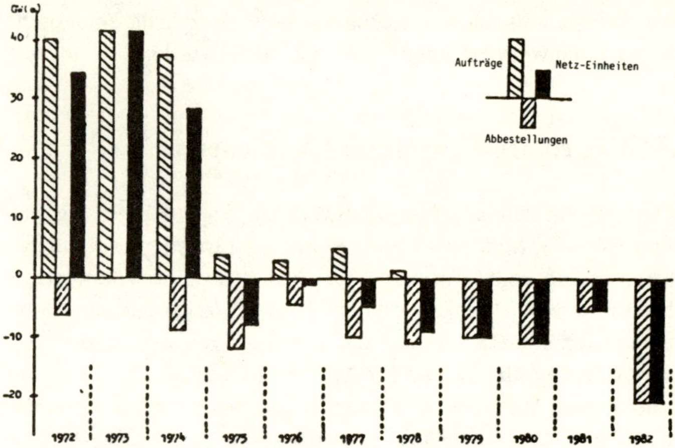

Bestellungen und Abbestellungen für Kernkraftwerke in den USA

Andere Länder haben ihre Atomprogramme ebenfalls stark reduziert, u. a. Spanien, Frankreich und Mexiko, welches nur noch zwei Kernkraftwerke und fünf Wasserkraftwerke bauen wird[213]. Und grosses Aufsehen hat 1984 erregt, dass Frankreich wegen der hohen Kosten auf den Bau weiterer Brüterreaktoren vorläufig verzichtet. Der «Superphénix» in Cray-Malville mit 1200 Megawatt kam allerdings 1986 in Betrieb und soll ein Prototyp bleiben[185]. Über eine Fortsetzung des Brüterprogramms soll erst 1987 entschieden werden.

In der Bundesrepublik Deutschland wird die Brütertechnologie vorläufig nicht weiterverfolgt. Die zuständige KKW-Gesellschaft gab Ende 1984 bekannt, dass kein zweiter schneller Brüter geplant werde. Nur der Prototyp in Kalkar soll 1985 nach zwölf Jahren Bauzeit ans Netz angeschlossen werden. Die Kosten sind während der Planungs- und Bauzeit von 500 Millionen DM auf 6,5 Milliarden geklettert. Die Regierung von Nordrhein-Westfalen, auf deren Gebiet Kalkar liegt, stellte sogar fest, dass der Brüter sich entgegen den Voraussagen für eine wirtschaftliche Nutzung als unbrauchbar erweisen werde[185].

Mit der Brütertechnologie glaubte man, «Energie fast gratis zu erbrüten». Die schnellen Brutreaktoren können während der Energieerzeugung das unbrauchbare Uranisotop 238, das den grössten Teil des Natururans ausmacht, in spaltbares Plutonium umwandeln. Damit sollte ein Brüter mehr Kernbrennstoff erzeugen, als er verbraucht. In Wiederaufbereitungsanlagen muss dann das Plutonium aus den abgebrannten Brennelementen abgetrennt werden. Eine grosstechnische Plutoniumwirtschaft mit all ihren unermesslichen technischen und gesellschaftspolitischen Gefahren wäre die Folge solch technischer Akrobatik. Ein Millionstel Gramm Plutonium kann nämlich schon Lungenkrebs erzeugen. Aber im September 1983 hatte auch der amerikanische Senat den Geldhahn für das Prototypkraftwerk Clinch River zugedreht. Lediglich kleine Forschungsprojekte werden weitergeführt.
Der Traum von der billigen Atomenergie ist endgültig ausgeträumt. Der vielbeachtete Energie-Report der Harvard Business School – der berühmtesten Wirtschaftshochschule der westlichen Welt – hatte dies schon 1979 prophezeit[180]: «Aus diesem Grunde ist man nicht gut beraten, sich auf die Kernkraft zu verlassen, um für den Rest des Jahrhunderts von Ölimporten unabhängiger zu werden.»
Auch der Schweizer Physiker Ruggiero Schleicher schreibt 1984 in seinem vielbeachteten SES-Report der Schweizerischen Energie-Stiftung «Atomenergie – die grosse Pleite»[155]: «Nachrüstungen und Unterhalt der alternden Reaktoren sowie die Behandlung und Endlagerung der radioaktiven Abfälle werden die Atomindustrie noch für Jahrzehnte beschäftigen, auch wenn es keine nennenswerten Bestellungen für Atomkraftwerke mehr gibt. Auch hier sind hohe Qualität, Zuverlässigkeit und gute Ingenieurarbeit von entscheidender Bedeutung für die Sicherheit. Eine langsam absterbende Industrie, die den vergangenen Zeiten nachtrauert und unter Prestigeverlust leidet, ist aber für initiative, talentierte Fachkräfte nicht anziehend. Ein unentschlossenes Durchwursteln, meint das Washingtoner Worldwatch-Institut, könnte deshalb schliesslich auch die teuerste Lösung sein. (...) Von überragender Bedeutung bleibt aber die militärische Nutzung, die Atombombe, die am Anfang der Entwicklung stand.»

T. Kohlekraftwerke und Radioaktivität

Seit vielen Jahren behaupten Atombefürworter immer wieder, die Strahlenbelastung in der Umgebung von Steinkohlekraftwerken sei 100fach höher als bei Atomkraftwerken gleicher Grösse. Dieses Märchen ist längst widerlegt. So hat schon 1977 die UNO-Kommission UNSCEAR[200] festgestellt, dass bei Berücksichtigung des gesamten Brennstoffkreislaufes die globale Kollektivdosis der Bevölkerung pro Megawatt elektrische Energie bei Atomstrom 375fach höher ist als bei Strom aus Kohle. Und 1985 berichten japanische Wissenschafter in «Health-Physics»[124], dass die Ganzkörperdosis bei japanischen Kohlekraftwerken am Punkt höchster radioaktiver Belastung im Bereich von etwa 0,01 mrem pro Jahr liege. Das ist zum Beispiel 2000mal kleiner als die in der Schweiz nach dem ALARA-Prinzip erlaubte maximale Dosis von 20 mrem pro Jahr in der Umgebung von AKWs und sogar immer noch 100mal kleiner als die angebliche durchschnittliche Belastung von 1 mrem/Jahr in der Umgebung von Kernkraftwerken. Mit der Strahlenbelastung lassen sich Kohlekraftwerke längst nicht mehr verteufeln, höchstens bei schlecht informierten Bürgern.

III. Waldsterben und Radioaktivität

A. Die neue Dimension des Waldsterbens

Das Waldsterben hat dramatische Formen angenommen. Kaum ist eine Studie über Waldsterben beendet, ist sie bereits überholt, überholt durch die unterdessen weiter fortgeschrittenen Schäden. Es sind längst nicht mehr nur Nadelbäume betroffen, sondern auch Laubbäume wie Buchen, Eschen, Eichen. Und jetzt zeigen auch Obstbäume (Äpfel, Birnen, Kirschen) und deren Kulturen die gleichen Krankheitsbilder wie die Waldbäume. 30 Prozent der Obstbäume im Kanton Thurgau (Schweiz) sind schon angeschlagen. Forstkreise fürchten schon um die Reben, die nachfolgen könnten.

Es zeigt sich jetzt die Gefahr der Unterbrechung des Grundprozesses im Lebenskreislauf der Pflanzen, Tiere und Menschen – kurz: die Photosynthese wird bedroht! Mit ihr verwandeln die Pflanzen die Lichtenergie der Sonne in materielle Energie, das heisst in pflanzliche Substanz (Kohlenstoffverbindungen). Sie entsteht, indem sich die Pflanzen in wunderbarer Weise selbst aufbauen. Baustoffe sind dabei der Kohlenstoff (welcher der Kohlensäure der Luft entnommen wird) und der Wasserstoff (der dem Wasser entnommen wird, welches die Wurzeln zusammen mit Mineralien aufnehmen). Das Blattgrün (Chlorophyll) wirkt dabei als Katalysator, das Sonnenlicht als Energiequelle. Ohne diese durch Photosynthese aufgebaute pflanzliche Substanz hätten Tiere und Menschen keine Nahrung mehr.

Die Wissenschaft kann heute nicht ausschliessen, dass immer weitere Pflanzen, auch Nahrungspflanzen des Menschen, nachteilig beeinflusst werden oder gar absterben könnten ...[39]

Nun muss man sich fragen, wieso Pflanzen so viel empfindlicher auf Luftverschmutzung reagieren als Tiere und Menschen. Hier gibt es einen fundamentalen Unterschied. Wir benötigen Luft «nur» als *Sauerstoff-Lieferanten,* um die Nahrung zu verbrennen, d. h. Energie zu gewinnen. Die Pflanze bezieht jedoch fast ihre gesamten Aufbaustoffe, d. h. ihre Nahrung, in Form von *Kohlenstoff.* Er ist als Kohlensäure (CO_2) in der Luft enthalten und wird durch die Photosynthese der Pflanze zugeführt. Nur muss die Pflanze unvergleichlich grössere Mengen von Luft «einatmen» bzw. verarbeiten als der Mensch, denn Luft enthält nur 0,035 Prozent Kohlensäure gegenüber 21 Prozent Sauerstoff! Zu diesem Zweck sind die Blätter und Nadeln mit einem hochentwickelten Durchlüftungssystem versehen, so dass genug Kohlensäure aus der grossen Verdünnung in der Luft aufgenommen werden kann. Und die Luft findet durch feinste Poren ihren Zutritt ins Innere von Blättern und Nadeln, durch die sogenannten Spaltöffnungen. Ein einzelnes Eichen- oder Buchenblatt weist über eine halbe Million solcher Öffnungen auf[39].

Diese intensive Durchlüftung der Pflanzen erklärt deren viel grössere Empfindlichkeit gegenüber Luftverschmutzungen. Die Auswirkungen einer Vergiftung der Luft werden daher bei Pflanzen früher augenscheinlich als beim Menschen und der Tierwelt.

B. Grundsätzliches

Klassische Waldschäden

Waldschäden sind seit der beginnenden Industrialisierung im 19. Jahrhundert bekannt. Die klassischen Rauchschäden durch SO_2 (Schwefeldioxid) und H_2SO_3 (schweflige Säure) wurden schon 1903 durch Haselhof/Lindau und 1905 durch Wieler beschrieben[115]. Bereits damals wurde gezeigt, dass sich die Schäden durch geringere Zuwachsraten (schmälere Jahrringe) im Stamm äussern. «Heute ist es längst erwiesen, dass die Breite und Struktur der Jahrringe Ausdruck der photosynthetischen Leistung, also der Vitalität der Bäume sind.»[115]

Diese klassischen, akuten oder direkten Waldschäden zeigen sich weltweit meist nur in der unmittelbaren und näheren Umgebung von Schadstoffemittenten (Emittent = Ausstossender), wie Heizkraftwerken, Heizungen, Metallverhüttungsanlagen, Müllverbrennungen und der keramischen Industrie. Allerdings wurden die Rauchgasstoffe in den letzten Jahrzehnten in immer entferntere Gebiete verfrachtet, d. h. immer grossflächiger verteilt, und zwar durch die neue Hochkaminpolitik (die Schornsteine wurden zunehmend höher gebaut)[8]. Dies alles stellt keine unbekannten Probleme dar.

Die neuartigen Waldschäden

Das schleichende, völlig neuartige Waldsterben begann hingegen zuerst im zentraleuropäischen Mittelgebirge wie Harz, Erz- und Riesengebirge. Da vorerst nur die Weisstanne davon betroffen wurde, glaubte man *in den siebziger Jahren* an ein erneutes Aufflakkern einer geschichtlich belegten, von Zeit zu Zeit wiederkehrenden Weisstannenseuche[113]. Beim Übergreifen aber auf andere Baumarten und auch auf ausgesprochene Reinluftgebiete (fern aller Emissionsquellen) begann für die Wissenschaft *Anfang der achtziger Jahre* unmittelbar das grosse Rätsel[113]. Obgleich einzelne Wissenschafter, wie Prof. Otto Kandler (Universität München), noch an einer Seuchen- bzw. Epidemie-Hypothese festhalten[49], wird dies kaum mehr ernst genommen. Bestimmte Schädlinge, Bakterien oder Viren befallen zum Beispiel nie eine Vielfalt von Pflanzenarten. Auch weisen die heute vorliegenden Schadmusterverteilungen eindeutig auf Immissionsschäden hin. Hierfür erachtet die forstliche Versuchs- und Forschungsanstalt (FVA) von Baden-Württemberg den Indizienbeweis als erbracht. Allerdings sei damit «noch nichts darüber gesagt, welcher Schadstoff bzw. welche Schadstoffkombination bzw. -konzentration massgeblich ist»[106]. Wir wissen also noch wenig. So musste Dr. F. H. Schwarzenbach, Vizedirektor der Eidgenössischen Anstalt für das forstliche Versuchswesen (EAFV) in Birmensdorf (Schweiz), noch 1983 feststellen, «dass sich heute die Mehrheit der Forscher einig ist, dass das mitteleuropäische Waldsterben als ein bisher unbekannter Zerstörungsprozess aufzufassen» sei[113].

Die umfassendste Zusammenstellung über das Wissen zum Waldsterben ist wohl das Sondergutachten des Rates für Umweltfragen des deutschen Bundesministeriums des Innern von 1983. Es heisst dort[14]:

> «Die neuen Waldschadengebiete sind nicht oder höchstens teilweise mit den bekannten Rauchschadengebieten Mitteleuropas (Ruhrgebiet usw.) vergleichbar. (...) Auch sind Art und Ausmass der seit Mitte der siebziger Jahre beobachteten Waldschäden von überlieferten forstlichen Erfahrungen her nicht mehr erklärbar.»

Namentlich die emittentenfernen Waldschäden, das heisst in Gegenden fern aller Schadstoffquellen, geben Rätsel auf. Allerdings erscheinen Zusammenhänge mit Immissionen als gesichert. Dazu meint der Rat[14]:

> «Das nahezu gleichzeitige Auftreten dieser Schäden lässt das plötzliche, fast schockartige Wirksamwerden eines neuen, unbekannten Schadeinflusses – auch als Faktor X bezeichnet – vermuten, auf den sie gleichzeitig zurückgeführt werden könnten.»

Forderung von Prof. P. Schütt betreffend Radioaktivität

Es ist wichtig, dies festzustellen. Insbesondere atombefürwortende Wissenschafter hören das Wort «Faktor X» nicht gerne, denn damit könnte künstliche Radioaktivität gemeint sein. Bestünde aber ein solcher Zusammenhang, wäre der rasche Tod der Atomenergie unvermeidlich. Der renommierte Forstwissenschafter Prof. P. Schütt (Lehrstuhl für Forstbiologie an der Universität München) hatte nämlich 1983 erstmals sehr mutig gefordert:

> «. . . dass man auch radioaktive Strahlung als mögliche Ursache des Syndroms (vielschichtiges Krankheitsgeschehen, hier Waldsterben gemeint) sogleich ernsthaft und umfassend prüfen müsse»[98].

Man darf in der Tat die mit dem Eintreten ins Atomzeitalter verursachte steigende Verschmutzung unserer Umwelt durch künstliche, ionisierende Strahler (Radioaktivität) nicht übersehen oder durch oft unsachliche Vergleiche mit der natürlichen Strahlung verharmlosen! «So wie es jetzt gemacht wird, ist es, wie wenn man das Gewicht von Brot demjenigen von Cyankali gleichsetzen würde – was an sich stimmt –, um damit die Ungefährlichkeit von Cyankali zu beweisen.»[135] Es sind eine Vielfalt von gefährlichen Radioisotopen (radioaktiven Elementen), die bei Atombombenversuchen, aus Atomkraftwerken und Wiederaufbereitungsanlagen (in Frankreich und England) ungezielt in die Umwelt ausgestossen werden.

Einfluss elektromagnetischer Kräfte

Auch Radaranlagen, Satelliten usw. (Radio- und Mikrowellen) könnten mit Waldschäden zusammenhängen. Schütt weist darauf hin, dass Forschungsansätze über den Einfluss von elektromagnetischen Wellen noch kaum zu erkennen seien, und fügt zu:

«Wegen der Nachbarschaft zu militärischen und wirtschaftlichen Interessen dürfte es – analog zur Radioaktivität – auch hier viele zusätzliche Anstrengungen kosten, will man eine objektive Klärung dieser Frage erreichen.»[110]

Eine amtliche Publikation des schweizerischen Departements des Innern von 1984 weist ebenfalls darauf hin, dass sich über den Einfluss von elektromagnetischer Strahlung auf ein ganzes Ökosystem wie den Wald (im Frequenzbereich von unterhalb 3000 GHz, d. h. sehr kurzen Wellen) noch nicht alle Fragen abschliessend beurteilen lassen[23].

Ja, nicht einmal die Beeinflussung von Mensch und Tier ist verbindlich abgeklärt. Die bekannte Erwärmung in lebendem Gewebe als Folge von elektromagnetischen Wellen kann von anderen Effekten begleitet sein als nur einer gewöhnlichen Temperaturerhöhung[104]. So wird u. a. von Veränderungen der Zellmembrandurchlässigkeit berichtet (Berteaud)[104]. Nach dem Zwischenbericht zum Forschungsprojekt «Manto» der ETH Zürich vom Dezember 1984 ist die Existenz von nichtthermischen Effekten im Radiowellenbereich von 30 kHz bis 30 GHz allerdings sehr umstritten[59].

Alle Effekte scheinen stark frequenzabhängig zu sein[104], wobei zum Beispiel der menschliche Körper bei der Frequenz von 27 MHz des Jedermannfunks eine ausgesprochene Resonanzstelle* hat[59]. Auch das in der Schweiz ab 1986 im 900-MHz-Band zugelassene schnurlose Telefon arbeitet gerade dort, wo die Leistungsaufnahme des Kopfes besonders hohe Werte hat bzw. für den Kopf Resonanz besteht[59]. Sehr bedenklich ist, dass grosse individuelle Empfindlichkeitsunterschiede vorhanden sind[59, 104].

Bei der Festlegung von Grenzwerten steht bisher die Temperaturerhöhung im Zentrum. Im allgemeinen gelten in den westlichen Staaten die amerikanischen Sicherheitsstandards als richtungsweisend[59]. Bei ihnen werden im Bereich von 30 bis etwa 1000 MHz die Resonanzerscheinungen berücksichtigt und dort eine maximale Leistungsdichte bei Dauerbestrahlung von 1 mW/cm^2 (1 Tausendstel Watt pro cm^2) festgelegt[59]. Doch die Ansichten der Fachleute

---

* Wenn die Wellenlänge die gleiche Grössenordnung wie die Dimensionen der betreffenden biologischen Systeme hat, zeigen sich Resonanzerscheinungen. Dabei wird die einfallende Strahlung vermehrt absorbiert, was auch zu stärkerer Erwärmung führt. Resonanzeffekte können die Wärmebelastung bis über das 100fache verstärken.

über mögliche Effekte sind sehr unterschiedlich, so dass Sicherheitsvorschriften in einzelnen Staaten bis zum Faktor 1000 variieren können! Dies wurde 1985 am Symposium für «Elektromagnetische Verträglichkeit» an der ETH in Zürich vorgetragen (Chen et al.)[104].

Dort wurde auch über eine ausführliche epidemiologische Untersuchung an 423 Personen berichtet, die während drei bis neun und mehr Jahren mit elektromagnetischen Wellen beruflich belastet waren (Chen et al.)[104]. Die beobachteten Personengruppen zeigten gegenüber unbelasteten Kontrollgruppen signifikant erhöhte Krankheitserscheinungen des Nerven- und Verdauungssystems, des Blutes, des Kreislaufs, des Herzens und der Linsentrübung des Auges! Die Arbeitsfrequenzen lagen bei 2 bis 9 GHz und 140 bis 180 MHz. Die Energiedichte um den Arbeitsbereich herum (around the working area) betrug unter 100 $\mu W/cm^2$ (= 0,1 mW/cm^2) oder unter hundert Millionstel Watt.
Diese weitgefächerten Krankheitserscheinungen müssten doch ernst genommen werden, auch wenn eine amerikanische Studie zeigt, dass heute die Strahlungsdichte in dortigen Grossstädten höchstens einige Milliardstel Watt je cm^2 (5 nW/cm^2) beträgt[59], d. h. um etliche Grössenordnungen unter der zulässigen Höchstgrenze liegt. Der Zwischenbericht «Manto»[59] zieht nämlich folgende Schlussfolgerung: «Die Erkenntnis, dass im Bereich zwischen 30 kHz und 30 GHz unterhalb der Strahlungsdichte, die zu feststellbaren Gewebeerwärmungen führt, keine schädlichen Bioeffekte nachweisbar sind, darf heute trotz einer Vielzahl anderslautender Publikationen als gesichert gelten.»
Bei dieser Sachlage ist es sehr erfreulich, dass Dr. F. Schwarzenbach, Vizedirektor der Eidgenössischen Anstalt für forstliches Versuchswesen (Schweiz), anhand von Infrarot-Flugaufnahmen die Waldgesundheit bei gewissen Sendeanlagen untersuchen will[73, 145]. Die Eindringtiefe von Hochfrequenz beträgt für Zellgewebe bei 100 MHz immerhin noch 30 cm, bei 1000 MHz noch etwa 3 cm. Pflanzenorgane wie Blatt, Nadel oder Kambium liegen im Bereich voller Durchdringung. Deshalb wirkt der Saftstrom eines Baumes unter der Rinde wie eine Rundfunk- oder Fernsehantenne und wie ein Blitzableiter[41].

Und das Schweizerische Bundesamt für Umweltschutz stellt fest: «Nichtthermische Effekte von Radio- und Mikrowellen geringer Leistungsdichte sind bei höheren Pflanzen noch nicht einwandfrei nachgewiesen worden. Diese scheinen nur in gewissen eng begrenzten Frequenzbereichen aufzutreten. Über die betreffenden Frequenzbereiche und die dazugehörigen Schwellenwerte ist bisher leider jedoch nur wenig bekannt.»[146]
Eine intensive Forschung zur endgültigen Abklärung muss auch hier allen Widerständen zum Trotz gefordert werden. Laut Zwischenbericht «Manto» konnten nämlich keine Arbeiten gefunden werden, die sich mit dem Einfluss von Radiowellen auf Pflanzen befassen[59].

Bisher nur klassische Schadstoffe berücksichtigt

Das deutsche Sondergutachten[14] zieht als Ursache der Waldschäden nur folgende Schadstoffquellen in Betracht: *Verbrennungen fossiler Brennstoffe aller Art in Kraftwerken, Industrie- und Hausfeuerung und im Fahrzeugverkehr.* Lediglich die klassischen Schadstoffe werden berücksichtigt:

- Schwefeldioxid (SO_2)*
- Stickstoffoxide (NO_x)**
- Kohlenwasserstoffe***
- Aerosole**** aus Schwermetallen, zum Beispiel Blei, Cadmium, Nickel, Thallium, Kupfer, Zink, Quecksilber
- Photooxidantien***** (zum Beispiel Ozon, Wasserstoffperoxid, PAN = Peroxiacetyl-Nitrat)
- Saurer Regen aus fossilen Quellen

Mit wenigen Worten wird künstliche Radioaktivität als Schadensursache sogar vollkommen ausgeschlossen[14], was von einem sehr unwissenschaftlich engen Gesichtsfeld zeugt.

---

* SO_2 entsteht bei der Verbrennung fossiler Brennstoffe, hauptsächlich Öl und Kohle

** NO_x = Sammelbegriff für Stickoxide (hauptsächlich NO, NO_2), Gase, die bei Verbrennungsprozessen bei hoher Temperatur frei werden, zum Beispiel Motorfahrzeugverkehr

*** Kohlenwasserstoffe = Verbindungen aus Kohlenstoff und Wasserstoff

**** Aerosole = winzige, in der Luft schwebende Partikel

***** Photooxidantien = unter Einwirkung von Licht (bzw. Zufuhr von Strahlungsenergie) aus Stickoxiden und Kohlenwasserstoffen entstehende pflanzengiftige Gase

Der Verfasser dieses Buches hatte die Forderung von Schütt mit Artikeln in der «Basler Zeitung» (5.11.83 bis 12.4.84) erstmals einer weiten Öffentlichkeit bekannt gemacht[33, 34, 35, 81]. Er konnte sich dabei auf bereits damals vorliegende, zum Teil unveröffentlichte Arbeiten des deutschen Arztes Dr. K. J. Seelig[91, 92], des Schweizer Ingenieurs P. Soom[98] und auf praktische Waldschadensforschungen von Prof. G. Reichelt[78, 79, 80, 85] stützen.
Die Atombefürworter reagierten rasch. Sie stritten jeden möglichen Zusammenhang zwischen Radioaktivität und Waldschäden ab und hielten auch entsprechende Forschungen – im Gegensatz zur Forderung von Prof. Schütt – für unwesentlich[1, 15, 16].

Wachstumsrückgänge auf ganzer nördlicher Halbkugel

Der Verfasser stiess auch auf zwei hochinteressante Arbeiten von Dr. F. H. Schweingruber der Eidgenössischen Anstalt für forstliches Versuchswesen in Birmensdorf (Schweiz). Anhand von Bohrkernproben nimmt man dort an, dass die «entscheidende» physiologische Schädigung zum heutigen Waldsterben bereits in den fünfziger Jahren begonnen haben muss. Dies äussert sich in Dichte- oder Breitereduktionen der Jahrringe bzw. in Wachstumsrückgängen, und zwar *auf der ganzen nördlichen Halbkugel und selbst im Himalaja*[114, 115, 116]! Vergleichbare Erscheinungen in datierten historischen[114] und prähistorischen Tannenstämmen sind nicht vorhanden, stellt Dr. Schweingruber fest[116]. Auch das Schweizerische Bundesamt für Umweltschutz meint: «Dafür gibt es in der Geschichte der Wälder kein Beispiel.»[23]
Zeitweilige Wachstumsrückgänge aus diversen Gründen (Klima, Schädlinge, auch lokale Luftverschmutzung) kennt man allerdings seit Jahrhunderten. Dies jedoch ausschliesslich in regionalem Rahmen, niemals aber weltweit wie heute.
Je enger die Wachstumsringe nebeneinander sind, um so weniger Wachstum hat ein Baum:

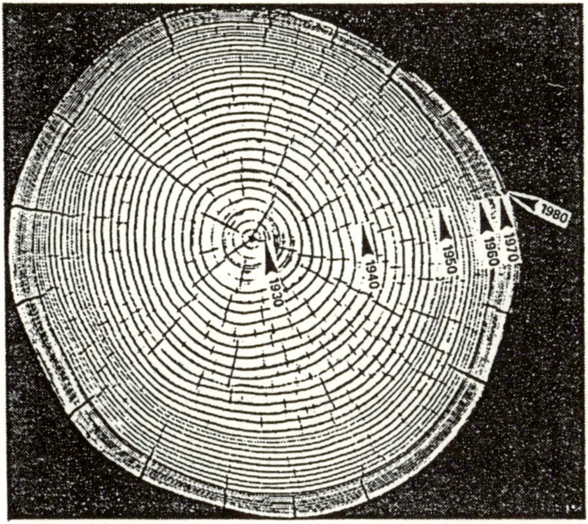

Stammquerschnitt einer 1982 gefällten abgestorbenen Weisstanne: Seit 1958 extreme Wachstumsverminderung, seit 1970 praktisch Wachstumsstillstand.

Solche vorbelastete, physiologisch geschwächte Bäume (denen man von aussen noch nichts anzusehen braucht, wie insbesondere der Fichte), können später ganz unterschiedliche Wachstumsrückgänge oder abrupte Wachstumseinstellungen (zum Beispiel durch weitere Schadeinflüsse) erleiden und sich unter Umständen nicht mehr regenerieren[110, 116]. Sie sterben dann mit einem Zeitverzug von Jahren oder Jahrzehnten nach der ersten (entscheidenden) Vorschädigung.

«Weder Überalterung, ungeeigneter Standort, falsche waldbauliche Massnahmen noch Klima können als alleinige Schadensursache dafür in Frage kommen»[115]. Das Waldsterben grassiert auf armen wie auf reichen, auf sauren wie auf alkalischen, auf trockenen wie auf feuchten Böden, und das etwa in gleicher Intensität (Schütt)[110]. Als Primärursache sind auch auszuschliessen: Nährstoffmangel, Wind, Schnee, Pilze, Bakterien, Insekten[23]. «Ein übergeordneter Einfluss scheint die Schäden zu verursachen», stellt Schweingruber fest[116].

Das Jahrringbild eines Baumes widerspiegelt genau, wie ein Baum Belastungen erlebt hat, sowohl im zeitlichen Verlauf als auch in deren Schwere. Auf diese Weise lässt sich die Lebens- und Krankheitsgeschichte eines Baumes ablesen. Sein äusseres Erscheinungsbild (Krone, Äste, Blätter usw.) hingegen liefert lediglich eine Momentaufnahme. Jahrringbilder (Bohrkernproben) sollten deshalb unabdingbar in alle Waldschadenserhebungen integriert werden.

C. Hypothesen und Ursachen

In den fünfziger und sechziger Jahren musste es sich um eine sehr globale Luftverschmutzung gehandelt haben, welche zu einer Vorschädigung geführt hat. Im Himalaja waren damals sicherlich nicht unsere Autos, ihr NO_x-Ausstoss und Fotosmog ausschlaggebend, und dass allein das SO_2 dies bewirkte, ist unwahrscheinlich. Wie alle klassischen Schadstoffe werden SO_2 und NO_x mehr oder weniger rasch aus der Luft ausgewaschen, ausgeregnet. Allerdings befindet sich auf der nördlichen Halbkugel der Industriegürtel der Erde (sogenannte Ferrel-Zelle zwischen dem 30. und 60. Breitengrad). Seit jeher finden hier nur geringe, relativ langsame Luftvermischungen mit den benachbarten Räumen statt[91, 111, 131]. In dieser Zone liegen aber auch die meisten Atomanlagen (zum Beispiel über 300 AKWs) und fast alle Aufbereitungsanlagen, welche globale radioaktive Luftverseucher sind. Auch der Grossteil der Atombombenversuche mit ihrem gefährlichen radioaktiven Fallout erfolgte auf dieser nördlichen Halbkugel. Und im Gegensatz zu SO_2, NO_x und Kohlenwasserstoffen werden gewisse künstliche radioaktive Spaltprodukte nicht einmal ausgewaschen, d. h. kaum aus der Atmosphäre eliminiert, so das radioaktive Edelgas Krypton 85 (Halbwertszeit 10,7 Jahre) und Radiokohlenstoff C-14 (Halbwertszeit 5730 Jahre). Sie verteilen und summieren sich global auf.
Es sind schon verschiedene Hypothesen zur Ursache des Waldsterbens aufgestellt worden. Zuerst war es, wie erwähnt, das SO_2, dann der saure Regen, dann das Ozon und neu (seit 1983) die Stress-Hypothese[109]. An einer Kombinations- oder Komplexwirkung als Ursache wird aber heute kaum mehr gezweifelt. *Es ist jedoch unwissenschaftlich, dabei künstliche Radioaktivität, welche die Biosphäre wirklich global verseucht, zum vornherein auszuschliessen!* Es scheint

auch einen Grundschaden zu geben, der einer primären physiologischen Schädigung entspricht.

Der Rat für Umweltfragen der deutschen Regierung musste eigentlich recht ratlos feststellen[14]:

> «Nach den bisherigen Befunden konnte man keinen einzigen Luftschadstoff als Alleinverursacher identifizieren. Es spricht vieles dafür, dass der Schaden durch das Zusammenwirken mehrerer gleichzeitig oder nacheinander angreifender Schadfaktoren, das heisst durch sogenannte Kombinationswirkungen hervorgerufen wird.»

Auch S. McLaughlin vom Oak Ridge National Laboratory in den USA und O. U. Bräker der Eidgenössischen Anstalt für forstliches Versuchswesen in Birmensdorf (Schweiz) schreiben[58], *dass trotz verschiedener Hypothesen bis heute (1985) kein Beweis dafür vorhanden sei, dass irgendein einzelner Schadstoff der Hauptverursacher der Schäden sei.* Atmosphärische Luftverschmutzungen als Folge der verstärkten Verbrennung von fossilen Brennstoffen während der letzten drei Jahrzehnte, inklusive SO_2, Ozon, saurem Regen und Spurenmetallen, wurden als mögliche verursachende Faktoren genannt.

Mit vollem Recht wehrt sich der Autogewerbeverband der Schweiz (AGVS) gegen unverhältnismässige Massnahmen in bezug auf das Auto: Die offizielle These über das Waldsterben entbehre seriöser Grundlagen und beruhe auf einer Zusammenstellung von Tatsachen, Halbwahrheiten, Vereinfachungen, nicht überprüften Laboratoriumshypothesen und Ideologien, die mehr politisch als ökologisch abgestützt seien[72].

Die Saure-Regen-Hypothese

Die Saure-Regen-Hypothese geht von der Annahme aus, dass Säuren (Schwefel-, Salpeter-, Salz- und Kohlensäure) im Boden zu chemischen Umsetzungen führen, wobei u. a. pflanzengiftige Aluminium- und Mangan-Ionen frei werden, welche die Feinwurzeln schädigen[109]. Aber auch Einwirkungen auf die oberirdischen Teile der Bäume sind denkbar[109].

Wenn man allerdings im Labor SO_2 (Schwefeldioxid) in Wasser löst, entsteht hauptsächlich nur schweflige Säure (H_2SO_3), die sehr viel schwächer ist als Schwefelsäure (H_2SO_4). Um die stark saure Schwefelsäure zu erzeugen, muss man vorerst mit Hilfe von Katalysatoren (Metallen) und Energiezufuhr (Hitze) das SO_2 zu SO_3 (Schwefeltrioxid) oxidieren. *Wie dieser Vorgang in der Atmosphäre vor sich geht, ist nicht wirklich geklärt*[14, 17]. Man glaubt zwar, dass hauptsächlich Photooxidantien wie Ozon und Wasserstoffperoxid (entstanden durch Einwirkung von Sonnenlicht auf NO_x und Kohlenwasserstoffe) als Katalysatoren bzw. Reaktionsvermittler dienen[14, 17]. Gleiche Effekte können aber auch künstliche radioaktive Stoffe haben. Sie führen Strahlungsenergie und können sogar sehr direkt SO_2 zu SO_3 oxidieren oder aus Luftsauerstoff Ozon bilden. Selbst im Wasser entsteht durch Radiolyse direkt Wasserstoffperoxid und aus Stickstoff sogar NO_x.

Diese physikalisch belegbaren Tatsachen können die atombefürwortenden Wissenschafter nicht abstreiten. Sie unterstellen jedoch aus rein theoretischen Modellvorstellungen heraus, dass beim Normalbetrieb von Atomanlagen Einflüsse auf das Waldsterben aus quantitativen Gründen kaum relevant, (d. h. bedeutungslos), seien[16, 53, 61, 81]. Auch ein Bericht des IFEU-Instituts in Heidelberg kam zu ähnlichen Schlüssen[122]. Dazu ist allerdings zu bemerken, dass diese Arbeit vor den epochalen Entdeckungen Reichelts zustande kam.

Zudem erhalten unabhängige Wissenschafter bei theoretischen Berechnungen andere quantitative Ergebnisse[52, 62]. Deshalb fordert beispielsweise Messerschmidt[65] auch in der Umgebung und der Region von Atomanlagen systematische Messungen (zum Beispiel für Ozon). Theoretische Rechnungen können solche Direktmessungen und Vergleiche niemals ersetzen. Das Bundesamt für Umweltschutz (Bern) meint, dass die theoretischen Überlegungen, welche natürliche und künstliche Strahlenbelastungen in Relation setzen und daraus herleiten, dass radioaktive Emissionen von Nuklearanlagen auf keinen Fall Ursache von Waldschäden sein können, nicht genügen würden[145].

Schon 1975 wurden an einer Tagung der Internationalen Atomenergie-Organisation (IAEO) hochinteressante Zusammenhänge mit Radioaktivität vorgetragen, und zwar durch den Wissenschafter K. C. Vohra vom Bhabha Atomic Research Centre von Trombay in Indien[134]. Dort befinden sich im Umkreis von nur zwei Kilometern ein 40-Megawatt-Versuchsreaktor (Cirus) und ein konventionelles kohle- und ölgefeuertes Heizkraftwerk.

Prof. Vohra ging von der Tatsache aus, dass sich in unserer Atmosphäre durch chemische Reaktionen von verschiedenen Stoffen ständig sogenannte Kondensationskerne bilden. Er konnte durch Versuche feststellen, dass in den SO_2-haltigen Abgasen des Heizkraftwerkes unter der Einwirkung von Sonnen- bzw. Höhenstrahlung diese Kondenskernbildung etwas zunahm. Kamen jedoch radioaktive Abgase des Atomkraftwerkes, wie Krypton, Tritium, Argon usw., hinzu, verstärkte sich in kürzester Zeit die Kondenskernbildung rapid. *Das SO_2 wurde sehr rasch in SO_3 (das zu Schwefelsäure führt) oxidiert, welches viel leichter Kondensationskerne bildet.*
Die untenstehende Graphik zeigt ein grundsätzliches Versuchsergebnis von Prof. Vohra[46, 134].

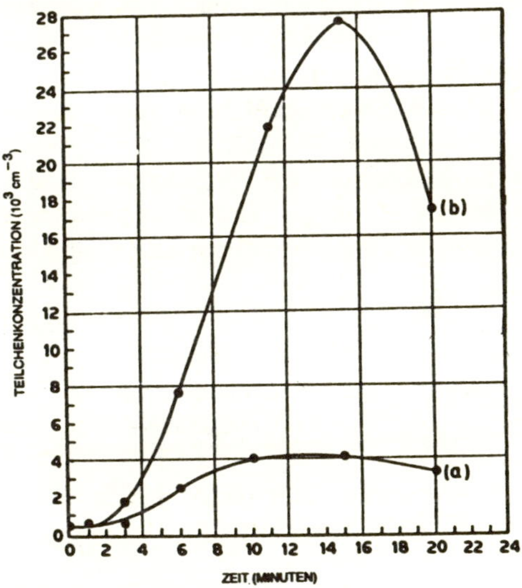

Bildung von Kondensationskernen
a) unter Normalbedingungen
b) unter dem Einfluss von Gammastrahlung mit einer Strahlendosis von 5 mrad/h

«Diese Versuche haben deutlich gezeigt, dass die Kombinationswirkung von SO_2 und radioaktiver Strahlung zu stärkerer Kondensationskernbildung führt als die normale Photooxidation im Sonnenlicht», stellt

Vohra fest, d. h. es wird viel rascher und vollständiger Schwefelsäure gebildet als durch Photooxidation. Vohra bemerkte sogar schon 1973 an einem Symposium in Wien: «Es muss darauf hingewiesen werden, dass der verstärkte Einsatz fossiler Brennstoffe bei der Stromerzeugung zur Freisetzung immer grösserer Mengen SO_2 und eine beträchtlich steigende Anzahl von Kernkraftwerken zu höheren Dosen radioaktiver Strahlungen in der Luft führen. Studien über die Kombinationswirkung dieser beiden Emissionsarten auf die Atmosphäre verdienen daher grösste Aufmerksamkeit.»[46]
Es ist bezeichnend, dass diese warnenden Feststellungen einfach «vergessen» worden sind. Ein breites Forschungsfeld liegt brach. 1981 haben dann wiederum Vohra und Subba Rhamu gezeigt, dass Teilchenbildung (Kondensationskernbildung) sogar explosionsartig erfolgen kann, wenn weitere Reaktionspartner und vor allem Aerosole bzw. Feuchtigkeit hinzukommen[46, 86, 102].
Ein europäisches Messnetz (EACN = European Atmospheric Chemistry Network) zur pH-Messung* des Regens besteht erst seit 1950[17]. Im Bericht von 1983 der Europäischen Gemeinschaft (EG) wird aber festgestellt, dass die Trendanalysen bezüglich pH-Werten* auf inkonsequenten Musterentnahmen und -analysen beruhen[17].

Die untenstehende Tabelle zeigt die lückenhaften Ergebnisse. Und gemessen wurde erst seit 1956! Immerhin ist der zunehmende Säuregrad (abfallender pH) in den letzten Jahrzehnten deutlich sichtbar.
Durchschnittlicher Säuregrad des Regens (pH) in Westeuropa[17]:

Land	*alter pH*	*neuer pH*	
Südnorwegen	5,5 – 5,5 (1956)	4,7	(1977)
Südschweden	5,5 – 6,0 (1956)	4,3	(1978)
Italien	–	4,3 – 6,5	(1981)
Schwarzwald	–	4,25	(1972)
England	4,5 – 6,0 (1956)	4,1 – 4,4	(1978)
Westdeutschland	–	3,97	(1979-81)

* pH-Wert: Ausdruck für den Säuregrad einer Lösung. Reichweite von pH 1 (extrem sauer) über pH 7 (neutral) bis pH 14 (extrem alkalisch bzw. basisch). Eine Verschiebung des pH-Wertes um eine Einheit bedeutet eine Veränderung des Säuregrades um einen Faktor 10.

In weiten Teilen Europas und Nordamerikas hatten Niederschläge 1984 sogar pH-Werte von 4 bis 4,5. Im schweizerischen Mittelland liegt der Durchschnitt bei pH 4,5[23].

Aber man weiss nicht einmal mit Sicherheit, welchen pH das Regenwasser vor dem Atomzeitalter hatte! Theoretisch soll reiner Regen pH 5,6 haben[23]. In 200 Jahre altem Grönlandeis fand man aber pH-Werte von 6 bis 7,6. Allerdings sind dabei eingetretene Stoffverlagerungen oder -umsetzungen nicht auszuschliessen. Schütt stellt jedenfalls fest, dass «eine abschliessende Beurteilung der pH-Absenkung im Regenwasser zurzeit kaum möglich» sei[110].

Leider scheint die Europäische Gemeinschaft nicht global denken zu können. Sie schweigt sich zum Beispiel zu den asiatischen Verhältnissen aus[14]. Deshalb ist man auf andere Quellen angewiesen. Seit 1972 besteht auf der nördlichen Halbkugel auch ein Messnetz der «World Meteorological Organization» (WMO). H. W. Georgii und andere haben die durchschnittlichen Niederschlags-pH-Werte der gesamten Halbkugel für das Jahr 1979 gemäss folgender Illustration angegeben[8, 32].

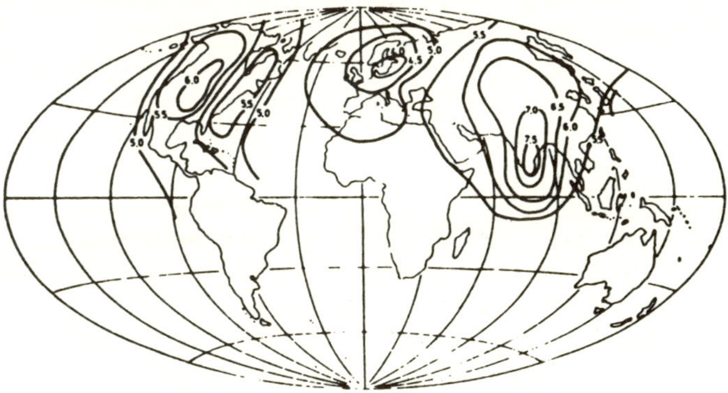

Die industrialisierten Zentren Mitteleuropas und Nordamerikas sind mit tiefen pH-Werten deutlich zu sehen, während grosse Teile von Asien noch hohe Werte von 6 bis 7 aufweisen! Nachdem die Wachstumsrückgänge der Bäume in den fünfziger und sechziger Jahren jedoch auf der ganzen nördlichen Halbkugel aufgetreten sind (sogar im Himalaja, Nepal), dürfte man nicht allein den klassischen Schadstoffen – SO_2, NO_x, Kohlenwasserstoffen und deren

Folgeprodukten – die volle Schadensursache unbewiesenermassen zuschreiben, sondern müsste ebenso an den globalen Verseucher, die künstliche Radioaktivität denken, wie immer deren Wirkungsmechanismus auch sein könnte. Das sind harte Feststellungen, die überprüft werden müssen. Man darf auch die mögliche synergetische (verstärkende) Wirkung der künstlichen radioaktiven Strahlen auf klassische Schadstoffe (SO_2, Experimente Vohra) in hochindustrialisierten Ländern nicht einfach wegdiskutieren.
Etwas Einfacheres als pH-Messungen gibt es kaum (schon 1950 war das so). Wieso wurde früher nicht systematisch gemessen? War man etwa gar nicht daran interessiert, frühzeitig zu warnen, wie man auch die warnenden Ergebnisse des verstärkten Zusammenwirkens von industriebelasteter Luft (zum Beispiel SO_2) mit Radioaktivität nicht weiterverfolgt hatte? Was nicht gemessen und erforscht worden ist, existiert auch nicht! Es muss nämlich beunruhigen, wenn laut Bonner Energierapport vom 16.3.1984 die Frage nach der Herkunft des sauren Regens damit beantwortet wurde, dass es solchen schon seit hundert Jahren gegeben habe! Aber diesen sauren Regen (sogar von pH 4) gab es nur unmittelbar bei Verschmutzungsquellen und nicht in Reinluftgebieten[23].
Wieso der Regen seit beginnendem Atomzeitalter offensichtlich immer saurer geworden ist, lässt Fragen offen[91, 98]. So ist der Ausstoss an SO_2 in der Bundesrepublik von 1966 bis 1980 praktisch konstant geblieben, die NO_x-Emissionen (die zu Salpetersäure führen) von 1966 bis 1978 nur um einen Drittel gestiegen[13, 14]. In der Schweiz liegen 1984 die Emissionen von Schwefeldioxid (SO_2) sogar unter dem Wert von 1955[97]. Der NO_x-Ausstoss allerdings war seit 1975 etwa zwei- bis dreimal grösser als 1964[23]. Aber aus einer Studie der Technischen Hochschule von Lausanne am Gletscher «Col du Gnifetti» im Monte-Rosa-Gebiet auf 4450 m Höhe geht hervor, dass der Säuregrad zwischen 1965 und 1979 von pH 6 auf pH 5 gefallen ist. Zwischen 1916 und 1965 war er jedoch recht konstant auf pH 6 geblieben[124]. Dieser Abfall von einer pH-Einheit würde einer Verzehnfachung des Säureeintrags entsprechen. Dabei besteht nicht einmal eine lineare Beziehung zwischen den ausgestossenen SO_2- und NO_x-Mengen und der Ablagerung von Schwefel- und Salpetersäure durch sauren Regen, Schnee oder Nebeltröpfchen[96].

Laut J. Fuhrer vom Institut für Pflanzenphysiologie der Universität Bern wird die Zusammensetzung des sauren Regens bzw. der sauren Deposition durch fotochemische und Auswaschprozesse sowie durch Luftaustausch in den atmosphärischen Grenzschichten bestimmt. Viele dieser Prozesse seien gegenwärtig noch nicht verständlich[29].

Zudem wird ein Teil der Schadstoffe trocken deponiert – ohne den Regen beeinflusst zu haben –, insbesondere NO_x[23]. So ist beispielsweise bei gleich hohen Emissionen von NO_x und SO_2 im Regenwasser doppelt so viel Schwefelsäure wie Salpetersäure enthalten[23].

Auch ist die Frage der Zusammensetzung des Nebelwassers noch ungenügend abgeklärt. Man weiss aber, dass dessen Säuregrad sogar wesentlich höher liegen kann als derjenige des Regens[28]. Sodann ist laut Untersuchungen der Eidgenössischen Anstalt EAWAG die Anreicherung von Schadstoffen im Nebel oft um das Zehn- bis Hundertfache grösser als im Regenwasser, denn in einem Kubikmeter Nebel befindet sich weniger Flüssigkeit als im gleichen Volumen einer Regenwolke[22, 121]. Die Studie der EAWAG hat leider radioaktive Stoffe nicht berücksichtigt. Aber auch dies sind Schadstoffe!

Es ist unwissenschaftlich, die Beteiligung von künstlicher Radioaktivität am Ursachenkomplex des Waldsterbens zum vornherein nur anhand von theoretischen Modellberechnungen auszuschliessen und praktische Forschungen «abzuklemmen». Die Wirklichkeit kann anders sein, wie zum Beispiel Vohra mit seinen Experimenten bewiesen hat (siehe Seiten 153, 154).

SO_2, NO_x und Kohlenwasserstoffe werden auch aus natürlichen Quellen emittiert. Vulkanausbrüche, Brände, Blitze, Gischt von Ozeanen und Seen, Stoffwechsel von Organismen, natürliche Fäulnisprozesse sind die hauptsächlichsten Verursacher[14]. Blitze erzeugen den Grossteil an natürlichem NO_x[14], und bei einem Vulkanausbruch kann mehr SO_2 ausgestossen werden, als die Industrie in einem ganzen Jahr produziert. Interessanterweise betrug nach Ullmanns Enzyklopädie der technischen Chemie von 1981[128] der globale prozentuale Anteil aus anthropogenen Quellen (durch menschliche Tätigkeit erzeugt) gegenüber den Emissionen natürlichen Ursprungs lediglich:

SO_2 (Schwefeldioxid) 13,3%
NO_2 (Stickoxide als NO_2 gerechnet) 6,5%

Dagegen berichtet das Schweizerische Bundesamt für Umweltschutz, dass der anthropogene* Anteil an SO_2- und NO_x-Emissionen in den industrialisierten Ländern Europas bei etwa 95 Prozent liege und dass die natürlichen und anthropogenen Emissionen von SO_2, NO_x global gesehen gleich gross seien[14, 23]. Nach Hornbeck (1981) ist denn auch der natürliche Anteil an den Gesamtemissionen in der Literatur umstritten[14, 42]! Auch Schütt weist auf unterschiedliche Schätzwerte der SO_2-Emissionen hin[110].

Nachdem das Waldsterben sich bereits über die ganze nördliche Halbkugel verbreitet hat, ist globales Denken unbedingt nötig. In einem Bericht im Sciences-Magazin von 1983 des «Brookhaven National Laboratory» wird zum Beispiel festgestellt, dass der Autoverkehr in den östlichen USA weniger als 14 Prozent der starken Säureanteile im sauren Regen beitrage und deshalb mit strengeren Verkehrsverordnungen keine Verbesserungen zu erzielen seien[38]. Auch kontinuierliche Messungen der letzten 20 Jahre konnten keine eindeutige Beziehung zwischen NO_x-Emissionen (Motorwagenverkehr!) und NO_3-Ionen (Salpetersäure, Nitrat-Ionen) im sauren Regen aufzeigen[89].

Erst 1984 wurde Nordamerika aufgerüttelt, als in den Appalachian Mountains, ausgerechnet in den östlichen USA, starkes Waldsterben aufgetreten war. Auch dort hatten wiederum Wachstumsrückgänge schon in den fünfziger und sechziger Jahren stattgefunden[47, 74]. Zudem haben in den letzten 13 Jahren 15 grosse Atomkraftwerke in den Staaten Tennessee und Alabama – d. h. westlich der Berge, wo die grössten Schäden aufgetreten sind – und auch östlich davon in Süd- und Nordkarolina ihren Betrieb aufgenommen. Und keine neuen Kohlekraftwerke sind in dieser Periode hinzugekommen[118]. Hohe Ozon-Konzentrationen sind plötzlich auf dem Mount Mitchell gemessen worden[74]. Und die USA haben schon lange Tempolimiten (Tempo 100 auf Autobahnen), Katalysatoren und bleifreies Benzin.

Auch Japan hat all diese Massnahmen schon seit den siebziger Jahren, dazu noch Filteranlagen in Heizkraftwerken, und kennt

---

* anthropogen = durch menschliche Aktivität erzeugt

doch das Waldsterben. So waren im Jahre 1920 in einem 700'000 m^2 grossen Tempelhain (Meiji-Schrein) 365 verschiedene einheimische und dem Standort angepasste Baumarten vorhanden. 1984 waren es noch deren 247. Kiefern, Zedern und andere Nadelbäume waren dezimiert oder verschwunden[70]. Dabei sind die Inseln ökologisch von der Natur begünstigt. Viel Regen und starke westliche Winde fegen den Industrie- und Abgasdreck in den Pazifik. Nachbarländer, von denen Schadstoffe herübergepustet werden könnten, hat das Inselreich nicht[2].
Ungereimtes hört man auch aus Schweden[20]. Bekannt sind dort die Waldschäden im Süden und Westen, wo schlechte Luft aus Zentraleuropa und Grossbritannien dafür verantwortlich sei. Neustens stellen schwedische Forscher aber akut kranke Bäume in grossem Umfang auch in Nordschweden fest. Dabei betragen selbst in Süd- und Westschweden die Schwefeldioxid- und Stickoxidwerte nur die Hälfte der in Zentraleuropa üblichen Belastungen, in Nordschweden sind es gar nur 5 bis 10 Prozent! Die genaue Ursache dieser neuen Erscheinungen ist den Forschern unbekannt.

Die Ozon*-Hypothese
Schütt schreibt dazu: «Die Ozon-Hypothese hält die Beteiligung von Ozon (O_3) für entscheidend. Auch unter mitteleuropäischen Klimaverhältnissen entstehe durch die Photooxidation der aus Verbrennungsmotoren entweichenden Stickoxide genügend Ozon, um jederzeit in den für Waldbäume toxischen Mengen auftreten zu können. Damit komme es einmal zu direkten Schäden an Blättern, zum andern erhöhe sich die Durchlässigkeit der Zellmembranen für saure Niederschläge, und es werden Auswaschungen von Nährelementen möglich. So zum Beispiel die von einigen Bodenkundlern festgestellten Magnesium-Verluste in Tannen- und Fichtennadeln.»[109]
Die Autoabgase (die als hauptsächliche Ozonlieferanten bezeichnet werden) sollen vom jeweiligen Ort der Entstehung bis zu über 100 Kilometer in der Atmosphäre transportiert werden können, bis sich in dieser Entfernung die höchste Ozonkonzen-

* Ozon gehört mit Wasserstoffperodix und PAN (Peroxiacetylnitrat) zu den Photooxidantien. Ozon bildet sich unter der Einwirkung von Sonnenlicht (UV-Licht, d. h. energiereicher Strahlung) infolge von photochemischen Umsetzungen von Stickstoffdioxid (NO_2) und Kohlenwasserstoffen[14].

tration einstellt[14]. Darauf beruhen die umstrittenen Forderungen nach Tempolimiten zum Beispiel auf Autobahnen, um das Waldsterben wirksam bekämpfen zu können. Zum Beispiel spricht der Dozent für Ökologie an der Ingenieurschule Burgdorf (Schweiz), Dr. P. Jakober, von einer geradezu lächerlichen Wirkung der Herabsetzung der Höchstgeschwindigkeit[71].

Es ist kaum glaubhaft und auch nicht bewiesen, dass das durch den Autoverkehr erzeugte Ozon in den fünfziger und sechziger Jahren die globalen Wachstumsrückgänge bei Bäumen (sogar im Himalaja-Gebirge!) verursacht oder die Grundschäden für das Waldsterben gelegt hat. Allerdings sind Ozonschäden durch umgewandelte Autoabgase in mehr regionalem Ausmass möglich. Der deutsche Wirtschaftsminister Bangemann ist aber gegen Tempolimiten (100/80), ehe nicht durch Versuche bewiesen sei, wie sich Autoabgase auf das Waldsterben auswirkten[4].

Gegen die Ozon-Hypothese sprechen verschiedene Fakten. Zum Beispiel trat das Waldsterben in der Schweiz in verstärktem Ausmass erst seit 1981 auf, obgleich der mittlere Ozongehalt der Luft in den Jahren 1980 bis 1983 nur gering gestiegen ist[12]. Zudem blieb der mittlere SO_2- und NO_2-Gehalt in der gleichen Periode konstant[12]. Im weiteren tritt nach Schütt[110] der Höhepunkt für Fichtenschäden im Winterhalbjahr auf, wenn kaum schädliche Ozonkonzentrationen vorkommen. Man findet intensive Waldschäden auch an Autobahnen und in Stadtzentren, wo das Ozon eine geringe Rolle spielt. Die Schäden sind nicht allein an den Chlorophyllabbau und an Blattvergilbungen gebunden, was für Ozonwirkung typisch sein soll. Zudem reagieren Laubbäume im allgemeinen empfindlicher auf Ozon als Nadelhölzer[110].

Prinz et al.[43] schliessen sogar jede bedeutsame Mitwirkung von Ozon bei beobachteten Waldschäden in von ihnen untersuchten Waldgebieten bei Hamburg, Hils, Hilchenbach und dem Egge-Gebirge aus. Desgleichen findet Hüttermann[43], dass im Egge-Gebirge in Nordrhein-Westfalen Photooxidantien wie Ozon nicht eine entscheidende Rolle spielen können. Dies auch aufgrund von biochemischen und physiologischen Daten.

Der Rat für Umweltfragen des deutschen Bundesministeriums des Innern spricht denn auch deutlich nur von «können» (nicht von «sein»), wenn er folgendes feststellt[14]:

«Eine bis vor kurzem stark unterschätzte Bedeutung für die emittenfernen Waldschäden können Photooxidantien besitzen.»

Im übrigen kann Ozon auch durch künstliche Radioaktivität in der unteren Atmosphäre erzeugt werden, ganz unabhängig von Sonnenlicht! So sind die radioaktiven Edelgase (wie Krypton 85, Xenon 133), die bei allen Atomspaltungsprozessen vollkommen an die Umwelt entlassen werden, als wirksame Ozonbildner bekannt, insbesondere das langlebige Krypton 85, das sich global verteilt und aufsummiert.

Wie schon gesagt, streiten die Atombefürworter diese Reaktionen in qualitativer Hinsicht nicht ab, glauben jedoch, dass die quantitativen Werte ohne Bedeutung seien. Sie berücksichtigen allerdings die für Lebewesen wichtigen Spitzenbelastungen viel zu wenig. Doch weist Reichelt[88] auf Berechnungen von Kollert[52] hin, dass in KKW-Nähe die künstliche Ionisationsdichte zwar im Mittel um zwei bis drei Grössenordnungen unter der natürlichen sein könne, zeitweilig jedoch um zwei bis fünf Zehnerpotenzen darüberliege, und dass unvermischte Luftpakete mit Radionukliden über grosse Distanzen verfrachtet werden können. Nach Metzner[147] haben sich solche Schadfahnen über mehr als 50, gelegentlich sogar über mehr als 100 Kilometer nachweisen lassen. Und nimmt man die Ozonproduktion pro Quadratkilometer einer Wiederaufbereitungsanlage und vergleicht sie mit derjenigen aus natürlichen Quellen pro Quadratkilometer, soll sich gar eine um Grössenordnungen erhöhte lokale Ozonkonzentration ergeben[147].

Auffällig sei zudem die ständige Zunahme der Ozonkonzentration in 900 m Höhe auf der Nordhalbkugel (Johnston 1984)[48] und die keineswegs nur durch Photosmog erklärbare Zunahme der Ozonbelastung gerade im Winterhalbjahr[129]. Reichelt macht deshalb darauf aufmerksam, dass die Smog-Theorie insbesondere hinsichtlich der Anregung ausschliesslich durch kurzwelliges Licht für die kühl-gemässigten Klimas neu zu überprüfen sei[88].

Obgleich hier nicht behauptet werden soll – das sei ausdrücklich gesagt! –, dass zum Beispiel der saure Regen oder alles Ozon (dagegen sprechen schon die jahreszeitlichen Schwankungen des Ozonpegels) durch künstliche Radioaktivität allein erzeugt werden, muss wiederum auf die Experimente von Vohra hingewiesen werden, die unerwartete und zum Grossteil nicht genau ge-

klärte Reaktionsmechanismen aufdeckten. Die Atmosphären-Physik und Atmosphären-Chemie hätten viel nachzuholen. Dies kann aber nicht allein am grünen Tisch mit Theorie erreicht werden, wie es heute erfolgt, sondern nur durch gezielte, umfassende Forschungen, wie sie Vohra schon 1975 gefordert hatte.
Natürlich sind die Atombefürworter an solchen Studien nicht interessiert, die für sie nachteilige Erkenntnisse bringen könnten. Beispielsweise sind die Ausbreitungsmodelle für die Emissionen aus den Kaminen der Atomanlagen nicht alle abgesichert. Sie nehmen zum Teil eine bequeme, relativ rasche homogene Verteilung (und damit Verdünnung) in der Atmosphäre an, was offensichtlich nicht immer stimmt (siehe Seite 169, Tritium- und Kryptonstösse in Mitteleuropa und Chaos-Theorie Seite 193).
Es ist bezeichnend, dass die Europäische Gemeinschaft (EG) das «Europäische Forschungszentrum für Massnahmen der Luftreinhaltung» im Kernforschungszentrum Karlsruhe angesiedelt hat. Auch wird die Waldsterbensforschung in der Bundesrepublik – soweit der Bundesforschungsminister zuständig ist – von Kernforschungszentren betrieben oder koordiniert[133]. Kein Wunder also, wenn dem Einbezug von Radioaktivität in die Waldschadensforschung Widerstand entgegengesetzt wird.

Die Stress-Hypothese

Auf Pflanzen wirken Luftschadstoffe, extreme Witterungsverhältnisse und Krankheitserreger als Stress. Auch Luftschadstoffe sind damit ein Stressfaktor, und solche beeinflussen den Phytohormonhaushalt*. «Als Folge solcher stressbedingter Störungen sind vorzeitiges Altern, verminderte Spaltöffnungsbreite, vorzeitiger Blattfall und Wachstumsstörungen beobachtet worden.»[110]
Nach Schütt geht die Stress-Hypothese davon aus, dass bereits seit Jahrzehnten durch kleine Schadstoffkonzentrationen in der Luft eine andauernde Störung der Photosynthese stattfindet. Diese Schadstoffbelastungen bewirken ein ständiges Defizit an produzierten Kohlehydraten. Dadurch wiederum entsteht verminderte Vitalität, eine gestörte Wurzel- und Lauberneuerung und damit grössere Empfindlichkeit gegenüber sekundären Schäden[109, 110]. So

* Phytohormon = pflanzlicher Wuchsstoff

werden bei der Stress-Hypothese alle Fakten, die zum Waldsterben bekannt sind, in einem mosaikartigen Bild zusammengefasst. *Dabei wird aber auch die Einflussnahme von weiteren unbekannten Faktoren offengelassen.*
Schütt[110] erwähnt allerdings auch Argumente, welche gegen die Stress-Hypothese sprechen, so zum Beispiel die Frage, wieso die Schadstoffe nicht zumindest örtlich schon früher gewirkt haben, da es Schadstoffkombinationen in geringsten Konzentrationen schon lange gibt. Auch das schlagartige Einsetzen der Waldschäden ist nicht zwingend erklärbar.

Krankheitsbilder

Auf die neuartigen Krankheitssymptome soll hier nicht näher eingegangen werden. Dafür sei auf das ausgezeichnete Buch von Prof. P. Schütt hingewiesen, «Der Wald stirbt an Stress»[110]. Man findet die neuen Waldschäden jetzt überall, auch in Gärten und Parks, bei Obstbäumen, in Obstplantagen. Man findet auffällige Jahrringschwankungen und unregelmässige Nasskerne bei Tannen. «Die typischen Schadbilder sind eine allgemeine Kronenverlichtung, eine Verfärbung älterer Nadeln bei Fichten und Tannen, Storchennester und Klebäste bei Tannen, schwache Belaubung einzelner Äste und vorzeitige Herbstverfärbung bei Buchen.»[24]. Es gibt auch auffällige Zweig- und Blattdeformationen.
Bei der Fichte wurde gefunden, dass kränkelnde Bestände stark blühen und überdurchschnittlich Zapfen und Samen ausbilden, und dies jedes Jahr. Sogar junge Fichten blühen, was bisher unbekannt war. Es ist aber aus anderen Bereichen der Biologie bekannt, dass Organismen dann grosse Reserven für ihre Vermehrung aufwenden, wenn sich die Lebensbedingungen dramatisch verschlechtern[110]. Dies scheint sich nun beim Waldsterben zu bestätigen. Zum Beispiel tragen Buchen seit drei Jahren ungewöhnlich viele Buchnüsschen, Apfel-, Birn- und Kirschbäume tragen reiche Ernte, obwohl sie schon deutlich krank sein können. Niemand weiss, wohin das noch führen wird.

Aktion «Arche Noah»

Eine ganz bedenkliche Entwicklung dürfte die Hemmung der geschlechtlichen Fortpflanzung der Wälder bzw. Bäume sein, die parallel zur Schädigung, d. h. zum Waldsterben verläuft. Für den Fortbestand der Wälder ist die Erhaltung der erblich bedingten Vielfalt und damit deren Anpassungsfähigkeit eine unabdingbare Voraussetzung[110]. Die Wälder besitzen ein durch generationenlange Auslese der Natur geprägtes Erbgut. So könnten an lokale und regionale Umweltbedingungen angepasste Arten unwiederbringlich verloren gehen, denn jeder Baum ist an seinen Standort in besonderem Masse angepasst. Nur durch entsprechenden Samen dürfte später eine Wiederaufforstung überhaupt möglich sein. Deshalb werden jetzt in der Schweiz bereits die Samen wertvoller Bestände eingesammelt (Aktion «Arche Noah» der Eidgenössischen Anstalt für forstliches Versuchswesen, Birmensdorf).

D. Drei besonders gefährliche Radionuklide

Radiokohlenstoff C-14

Der gefährliche Radiokohlenstoff C-14 (ein Beta-Strahler) wird durch kosmische Strahlung (natürlicher C-14) und anderseits durch Atomwaffenversuche und Atomanlagen (künstlicher C-14) erzeugt. Vollständig freigesetzt, verteilt er sich global in der Luft (wie Kohlensäuregas CO_2). Besonders bedenklich sind seine lange Halbwertszeit von 5730 Jahren und die entsprechend langfristigen erblichen und gesundheitlichen Schädigungen (Krebs)[77, 123]. Kohlenstoff C-14 schädigt zusätzlich zur Strahlenwirkung, weil er zu Stickstoff zerfällt und so wichtige Moleküle zerstören kann. In den Ausstossbilanzen der Atomkraftwerke, wo er nicht zurückgehalten wird, war er bis 1973 einfach «vergessen» worden[7, 77].

Die früheren UNSCEAR-Berichte sind trotz allem eine Fundgrube bezüglich der Verseuchung unserer Umwelt durch die Atombombenversuche. In der Ausgabe von 1969 fand der Verfasser einen interessanten Zahlenwert[34, 132]. Danach war der Radiokohlenstoff C-14 1963 in der nördlichen Troposphäre um 100 Prozent gegenüber seinem natürlichen Gehalt erhöht (siehe Abbildung Seite 165), 1984 noch immer um 25 Prozent[55, 61].

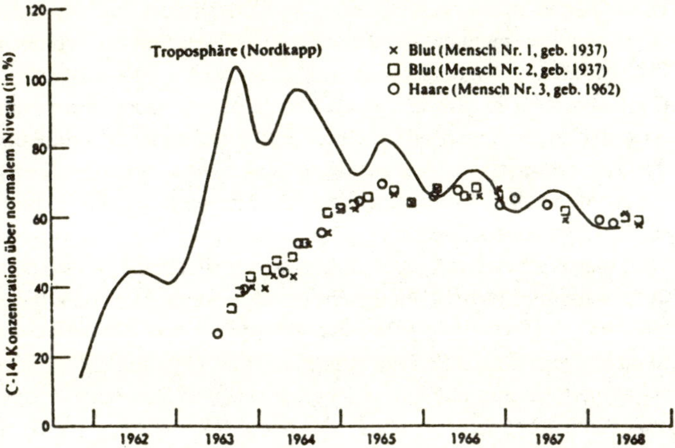

C-14-Konzentration in der Troposphäre (Luftschicht bis acht bzw. zehn Kilometer) und in menschlichem Blut und Haar in Skandinavien.

Die Abbildung illustriert auch, wie der Gehalt an C-14 in menschlichem Blut und in den Haaren zum erhöhten Gehalt an C-14 in der Troposphäre parallel geht, und zwar seit beginnendem Atomzeitalter (Kurven für die Periode von 1961 bis 1968 vorliegend). Leider sind entsprechende Angaben für Pflanzen oder Bäume nicht vorhanden. Aber in der Umgebung von verschiedenen Atomanlagen wurden signifikant erhöhte C-14-Konzentrationen in Blättern und Baumrinden festgestellt[55, 57, 60, 76, 95, 145]. Eine amerikanische Studie verlangt sogar, dass deswegen auf Landwirtschaft in der Umgebung von Atomanlagen verzichtet wird[26].
Nun spricht jedermann von Luftverschmutzung und meint damit die schon erwähnten klassischen Schadstoffe. Die viel grässlichere Verseuchung unserer Biosphäre mit künstlicher Radioaktivität wird dabei oft auch wissentlich vollkommen übersehen. Aber schon 1972 hat die amerikanische Akademie der Wissenschaften im BEIR-Bericht festgestellt[3]:

> «Mit der Entwicklung der Atomenergie ist es unvermeidlich, dass die Biosphäre einer steigenden Last an Strahlung ausgesetzt wird.»

Laut UNSCEAR 1982 hat sich durch die Atomindustrie die Kollektivdosis für die Bevölkerung von 1960 bis 1980 verhundertfacht[130].

Es wird denn auch erwähnt, dass solche Dosen nur Durchschnittswerte sind und nicht die wirkliche Strahlenexposition für irgendein Individuum darstellen müssen!
C-14 lässt sich im Gegensatz zu klassischen Schadstoffen durch Niederschläge (Regen oder Schnee usw.) nicht einmal rasch aus der Luft auswaschen. Dies analog zu der Kohlensäure, die normalen Kohlenstoff C-12 enthält. Eine Aufsummierung kann deshalb stattfinden (siehe Abbildung S. 165).
Nun haben schon Seelig und auch P. Soom (in seinem Memorandum zum Waldsterben) auf die Arbeit des bekannten Dendrochronologen* E. Hollstein in Trier hingewiesen[40, 98]. Dieser fand an antiken Hölzern für die Periode zwischen 700 v. Chr. und der Gegenwart einen Zusammenhang zwischen der langfristigen Schwankung des Wachstums der Eiche in Mitteleuropa und der globalen Schwankung des natürlichen C-14-Gehaltes in der Biosphäre. *Einer Zunahme der Radioaktivität um nur ein Prozent entsprach langfristig eine Schädigung des Baumwuchses um rund 18 Prozent*[40].
Diese Schwankungen des C-14-Gehaltes in den Jahrringen der Bäume sind auf die Sonnenfleckentätigkeit (elfjährige Periode des Sonnenfleckenzyklus) zurückzuführen**[115]. Auch die UNO-Kommission UNSCEAR hat schon 1962 darauf hingewiesen[130]. Ob nun die Wachstumsrückgänge – bei erhöhtem C-14-Gehalt – durch Klimaschwankungen infolge von schwankender Sonnenaktivität ausgelöst wurden oder direkt durch Schadwirkung des erhöhten C-14-Gehaltes (u. a. auch in den Jahrringen), ist offen. Auch das Bundesamt für Umweltschutz in Bern weist auf die Problematik des Einbaus von C-14 in Bäumen hin[145]. Nach Stuiver und Quai ist allerdings eine Beziehung zwischen Sonnenaktivität und Klima schwierig nachzuweisen[120]. Nach Süss ist dies nicht auszuschliessen[103].
Eine gründliche Erforschung dieser Fragen ist zu fordern. Vermehrter Einbau von C-14 führt nämlich zu Pflanzenschäden, was

---

* Dendrochronologie = Baumdatierung

** Die C-14-Produktionsrate in der Atmosphäre ist abhängig von der kosmischen Strahlung. Letztere wird relativ kurzzeitig beeinflusst durch die Sonnenaktivität (elfjährige Periode des Sonnenfleckenzyklus). Das C-14 wird von den Pflanzen durch Photosynthese mit der Kohlensäure (CO_2) aufgenommen und u. a. in die Jahrringe eingelagert. Somit entspricht der C-14-Gehalt der Jahrringe auch dem jeweiligen Zustand der Atmosphäre bezüglich C-14[115]. Allfällige synergetische Effekte könnten dieses Bild aber wesentlich komplizieren.

Reichelt mit Literatur belegt hat[85]. Und 1982 lag der C-14-Gehalt in Baumblättern immer noch 25 Prozent höher, als der natürliche Wert vor dem Atomzeitalter betrug![56] Diese Erhöhung stammt hauptsächlich aus dem Atombombenfallout und nimmt jährlich um etwa zwei Prozent ab.
Interessant ist, dass diese nie dagewesenen globalen C-14-Überhöhungen in der Atmosphäre der nördlichen Halbkugel (zusammen mit anderen Überhöhungen an künstlichen Spaltprodukten, wie zum Beispiel Tritium, Krypton 85) parallel gehen mit nie dagewesenen globalen Wachstumsrückgängen von Bäumen bis hinauf zum Himalaja. Und Klimaschwankungen sind dafür auszuschliessen[14, 23, 115].

Tritium (H^3 = radioaktiver Wasserstoff)
Tritium entsteht durch kosmische Strahlung in der oberen Atmosphäre in kleinen Mengen (natürliches Tritium), aber auch bei der Atomspaltung (künstliches Tritium). Seine Gefährlichkeit wurde lange Zeit unterschätzt. «Die Literatur über Tritium ist nahezu unübersehbar geworden», meint F. N. Flakus von der Internationalen Atomenergie-Agentur[27]. Es wurde erst 1950 entdeckt, ist ein Beta-Strahler und hat eine Halbwertszeit von 12,3 Jahren.
Tritium kann sich wegen der langen Verweilzeiten in ökologischen Gesamtsystemen und wegen des sogenannten Isotopieeffekts im organischen Material (zum Beispiel Nahrungsketten) anreichern. Darüber gibt es ausführliche Literatur (zum Beispiel [10, 44, 62, 90, 92, 127, 139, 141]).
Im übrigen hat Seelig darauf aufmerksam gemacht, dass Tritium in Gegenwart von Jod, gewissen Schwermetallen, Mikrowellen oder «stillen Entladungen» leichter und vermehrt in organisches Material eingebaut werden kann, und zwar um den Faktor 10 bis 100[92, 93, 139]. Die möglichen Folgen müssten dringend erforscht werden.
Schon 1975 haben Atomwissenschafter in Stockholm die Zurückhaltung von Tritium in Atomanlagen gefordert. Aber auch heute gibt es noch keine wirtschaftliche Methode dazu[112]. Tritium kann in praktisch allen Zellen eingebaut werden und ist auch im Wasser enthalten. In Thymidin* eingedrungen, belastet es die Chromoso-

---

* Thymidin = Bestandteil der Chromosomen

men (Erbmasse) 50- bis 50'000mal stärker, als wenn es nur an Wasser gebunden wäre[36]. Und nach einem Bericht der Internationalen Atomenergie-Agentur (IAEA) ist tritiumhaltiges Thymidin immerhin hundertemal gefährlicher als im Wasser (im Aktivitätsvergleich)[44]. Bei Mäusen wurde eine 1000- bis 2000mal stärkere Wirkung bezüglich Entwicklungs- und anderen Schäden gefunden[83]. Die erbschädigende Wirkung (sowie die Krebserzeugung und erhöhte Anfälligkeit gegen Infektionen) ist für niedrige Strahlung durch Tritium ebenfalls bei Mäusen nachgewiesen[18, 83].

Bei der Photosynthese der Pflanzen wird Tritium bevorzugt in organische Moleküle eingebaut. Kartoffelknollen wurden als kritisches Nahrungsmittel bezeichnet, weil sie von untersuchten Ackerfrüchten den grössten Transferfaktor für Tritium haben (Übergang vom Boden in die Pflanze) und sie in der westlichen Welt ein wichtiges Nahrungsmittel darstellen[51]. So ist auch der Tritiumgehalt im organischen Material zehnmal höher bei mit kontaminiertem Gras gefütterten Kühen als bei Milchvieh, das Tritium lediglich mit dem Tränkewasser aufnahm[50]. Selbst das Kernforschungszentrum Karlsruhe fand eine neunfach erhöhte Tritiumkonzentration in der Trockenmasse von Kiefernnadeln gegenüber ihrem wässrigen Anteil[67].

Als besonderer Effekt tritt bei Tritiumverbindungen eine Zerstörung durch «Eigenbestrahlung» ein. Beim spontanen Zerfall von Tritium bildet sich nämlich unter Emission von Beta-Strahlen Helium (ein Edelgas). Die ursprüngliche Tritiumverbindung kann nun biologisch unwirksam geworden sein oder, je nach ihrem Aufbau, sogar giftig wirken[25]. Auch ist die erbschädigende Wirkung durch solche sogenannten Transmutationen nachgewiesen[30].

1984 erliess das angesehene wissenschaftliche Magazin «Bulletin of the Atomic Scientists» eine *Tritium-Warnung*[11]. Mewissen fand zum ersten Male bei Mäusen einen durch Tritium erzeugten, neuartigen Darmkrebs. Dieser Krebs trat aber erst in der 25. Generation auf und vererbte sich dann weiter! Noch nie konnte bisher bei Tieren durch Strahlung ein vererbbarer Krebs erzeugt werden.

Ganz bedenklich ist, dass durch die Atombombenversuche im Jahre 1963 der mittlere Tritiumgehalt im Regen Mitteleuropas laut einer Antwort des schweizerischen Bundesrates auf eine Motion um den Faktor 700 grösser war als im Normalzustand (7000 pCi/Liter gegenüber 10 pCi/Liter)[75]. Nach dem UNO-Bericht (UNSCEAR 1964) wurden aber 1963 im Regen Kanadas Spitzenwerte von 10'000 Tritiumeinheiten (TU) gemessen gegenüber 1 bis 10 TU im normalen Regenwasser. 1982 wurde in Mitteleuropa noch eine mittlere Erhöhung um den Faktor 12[(75] festgestellt. Aber auch Atomkraftwerke und insbesondere die Aufbereitungsanlagen setzen laufend Tritium frei.

Dass auch hier mit sehr hohen Anreicherungen zu rechnen ist, zeigen u. a. die 1976 in der Wiederaufbereitungsanlage Karlsruhe gemessenen Werte. Im Gewebewasser des Laubes von Hainbuchen wurden bis zu 29'000 pCi/l Tritium gefunden, in der Luftfeuchte im Maximum 455'000 pCi/l, im Niederschlag 48'000 pCi/l, im Grundwasser 576'000 pCi/l, im Gewebewasser der Fichten 45'200 pCi/l usw.[138]. Vor der Nutzung der Kernenergie lag der Tritiumgehalt im Regen, wie oben erwähnt, bei nur maximal 10 pCi/l! Und Wein aus der Umgebung des Kernkraftwerks Neckarwestheim hatte 1976 doppelten Tritiumgehalt gegenüber Regenwasser[138].

So meint selbst die Internationale Atomenergie-Agentur 1981, dass Tritium in der Umwelt zum Ende des Jahrhunderts Anlass zu tiefer Besorgnis geben könnte[44]. Das Tritiumproblem wird nicht dadurch aus der Welt geschafft, dass der im Eidgenössischen Reaktorinstitut Würenlingen arbeitende Strahlenbiologe Dr. W. Burkart versichert, dass man das Tritium vernachlässigen könne, weil es nur wenige Millionstel rem zur mittleren Strahlenbelastung des Schweizers beitrage[15].

Es kommt bei weitem nicht nur auf bagatellisierende Mittelwertbildungen an. Damit können Gefahren und vor allem Spitzenbelastungen einfach weggerechnet werden. Aber gerade auf diese reagieren die Lebewesen normalerweise empfindlicher! So zeigten Weiss et al. 1979, dass sich von West- nach Mitteleuropa zunehmende Tritium- und Kryptonquellen aus Atomanlagen ausmachen lassen, die nach 1970 Stösse bis zum 40fachen des lokalen Hintergrundes von Bombenfallouts erreichten[137]. Und Kiefernnadeln wiesen bis in über zehn Meilen Entfernung von Atomanlagen in Abhängigkeit von der Windrichtung einen bis zu zehnmal signifikant erhöhten Tritiumgehalt auf[119]. Auf all dies hat schon Reichelt hingewiesen. Auch dass die Modellrechnungen der Kraftwerkbetreiber, welche mit einer raschen, gleichmässigen Verdünnung rechnen, offensichtlich nicht immer zutreffen[85, 86].

Krypton 85

Es ist ein radioaktives Edelgas, welches in der Natur nur in geringsten Mengen vorkommt. Die Halbwertszeit ist relativ lang, 10,7 Jahre. Als Beta-Strahler belastet es vor allem die Haut. Seine Strahlung dringt höchstens 2 mm in die Gewebe ein, weshalb es stark unterschätzt worden ist. Krypton 85 belastet aber auch die Lungen und löst sich in unterschiedlicher Weise in Körperflüssigkeiten[6, 136].

Eine Abnahme der Konzentration in der Luft durch trockene Ablagerung oder Auswaschen erfolgt kaum, was sehr schwerwiegend ist. 97 Prozent des Kryptons 85 verbleiben in der Atmosphäre und reduzieren sich nur entsprechend seinem radioaktiven Zerfall, was Jahrzehnte dauern kann[111].

In Atomkraftwerken allerdings wird fast alles erzeugte Krypton 85 in den Brennelementen zurückgehalten. Beim Auflösen der verbrauchten Brennelemente mit kochender Salpetersäure in den Aufbereitungsanlagen (um Brennstoff zurückzugewinnen oder Plutonium abzutrennen) wird aber alles Krypton 85 ungezielt in die Luft ausgestossen. Diese Anlagen sind noch undichter als Atomkraftwerke. Dem sagt man dann «entsorgen»! Schon 1975 haben Atomwissenschafter die Rückhaltung gefordert[112]. Die lange Halbwertszeit bewirkt eine unaufhaltsame Aufkonzentrierung. Das Gas ist schwerer als Luft, aber es verteilt sich global in der Atmosphäre. Schon heute ist die Luftkonzentration an Krypton 85 *millionenfach* erhöht gegenüber der Zeit vor der Atomspaltung[61].

Wenn das Krypton nur ein Prozent der maximal erlaubten Konzentration in der Luft (300 nCi/m^3) erreicht, könnten bereits *messbare* globale Veränderungen der elektrischen Verhältnisse in der Atmosphäre eintreten, berichtet W. L. Boeck, Präsident der Arbeitsgruppe Krypton 85 der Internationalen Kommission für Atmosphären-Elektrizität (und dies schon 1975)[6]. Zum Beispiel würde die elektrische Leitfähigkeit unmittelbar über den Ozeanen um 43 Prozent erhöht![6] Der elektrische Widerstand zwischen Erd- oder Wasseroberfläche und der Ionosphäre würde verringert, und möglicherweise könnten durch elektrische Rückkopplungen Blitze in weit getrennten Gebieten zusammengekuppelt werden. Unerwartete Wetterveränderungen würden eintreten[6].

Über den Meeresflächen ist die kosmische Strahlung klein (im Gegensatz zu der höheren Atmosphäre), weil die Luftschichten die aus dem Kosmos einfallende Strahlung abbremsen. Auch die natürliche Strahlenbelastung durch das Radon (und Tochterprodukte) ist klein. Radon wird lediglich über Landflächen vom Urgestein ausgesandt und aus der Atmosphäre wieder ausgewaschen. Meerluft enthält deshalb kaum Radon. Und treibt eine kontinentale Luftmasse über das Meer, so wird sie von der Radonquelle (Urgestein auf dem Land) abgeschnitten[6].

Seelig weist in einer seiner Hypothesen darauf hin, dass veränderte luftelektrische Verhältnisse, auch kurzzeitiger Art, bereits jetzt einen Einfluss auf Baumschäden haben könnten[91, 93, 94]. Seine Überlegungen sollten in die Forschung einbezogen werden. Bisher liegt nur sehr wenig darüber vor[41]. Im EdF-Cattenon-Gutachten wurde (Seite 11 bis 42) darauf hingewiesen, dass die elektrostatische Auswirkung eines Kernkraftwerkes bisweilen «nur» die Grössenordnung von Gewitterfronten erreiche[92, 93].

E. Waldschadensbilder und Radioaktivität

Einführung

Wissenschaftliche Untersuchungen von Prof. Günther Reichelt* haben äusserst brisante Indizien zutage gefördert, welche die Forderung von Prof. Schütt nach Einbezug der künstlichen Radioaktivität in die Waldschadensforschung eindrücklich untermauern.

Reichelt war durch seine völlig neuartige Methode zur Erfassung von Waldschäden (Stichprobenmethode) in Deutschland und

---

* Günther Reichelt, Dr. rer. nat., geb. 1926; Studium der Biologie, Chemie und Geographie. Nach Tätigkeit als Ökologe an einem staatlichen Forschungsinstitut für Höhenlandwirtschaft, Fachleiter und Fachbetreuer für Biologie an einem staatlichen Studienseminar. Professor seit 1970. Verfasser und Mitautor mehrerer Hochschullehrbücher für Biogeographie und Ökologie, über 80 wissenschaftliche Veröffentlichungen. Mitglied und gewähltes Mitglied mehrerer wissenschaftlicher Gesellschaften. Mitglied des Landesbeirats für Umweltschutz der Landesregierung Baden-Württemberg, desgleichen des Landesbeirats für Naturschutz. Bundesverdienstkreuz 1980. Vorsitzender des Landesnaturschutzverbandes Baden-Württemberg.

Frankreich bekannt geworden[78, 79, 80]. Das offizielle Frankreich hatte nämlich immer auf seine gesunden Wälder hingewiesen. So hatte das französische Staatssekretariat für den Wald auf eine Umfrage der «Welt am Sonntag» vom 5.6.1983 erklären lassen: «Dem französischen Wald geht es blendend.» Frankreich sei das Land mit den meisten Kernkraftwerken. Geschädigt seien nur «ein paar Hektar Wald», ein knappes Dutzend kleinere Waldstücke bei nahe gelegenen Industrieanlagen[79].

Im Gegensatz dazu fand Reichelt[79], dass im Vergleich zu den süddeutschen Schadensgebieten die Schadenshöhen in den meisten französischen Wäldern mit an der Spitze lagen. Ein hoher Grundschaden wurde in den westlichen und zentralen Gebieten Frankreichs gefunden. Und in der Bretagne zeigen ausser Fichte und Kiefer selbst natürliche Hauptholzarten wie Stieleichen und Rotbuchen weite flächenhafte Schäden. Das Ulmensterben hat erschrekkende Ausmasse angenommen. Die Stechginsterheiden sind auf weiten Flächen braun.

Bei dieser Sachlage ist es erstaunlich, dass Frankreich einen viel kleineren Ausstoss an Schwefel und Stickoxiden aufweist als die BRD. Für 1982 lauten die Zahlen (Millionen Tonnen)[101]:

	Schwefel	*Stickoxide*
Frankreich	2,4	1,3
BRD	3,5	3

Zudem hat Frankreich die doppelte Fläche mit einer geringeren Industriedichte, und die Westwinde vom Meer bringen nicht viel Schadstoffe.

Prof. Reichelt weist darauf hin, dass der Grundschaden hier unter dem Aspekt einer wahrscheinlichen Mitwirkung radioaktiver Emissionen gesehen werden müsse[87]. Die Erklärungsversuche, welche lediglich die Mitwirkung von Photooxidantien, insbesondere von Ozon hervorheben, seien ungenügend. Die Entstehungsbedingungen von Ozon, gerade auch in den küstennahen Starkschadensgebieten, sind durch «Photosmog» keineswegs hinreichend erklärt, meint Reichelt[87]. Er fordert denn auch, dass «die Aufklärung der Bildungsbedingungen des Grundschadens unverzüglich in Angriff genommen werden muss, denn darin ist das eigentliche Problem des Waldsterbens beschlossen»[87].

Prof. Reichelts neuartige Stichprobenmethode

Sie ist den bisher üblichen Waldschadenserhebungen mit Flächendurchschnitten nach Forstrevieren oder Rasterfeldern überlegen. So wurde bei der ersten Sanasilva-Studie 1983 (Schadenserhebung in Schweizer Wäldern) die Schweiz noch in gleichmässige Quadrate (Rasterfelder) eingeteilt und in jedem Quadrat der Gesamtschaden ermittelt, unabhängig von den Baumarten (siehe untenstehende Abbildung).

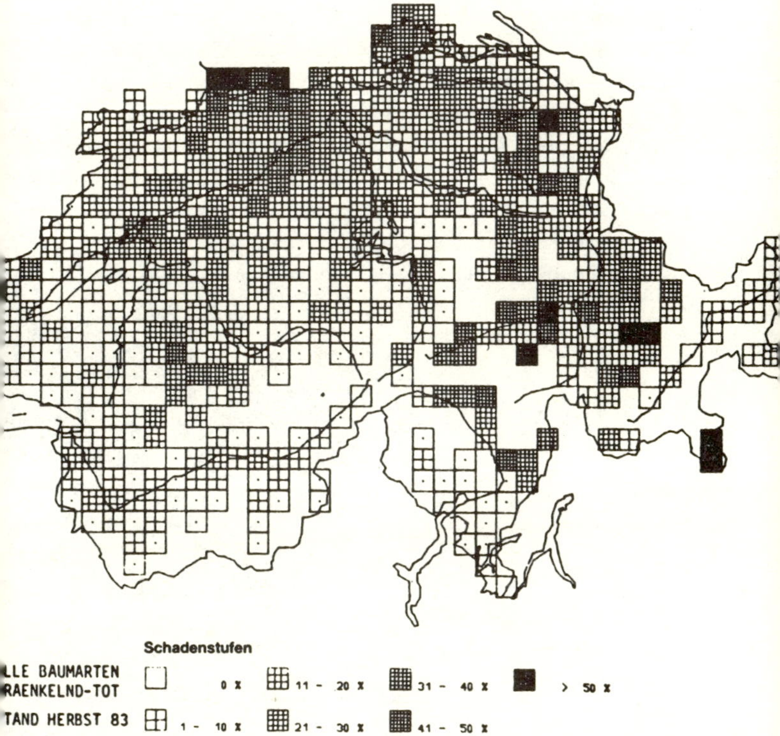

Entwicklung der Waldschäden im Jahre 1983: Erhebungen im Frühsommer 1983 und Sofortprogramm Sanasilva Stand Herbst 1983 über Schäden an Tannen, Fichten und Buchen[23].

Diese Rastermethode hat grosse Nachteile. Enthielt zum Beispiel ein Quadrat keine Nadelbäume, sondern nur Laubbäume, so erscheint dieses Quadrat unter Umständen als zu gesund. Mit Nadelbäumen am gleichen Ort aber wären wahrscheinlich schon 1983 Schäden festgestellt worden.

Reichelt arbeitet nach einem ganz anderen Prinzip, analog zu Wetterkarten, wo alle Orte mit gleicher Temperatur oder gleichem Luftdruck mit Linien verbunden werden. Er verbindet nun alle Orte in den Wäldern, welche gleich hoch geschädigt sind, ebenfalls mit Linien (sogenannten Isomalen). Die Auswahl der Orte wird jedoch nicht zum vornherein «blind» auf der Karte durch einen Raster festgelegt, sondern die Stichproben richten sich nach der Wirklichkeit, d. h. nach dem Vorhandensein einer bestimmten weitverbreiteten Baumart (zum Beispiel Fichte). Man errechnet an jedem für eine Stichprobe geeigneten Standort eine «mittlere Schadstufe», und zwar aus einem Kollektiv von 10 bis 20 begutachteten Bäumen. Nach Eintrag in eine Landkarte können bei genügender Stichprobendichte Linien gleicher «mittlerer Schadstufen» konstruiert werden (sogenannte Isomalen).

Untenstehende Abbildung zeigt eine solche neuartige Isomalen-

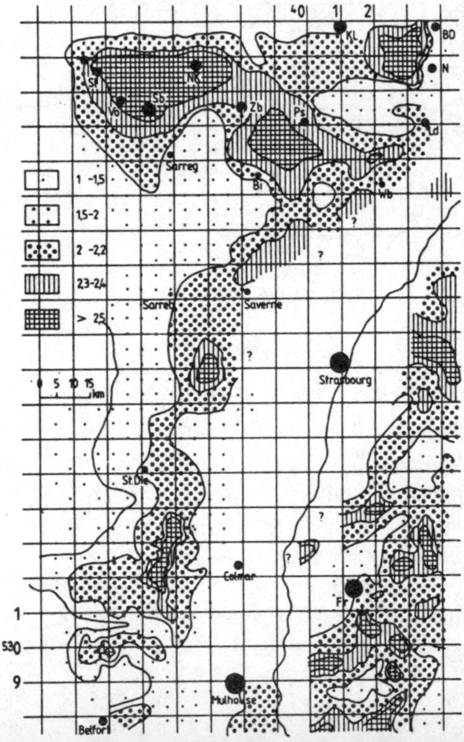

Kartierung aus den Vogesen mit Teilen von Süddeutschland[79]. Je dunkler die Flächen, um so grösser sind die Waldschäden.
Das Forstamt Strassburg hat diese im Sommer 1983 von Reichelt aufgenommenen Schäden im Frühjahr 1984 bestätigt. Früher wurde alles abgestritten[69]. Und 1985 intervenierten in Paris bereits die Gemeinden der Vogesen und verlangten staatliche Hilfe, weil bis zu 80 Prozent des Forstbestandes geschädigt seien[144].
Ein Vergleich der beiden Karten zeigt, dass sich mit Reichelts Methode Schadenverursacher (Emissionsquellen) viel besser eingrenzen lassen. Mit fixen Rasterpunkten festgelegte Kartierungen hingegen liefern in der Regel – auch aus Gründen mangelnder Waldverbreitung – nicht so scharfe Schadmuster. Wie bei meteorologischen Karten, ist es auch bei Waldschadenserhebungen nicht nötig, dass zum Beispiel alle 0,5 Kilometer ein Beobachtungspunkt liegt. Auf dem Weg über die Isolinienbildung (Isomalen) lassen sich die Schadmuster in ihrer Regelhaftigkeit und Individualität gut erfassen[82].
Reichelts Methode ist längst von staatlichen Stellen und renommierten Fachleuten anerkannt worden[78, 79, 86, 145]. Auch die neuen Sanasilva-Studien der Schweiz werden nun nach einer Stichprobenmethode ausgeführt.

Prof. Reichelts Waldschadensbilder bei klassischen Industrieanlagen (fossile Brennstoffe)

Solange Reichelt mit seinen Kartierungen nur Rückschlüsse auf fossile Schadstoffquellen zog, war alles gut und recht[78, 79, 80]. Niemand erhob Einspruch. Anhand der Verteilungsmuster der Waldschäden bzw. der Schadlinienbilder liessen sich nämlich bekannte Industrieanlagen, welche SO_2, NO_x, Kohlenwasserstoffe, Fluor- und Chlorverbindungen ausstossen (vor allem Raffinerien, Kraftwerke, chemische Werke, Ziegeleien, Porzellanfabriken), ermitteln. *Seine Kartierungen ergeben, dass alle Massnahmen zur Eindämmung der Emissionen aus fossilen Quellen (SO_2, NO_x) notwendig sind und viele Wälder retten können, sofern sie rechtzeitig greifen*[85].
Bezüglich seinen Erhebungen in Frankreich erwähnt er sogar, dass die Mitbeteiligung von Photooxidantien (wie zum Beispiel Ozon) nicht nur örtlich, sondern auch für das französische Zentralmassiv eine durchschlagende Wirkung haben könnte. Erstaunlich sei aber

der *hohe Grundschaden* in den westlichen und zentralen Gebieten Frankreichs, dessen Ursache unklar bleibe[79].

Die Zeitschrift «Natur» berichtete[68], wie beeindruckt bekannte Professoren von der Arbeit Reichelts waren. So Prof. Mohr, Biologisches Institut der Universität Freiburg: «Eine wissenschaftliche Arbeit von hohem Rang». Prof. Havlik, Institut für Meteorologie TH Achen: «Absolutes Neuland». Prof. Weischet, Universität Freiburg: «Erster wichtiger Schritt in der Ursachenforschung».

Prof. Reichelts Waldschadensbilder bei Atomanlagen

Prof. Reichelt fand nun bei neuerlichen Auswertungen von Kartierungen solche Schadinseln und Schadfahnen auch bei Atomanlagen in Frankreich und Deutschland. Sie stehen in recht guter Relation zu den Hauptwindrichtungen am Ort oder in der Region[85]. Diese Schadmuster sind mit den bisher als Ursache für das Waldsterben verdächtigten Schadstoffen nicht zu erklären. Es betraf dies vor allem die Kernkraftwerke Obrigheim, Esensham und Würgassen in der BRD sowie in Frankreich den Schwerwasser-Kernreaktor Brennilis (Bretagne) und das Kernkraftwerk Bugey bei Lyon. Hierbei handelt es sich noch nicht einmal um gezielte Kartierungen in bezug auf diese Atomanlagen. Dies sei ausdrücklich betont[85].

Untenstehend sind die beim Kernkraftwerk Obrigheim für die Fichte gefundenen Verhältnisse abgebildet[21, 35, 68].

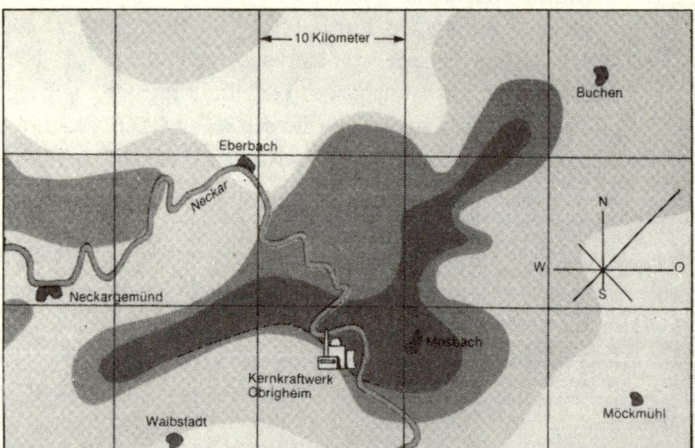

Je dunkler die Fläche, desto grösser ist der Waldschaden. Die Länge der Windrosenachsen entspricht der Häufigkeit der Winde in der Station Buchen (25 km von Obrigheim).

Bei einer gezielten Kartierung im Mai 1984 fand dann Prof. Reichelt die untenstehenden Schadmuster in der Umgebung des Atomkraftwerks Würgassen[83, 88]. Je dunkler die Schraffierung, um so stärker sind die Schäden.

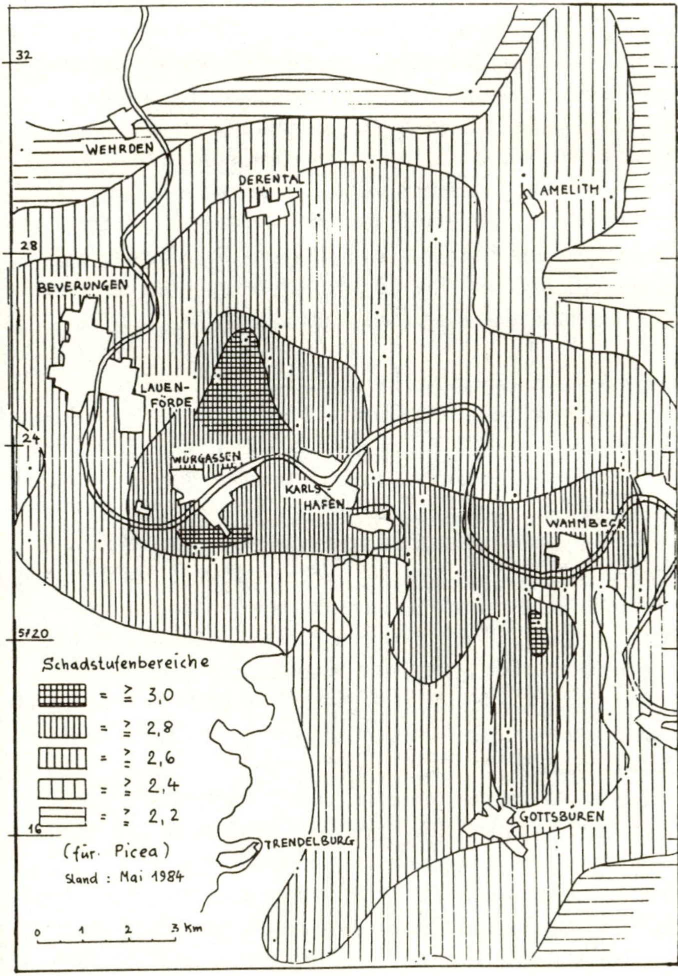

Er stellte später die Hypothese auf, dass mit grosser Wahrscheinlichkeit das KKW Würgassen für die verstärkten Schäden Hauptverursacher sei. Mehrere statistisch gestützte Argumente würden sich gegenseitig so ergänzen, dass man sogar von einem Indizienbeweis sprechen könne[88].

Waldschadensbilder des World Wildlife Fund (WWF Schweiz)

Inzwischen war auch der World Wildlife Fund (WWF) auf die Kartierungen Reichelts aufmerksam geworden. Im Auftrag des WWF nahm das «Büro für Forstwirtschaft und Umweltplanung» in Rudolfstetten (Schweiz) einen Schadensbefund der Wälder um die Kernkraftwerke Mühleberg, Gösgen und Beznau auf. Zwei Hochschul-Forstingenieure erstellten Schadkartierungen nach der Methode Reichelts. Wiederum wurden Spitzenwerte in unmittelbarer Nähe der Anlagen und weiträumige Schadfahnen festgestellt. Die Gutachten kamen zum Schluss, die räumliche Überlagerung von Kernkraftwerken und Waldschäden sei so eng, «dass ein ursächlicher Zusammenhang vermutet werden muss»[142].

Keine Waldschäden durch Kerntechnik?

Die Veröffentlichungen des Schadensbildes vom KKW Obrigheim in «Natur»[67] und der «Basler Zeitung»[35] setzte die Atombefürworter in Aufregung. Sie reagierten unvorbereitet. Prof. Reichelt wurde nun in üblicher Manier verunglimpft. Aus dem Kernkraftwerk Obrigheim, wurde ihm vorgeworfen, er hätte Waldschäden ermittelt an Orten, wo es gar keinen Wald gäbe (Barth)[1]. Aber sämtliche Stichproben wurden wirklich in Wäldern gemacht und dann Verbindungslinien zwischen Punkten mit gleichen Schadhöhen gezogen. Die betreffende Isomalenkarte gibt eben geographische Schadmuster für die Fichte wieder, unabhängig davon, ob überall ein Fichtenbestand zu finden ist[81]. Die Kritiker verfügten nicht einmal über die nötigen Fachkenntnisse.

Man warf Reichelt auch vor, dass die Windrichtungen bei Obrigheim nicht stimmten[1]. Die Zeitschrift «Natur» hatte irrtümlich angegeben, die Windrose gelte für Obrigheim. Reichelt wies jedoch in seinem Originalmanuskript ausdrücklich darauf hin, dass sie für Buchen gelte, 25 Kilometer entfernt. Die Windrose von Obrigheim stand ihm damals noch nicht zur Verfügung. Dort weichen die

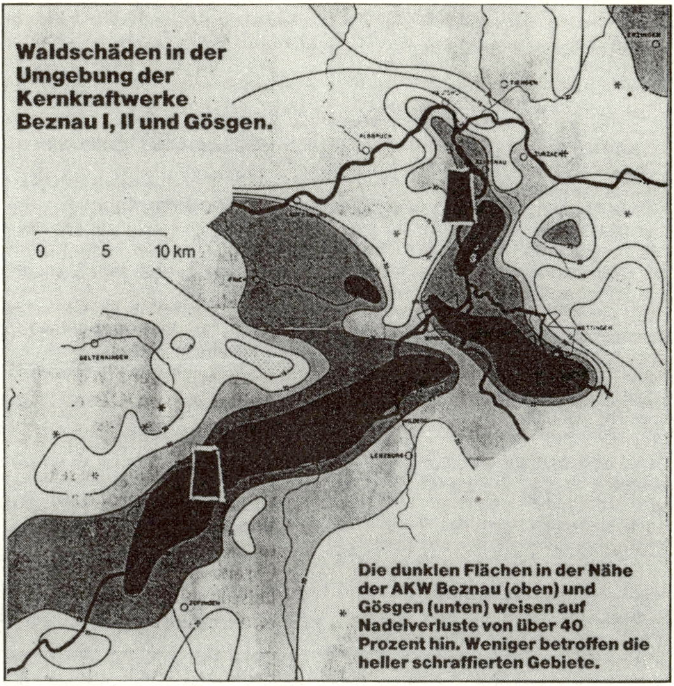

Windrichtungen etwas ab. So weht in Obrigheim (nach einem Gutachten, auf das sich das KKW stützt) der Wind im Sommer hauptsächlich gegen Osten, im Winter aber nach Westen[69].

Für die Verteilung von Schadstoffen sind jedoch nicht nur die Windverhältnisse am Ort der Emission ausschlaggebend. Zum Beispiel können Inversionswetterlagen und Ausbreitungsbedingungen unter fehlendem oder sehr schwachem Wind an der Ausbildung der Schadmuster beteiligt sein[88]. Und im Winter sind die Widerstandskräfte (Reparaturmechanismen) der Pflanzen weniger wirksam[138]. Eine Veröffentlichung des Schweizerischen Bundesamtes für Umweltschutz in Bern stellte denn auch fest[145], dass Reichelt die Vorwürfe von Barth[1] an einer Pressekonferenz vom 26.6.1984 in Bern entkräftet habe.

Auch das Kernforschungszentrum Karlsruhe versuchte, in den zwei Arbeiten «Kerntechnik und Waldschäden»[53] und «Umweltradioaktivität und Kerntechnik als mögliche Ursachen von Waldschäden?»[54] Prof. Reichelts Beobachtungen durch theoretische Betrachtungen zu widerlegen. Reichelt meint zu solchen Modellrechnungen:

«Sie schliessen zum Beispiel messmethodische Mängel an den Emissions- und Immissionsorten meist aus, berücksichtigen dynamische Vorgänge nur unvollständig – besonders wenn mehrere Faktoren beteiligt sind – und können daher bestenfalls Annäherungen sein, denen Beweiskraft oder Entscheidungsbefugnis über beobachtete Wirkungen (oder auch nur ‹mögliche› Wirkungen) nicht zukommen kann. (...) Jedenfalls machen Abweichungen des tatsächlichen Schadmusters von dem durch Modellberechnungen prognostizierten (vorausgesagten) Verhalten nicht das Schadensmuster unwahrscheinlicher, sondern sollten eher zur Überprüfung der Modellrechnungen und ihrer Voraussetzungen führen.»[87]

Und überall, wo «Leben» beteiligt ist, ist letztlich die beobachtete Wirkung entscheidend. Diese lebendige Wirklichkeit passt sich Modellrechnungen nicht an.

Im weiteren bezieht sich Karlsruhe auf eine Studie an verschiedenen Laub- und Nadelbäumen, die mit hohen Gamma-Dosen von aussen bestrahlt worden waren. Auch hier wiederum mit hohen Dosisleistungen[100]. So starben 50 Prozent der Eichen, wenn sie innert 16 Stunden mit etwa 3650 rad (LD_{50})* bestrahlt worden waren. Bei Kiefern wurden dazu nur 692 rad (= LD_{50}) benötigt. Zugleich stellt Karlsruhe beruhigend fest, dass mit fallender Dosisleistung die schädliche Wirkung der LD_{50} abnehme. Aus all dem und weiteren theoretischen Berechnungen wird dann auf die Unschädlichkeit kleinster Dosen und Dosisleistungen geschlossen, d. h. auf die Unmöglichkeit von Waldschäden durch radioaktive Emissionen aus kerntechnischen Anlagen[53, 54].

Dabei stellt die von Karlsruhe zitierte Studie[100] selber fest, dass noch viele Kenntnisse fehlen, um zuverlässige Aussagen über den Einfluss von radioaktivem Fallout zu machen. Zudem wird die ungenügende Kenntnis der Wirkung der Beta-Strahlung und mögliche Wechselwirkungen mit der Gamma-Strahlung betont. Dies mache die Übertragung der (bei hohen Dosen gefundenen) Wirkungen auf die Falloutbedingungen noch schwieriger.

---

* LD_{50}-Wert ist diejenige Strahlendosis, die für 50 Prozent der bestrahlten Lebewesen tödlich ist.

Nun geht es beim Waldsterben sicher nicht um solche tödliche LD_{50}-Dosen und darum, ob mit kleinerer Dosisleistung weniger Bäume absterben. Gemäss der Stress-Hypothese, von der wir heute ausgehen müssen, steht vielmehr zur Diskussion, dass zum Beispiel primär lediglich die Vitalität der Bäume beeinflusst zu werden braucht. Aber auch Spätschäden sind nicht einfach auszuschliessen. Die erwähnte Karlsruher Studie[100] weist sogar auf das sehr ungenügende radiologische Wissen hin, um Voraussagen machen zu können, über schädliche Einflüsse auf den Wuchs und den Ertrag zukünftiger Ernten. Die LD_{50}-Dosis sagt zu all dem zuwenig aus. Auch bei Menschen und Tieren sagt die LD_{50}-Dosis über das ganze Spektrum von schädlichen Wirkungen bei niedrigen radioaktiven Dosen zuwenig aus!

Im weiteren beziehen sich die Karlsruher Berichte[53, 54] auf eine Studie der Internationalen Atomenergie-Agentur (IAEA) von 1981, die darauf ausgerichtet war, das Verhalten von Tritium in Ökosystemen zu studieren (zum Beispiel Transferfaktoren, Einbau in organisches Material, biologische Halbwertszeiten) und die biologische Bedeutung dieses Radioisotops bei verschiedenen natürlichen Bedingungen abzuklären. Die Flächenbelastungen durch Strahlung lagen dabei ebenfalls hoch, drei bis fünf Grössenordnungen über den bei kerntechnischen Anlagen möglichen Werten. Laut Karlsruhe wurden keine Schäden an Pflanzen festgestellt. Deshalb seien Waldschäden bei den in der Kerntechnik auftretenden Tritiumbelastungen nicht vorstellbar. Aber der Petkau-Effekt wird überhaupt nicht erwähnt.

Die Studie befürchtet, *«dass Tritium in der Umwelt um die Jahrhundertwende zu grosser Sorge Anlass geben könnte»*[44]. Ein ganzer Katalog von notwendigen Forschungen wird aufgestellt, welcher beweist, wie kläglich unsere Kenntnisse, aber auch wie gross unsere Befürchtungen bezüglich des recht sorglos in der Umwelt freigesetzten Tritiums sind. Und mögliche synergetische Wirkungen (komplexe Wirkungen von Schadstoffen) wurden nicht berücksichtigt.

Wenn deshalb die deutsche Bundesregierung auf eine entsprechende Anfrage des Abgeordneten Dr. Ehmke und der Fraktion der Grünen im Sommer 1984 lapidar zum Schluss kommt: «Im Hinblick auf einen Zusammenhang zwischen Waldsterben und Kernenergie ist für die Bundesregierung kein weiterer Forschungsbedarf erkennbar»[21], wird offenbar, dass solche Forschungen unerwünscht sind.

Dass kleine Dosisleistungen relativ schädlicher wirken können als höhere, wurde eigentlich schon 1967 gefunden. Man studierte damals die mögliche Beeinflussung der Wachstumsrate bei Hela-Zellen in tritiumhaltigem Wasser[37] und des Wurzelwachstums bei Sämlingen (Vicia Faba)[37]. *Bei der hohen Dosisleistung von 32 rad pro Stunde (0,32 Gy)* ergab sich nur eine halb so grosse Schädigung wie bei der *niedrigen Dosisleistung von 0,5 bis 3 rad pro Stunde (0,005 bis 0,03 Gy)*. Letztere ist aber, verglichen mit der Dosisleistung der natürlichen Strahlung, immer noch 10'000mal grösser! Es ist also zu erwarten, dass infolge des Petkau-Effekts kleinste Dosisleistungen auch bei Pflanzen relativ schädlicher sein könnten, als aus den Versuchen mit hohen Dosisleistungen zu erwarten ist.

Wie wenig solche Experimente mit zu hohen Strahlendosen aussagen können, zeigen Beispiele an der Tradescantia-Pflanze. Der BEIR-Bericht 1972[3] meldet, dass diese Pflanze, bei der hohen Dosisleistung von 30 bis 40 rad pro Tag (0,3 bis 0,4 Gy) und während 15 Wochen bestrahlt, beeinflusst werde[99]. Aber der japanische Gelehrte Sadao Ichikawa (Fakultät für Landwirtschaft, Kyoto, Japan) fand selbst bei in der Umgebung von Atomkraftwerken angepflanzten Tradescantia-Blumen bereits 30 Prozent über dem Durchschnitt liegende spontane Erbänderungen[45]. Bei dieser Pflanzenart machen sich Erbänderungen von Blau nach Rosa an den ausgereiften Staubgefässen besonders leicht bemerkbar.

Im weiteren wurden signifikant erhöhte Mutationsraten bei Tradescantia auch noch zehn Kilometer südöstlich von Esensham (Deutschland) gefunden. Bei Esensham steht das Atomkraftwerk Unterweser[63, 85]. Und bei diesem AKW fand Prof. Reichelt Hinweise für erhöhte Schäden an Fichtenbeständen[85].

Es gibt somit auch bei Pflanzen den konkreten Verdacht, dass die experimentellen Befunde bei hohen Dosen und hohen Dosisleistungen Ungenügendes aussagen. *Das alles muss dringend erforscht werden.*

Die Arbeit Reichelts betreffend Obrigheim war schon im Januar 1984 vom «Forstwissenschaftlichen Centralblatt», einer Fachzeitschrift von Rang und Namen, akzeptiert worden und ist trotz aller Kritik durch Fachleute der Atombefürworter[1, 53, 61] im September

1984 dort erschienen[85]. Das dürfte zeigen, wie wenig ernst diese Kritiken genommen werden. Prof. P. Schütt ist übrigens Mitherausgeber dieser Fachschrift.

Waldschäden selbst bei uranhaltigen Erzgruben

Dies ist eine der wichtigsten Arbeiten Reichelts über den Einfluss von Radioaktivität auf Waldschäden. Durch Geologen war er auf die mögliche Wirkung von Erzgruben aufmerksam gemacht worden. Reichelt kartierte neben Wittichen sechs uranhaltige Erzlager im Fichtelgebirge, Oberpfälzer Wald und Schwarzwald mit dem Ergebnis, dass die Schäden im unmittelbaren Lagerbereich grösser sind und nach etwa 2,5 Kilometern Distanz wieder abnehmen[69, 84, 86, 87].

Untenstehende Abbildung zeigt die Kartierung der ehemaligen uranhaltigen Silber- und Kobaltgruben bei Wittichen. Je dunkler die Flächen, um so grösser die Baumschäden[84, 86].

Waldschaden-Kartierung um die uranhaltigen Gruben bei Wittichen im Schwarzwald:

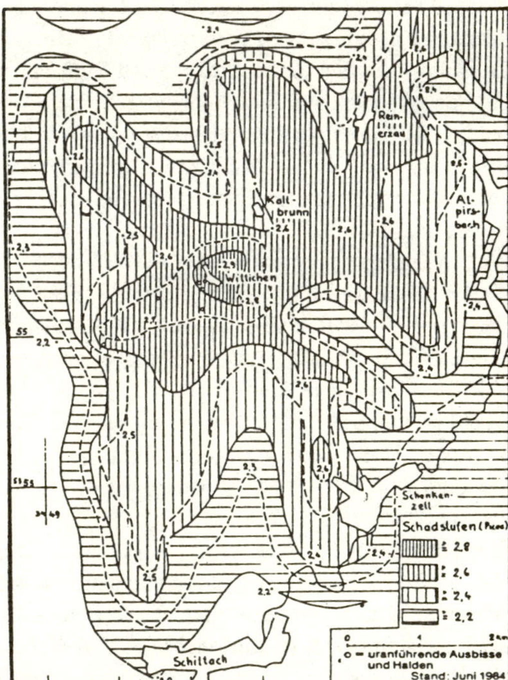

Trotz relativ geringer SO_2- und NO_x-Belastung der Luft sind schon junge Fichten und Tannen gelb und verkrüppelt. Die Luft enthält jedoch erhöhte Radioaktivität durch das natürliche radioaktive Edelgas Radon, das vom Uran ausgeht.

Die Flächen um den Ort Wittichen herum haben besonders grosse Schäden. Von dort aus nehmen die Schäden zwar nicht konzentrisch, aber mit unregelmässiger Begrenzung nach allen Richtungen ab. Es sieht aus, als wenn in Wittichen ein Grossemittent wäre. Aber die wenigen Häuser sind kleine Einfamilienhäuser, ein winziges Kloster, kein schadstofferzeugendes Gewerbe, keine Fabrik. Und der kartierte Befund wird durch die Auswertung der Infrarotbilder aus der Befliegung durch die Forstliche Versuchs- und Forschungsanstalt im Juli 1983 bestätigt[84, 87].

Reichelt hat unterdessen auch bei uranhaltigen Minen in Frankreich und Nordostbayern analoge Beobachtungen gemacht. «In mehreren Fällen hatte die Waldschadensbeobachtung sogar detektivische Erfolge, insofern unerwartet hohe Waldschäden zur Entdeckung von in Karten nicht verzeichneten Minen führten.»[82]

Er glaubt, dass hier die schon 1975 von Prof. Vohra (Leiter des indischen Atomzentrums in Bombay) gefundene Reaktion wirksam wird, dass das radioaktive Radon eine rapide Umwandlung von SO_2 in SO_3, d. h. Schwefelsäure, verursacht[86, 88]. Bereits ein geringer Radongehalt von minimal 50 Picocurie pro m^3 Luft genügt zur Reaktionsauslösung.

Für Wittichen unterhalb der Alte-Schmiede-Halde ist diese Grenze grössenordnungsmässig erreicht oder sogar hoch überschritten[88]. Reichelt kann sich dabei auf praktische Messungen von Schmitz et al., 1982, stützen[105] und so Werte von 11'000 bis 135'000 pCi/m^3 errechnen[166].

Auch die minimal benötigte Konzentration in der Luft an SO_2 beträgt nach Vohra nur 5,2 Mikrogramm pro m^3. Sie ist in Wittichen mit dem Mittelwert von 20 Mikrogramm pro m^3 Luft ebenfalls überschritten.

Reichelt nimmt an, dass diese – gegenüber der Wirkung von SO_2 – durch Radioaktivität entscheidend verschärfte pflanzengiftige Situation geradezu dramatisch gesteigert werden kann, wenn die Radioaktivität mit Aerosolen und Nebel bzw. einsetzendem Regen zusammentrifft. Eine weitere verstärkende Wirkung

müsse auch eine allfällig vorher erfolgte trockene Ablagerung von Schadstoffen auf Nadeln und Zweigen verursachen. Er verweist auf Subba Ramu et al., 1981[102], welche nachwiesen, dass diese durch Radioaktivität aktivierten Reaktionen noch viel drastischer verliefen, wenn in feuchter Luft die Anwesenheit von Ozon und Kohlenwasserstoffen hinzukommt[88].
Bemerkenswert ist, dass hier die natürliche Radioaktivität als Alleinursache kaum in Frage kommt[88]. Fotos aus dem Jahr 1956 belegen nämlich, dass es bei Wittichen früher besonders schöne Tannen- und Fichtenbestände gegeben hat. Auch die früheren Abraumhalden waren meist wieder mit Wald bedeckt. Aber seit 1962 traten flächenhafte Waldschäden auf. Offenbar entstanden die Schäden durch das verstärkte Zusammenwirken von Radioaktivität aus den Gruben und geringen Mengen von fossilen Schadstoffen (zum Beispiel Schwefeldioxid) in der Luft.

Staatlicher Forschungsauftrag
Ganz bedeutsam ist, dass Prof. Reichelt am 3. August 1984 einen Forschungsauftrag durch das Ministerium für Ernährung, Landwirtschaft, Umwelt und Forsten Baden-Württemberg erhalten hat. Er sollte Kartierungen von Waldschäden in ausgewählten Gebieten der Bundesrepublik durchführen.
Leider wurde vorgängig ein Antrag Reichelts auf eine viel umfassendere Arbeit abgelehnt, die er zusammen mit dem bekannten Pflanzenphysiologen Prof. H. Metzner (Universität Tübingen) und Prof. F. Fezer (Geographisches Institut Universität Heidelberg) durchführen wollte. Es sollten parallel zu Kartierungen Luftbildflüge mit Falschbildaufnahmen (Infrarot) gemacht werden und systematisch Blatt- und Bodenproben auf Radioisotope und andere chemische Schadstoffe analysiert werden[88]. Fürchtete man eine so gezielte, kompakte und umfassende Forschungsarbeit? Der spätere Nachweis von Zusammenhängen könnte nämlich infolge des Fällens von kranken Bäumen erschwert werden. Dafür erhielt Prof. Metzner den Auftrag für eine Literaturdokumentation zum Thema «Radioaktivität und Schäden bei pflanzlichen Organismen»[66, 88].
Im April 1985 war die Forschungsarbeit von Prof. Reichelt abgeschlossen. Vorgängig konnte er seine Arbeit mit bekannten Wis-

senschaftern diskutieren. Die bearbeiteten Kartierungen erfolgten in der Periode von April 1984 bis Oktober 1984, wobei 760 Stichproben zu den Isomalenkarten ausgeführt wurden.
Als Ergebnis stellt er u. a. fest, dass in allen kartierten Fällen (sieben Atomanlagen und eine Uranerzhalde) signifikant erhöhte Waldschäden auftreten, auch dort, wo andere Emittenten auszuschliessen seien[88]. Er fand auch Hinweise, dass sich Emissionen von atomtechnischen Anlagen und industrielle Emissionen in ihrer Wirkung auf Waldschäden verstärkten (Stade, Grundremmingen, Beznau)[88]. Bedeutsam ist seine Feststellung, dass dort, wo staatliche Flugbildaufnahmen der von ihm kartierten Orte vorhanden sind, seine Schadbilder bestätigt werden.
Prof. Reichelt fordert konkrete weitere Forschung, die jedoch, um die Unabhängigkeit der Untersuchungen zu gewährleisten, nicht an Kernforschungszentren durchgeführt werden sollte.

F. Radioökologische Betrachtungen zum Wald

Fast alles noch unerforscht

Für alle Laborexperimente gilt, dass für Pflanzen, die in freien Ökosystemen aufwachsen, der hervorgerufene Schaden von einer Vielzahl von Faktoren abhängt, auch bei gleicher Dosisbelastung[100]. Man kann nicht allein mit der Dosis operieren.
So kommt es bei der ökologischen Betrachtungsweise einmal grundlegend auf die relative *Mengen*erhöhung gegenüber dem Urzustand (ohne zivilisatorische Einflüsse) an. Und hier weisen von allen zivilisatorischen Schadstoffen wichtige künstliche Radionuklide die höchsten Steigerungsraten gegenüber der natürlichen Produktion auf[138].
Für die massive Erhöhung der radioaktiven Schadstoffe in der Biosphäre ist die militärische und zivile Nutzung der Kernenergie verantwortlich. Die Verseuchung erfolgt dabei auch mit Radionukliden (radioaktiven Schadstoffen), die es früher in der Natur überhaupt nicht oder nur in kleinsten Mengen gegeben hat.
Zum Beispiel ist die Konzentration in der Luft an Krypton 85 *millionenfach* erhöht gegenüber dem Urzustand, und bei Tritium betrug 1963 in der Schweiz der Faktor der Überhöhung 700 und 1984 noch 12 (Jahresmittelwerte)[23]. Die klassischen fossilen Schadstoffe

haben sich diesbezüglich höchstens um den Faktor 2 bis 3 erhöht[82], regional stellte man Erhöhungen bis zu Faktor 9 bei NO_x fest (zum Beispiel für die Schweiz in der Periode von 1950 bis 1982)[23].

Aber solche Jahresmittelwerte können täuschen. Sie sind nicht allein ausschlaggebend. Lebewesen reagieren auf Spitzenbelastungen und nicht nur auf Jahresmittelwerte, bei denen die Gefahren weggerechnet werden. So kann man einen Mann mit einem Bein in Eiswasser stellen, mit dem anderen in heisses Wasser von 80 Grad Celsius und dann behaupten, es passiere ihm nichts, denn er stehe ja in der angenehmen mittleren Temperatur von 40 Grad Celsius!

In einer kürzlich abgeschlossenen Literaturrecherche im Auftrag des baden-württembergischen Umweltministeriums, in welcher er 800 Titel ausgewertet hat, stellte Professor Metzner* fest[147], dass radioaktive Isotope der Edelgase – ähnlich wie Jod in der Schilddrüse des Menschen – in besonders empfindlichen Teilen der Pflanzen selektiv sich anreichern können (in Zellmembranen, in den Trägern der genetischen Information einer Zelle sowie in weiteren Zellbestandteilen wie Chloroplasten und Mitochondrien). Werde diese Möglichkeit der Anreicherung missachtet, könnten auch die zu erwartenden Schäden in den Organismen nicht vorausgesehen werden. Schliesslich könne die Anreicherung radioaktiver Stoffe in Nadeln und Blättern etwa durch Laubfall zu einer Verseuchung oberflächennaher Bodenschichten führen, was wiederum Schäden an den wohl besonders empfindlichen Feinwurzeln auslösen könne. Über die Wurzeln könne die Radioaktivität wieder in die Pflanze zurückkehren, so dass es zu einem Teufelskreis komme.

Metzner schlug weitere Forschungen vor, um die radioaktiven Anreicherungen in Blättern, Nadeln und dem Holz in AKW-Umgebung zu prüfen. Einen entsprechenden Forschungsauftrag hat das Institut des Heidelberger Professors Münch vom Umweltministerium bereits erhalten.

---

* Prof. Metzner ist Direktor des Instituts für chemische Pflanzenphysiologie der Universität Tübingen, ist Mitglied vieler auch internationaler wissenschaftlicher Gesellschaften und durch zahlreiche Arbeiten über den Einsatz radioaktiver Stoffe in der biochemischen Forschung als einer der führenden Experten auf diesem Gebiet in der Bundesrepublik ausgewiesen.

Ganz entscheidend sind die heimtückischen Konzentrationsmechanismen künstlicher Radioaktivität. «Sicher nachgewiesen sind zum Beispiel erhebliche transkontinentale Anreicherungen strahlender Nuklide und deren Folgeprodukte in Blättern, Nadeln und Böden aus dem Bombenfallout der fünfziger und sechziger Jahre. Das gilt auch für Plutonium, Americum, Tritium und C-14. Diese Anreicherungen betragen teilweise *drei bis fünf Zehnerdimensionen* (1000- bis 100'000fach) gegenüber den Pegeln aus natürlichen Quellen.»[82, 138] *Bei klassischen Schadstoffen sind solche Zahlen undenkbar.*
Prof. Dr. Armin Weiss, Direktor des Instituts für anorganische Chemie, Universität München, stellt nun fest, dass das Waldsterben auf der ganzen nördlichen Halbkugel verstärkt eingesetzt hat, als die langlebigen Radionuklide aus den Atomwaffenversuchen die Wurzelbereiche der Bäume erreicht haben dürften[87, 138]. Auch Reichelt weist darauf hin, dass viele zunächst in Blattmasse und Streu eingebaute Nuklide inzwischen wurzelverfügbar geworden sind. Es sei deshalb durchaus vorstellbar, dass der überall zu beobachtende Grundschaden auch mit diesen Vorgängen zu tun haben könne[82, 87].

Der Petkau-Effekt bei Pflanzen

Es besteht aller Anlass zu schwersten Befürchtungen, dass der erst 1972 entdeckte Petkau-Effekt sich auch an Pflanzen manifestiert. Wie bei unzähligen radiobiologischen Tierversuchen wurde auch bei Pflanzen fast ausschliesslich mit hohen Dosen und hohen Dosisleistungen geforscht, also in ganz falschen Bereichen!
Der BEIR-Bericht von 1972 schreibt denn auch[3]:

> «Es liegen wenig oder keine Daten über die Wirkung von niedriger chronischer Strahlung auf Pflanzen vor. Lilium und Tradescantia wurden bei 30 bis 40 rad pro Tag geschädigt (Bestrahlungsdauer 15 Wochen). (...) Nadelbäume wie Kiefer und Taxus wurden bei etwa 2 rad pro Tag beeinflusst[99]. Chronische Effekte zeigten sich bei Eichen, die zehn Jahre mit etwa 7 rad pro Tag bestrahlt wurden.»[64]

Auch Whicker[140] berichtet über Strahlenexperimente bei viel zu hohen Dosen in freier Natur. Im Wald stellte man bei Gamma-Strahlung bis hinunter zu 1 rad/Tag allgemein eine Reduktion der Biomasseproduktion und engere Jahrringe fest. Auch über Wuchs-

abnormitäten, vermindertes Keimen und Wachsen von Samen wird berichtet. Allerdings sei in Einzelfällen vermehrte Produktion (Stimulation) beobachtet worden. Hier spielten jedoch der verminderte Wettbewerb mit anderen Pflanzen oder veränderte Umweltbedingungen eine Rolle. Zum Beispiel können sterbende Bäume die Wettbewerbsbedingungen (u. a. besserer Lichteinfall) von strahlenresistenteren Bäumen und Pflanzen verbessern.
Ebenso berichtet Zavitovski über eine grossangelegte Studie der seinerzeitigen Amerikanischen Atomenergiekommission (AEC)[143]. Sie sollte den Einfluss ionisierender Strahlung auf typische nordamerikanische Waldökosysteme abklären. Man plante, während fünf aufeinanderfolgenden Sommerperioden zu bestrahlen. Eine Gamma-Quelle von 10 kCi Cäsium 137 wurde installiert, und die Bäume wurden täglich 20 Stunden (12.30 bis 08.30 Uhr) bestrahlt. Im Testbereich von bis zu 150 m Abstand betrug die totale Strahlendosis etwa 60 bis 50'000 rad. Die tägliche Dosis lag ungefähr bei 0,5 bis 500 rad. In einem weiter entfernten Kontrollbereich wurden «unbestrahlte» Bäume ebenfalls beobachtet.
Aber anstatt wie geplant fünf Sommerperioden zu bestrahlen, wurde dies nur im Sommer 1972 durchgeführt (Mai bis Oktober) und 1973 wurden weitere Bestrahlungen von der AEC angeblich aus Kostengründen und der Setzung von neuen Prioritäten abgebrochen. Der Wald wurde jedoch vor dem Bestrahlungsjahr (1972) und auch nachher (1973/1974) noch ausführlich beobachtet.
Die Strahlenwirkung zeigte sich in toten oder absterbenden Bäumen und in einer Vielfalt von vorzeitigen oder verzögerten Phänomenen wie *Austreiben, Blattverfärbungen, Blattfall, Blühen und Fruchten.* Charakteristisch war vor allem eine *zu lange Vegetationsruhe.* Auch über *spärliche Belaubung* wird berichtet. Zum Teil zeigten sich Effekte erst ein oder zwei Jahre *nach* dem Bestrahlungsjahr oder hatten sich bis dann erst voll entwickelt. Hat man deshalb Angst bekommen und die Beobachtungen unprogrammgemäss abgebrochen, obgleich sie erst dann richtig interessant geworden wären (Spätschäden)? Hinzuzufügen ist, dass die verschiedenen Baumarten ganz unterschiedliche Strahlenempfindlichkeiten aufweisen.
Obgleich erschreckend viele zum heutigen Waldsterben parallele Schadeffekte in der Studie beschrieben werden, wurde in diesen

Experimenten mit viel zu hohen Dosisleistungen und zu kurzzeitig bestrahlt. Mögliche Schäden durch jahrelange chronische Strahlenbelastungen mit kleinen Dosisleistungen durch eine Vielzahl von künstlichen Radionukliden – wie sie beim Waldsterben allfällig wirksam sein würden – konnten so gar nicht erfasst werden. Auch alle synergetischen Folgen zusammen mit fossilen Schadstoffen blieben unberücksichtigt.

Im Gegensatz zu Tieren und Menschen scheinen noch keine Untersuchungen bei Pflanzen vorgenommen worden zu sein, welche auf mögliche Wirkungen des Petkau-Effekts ausgerichtet sind. Obgleich man von Zellmembranschäden bei Bäumen durch die kombinierte Wirkung von SO_2 und NO_x, aber auch von Ozon spricht, wird die Wirkung von Radioaktivität ausgeklammert. Es müsste dringend abgeklärt werden, ob nicht der Petkau-Effekt eine Schlüsselstellung auch im Ursachenkomplex zu den neuartigen Waldschäden einnimmt. Die künstlichen radioaktiven Spaltprodukte wirken schon von aussen aus der Luft auf Blätter und Nadeln, im Boden auf Wurzeln und, in die organische Substanz eingebaut, von innen auf die Zellmembranen. Laut Schütt können Zellmembranschäden weitreichende ökologische Folgen haben, unter anderem auch auf das Wurzelwachstum[110].

Man bedenke auch, dass das seit jeher vorhandene natürliche Radongas ein Alpha-Strahler ist und deshalb für den Petkau-Effekt relativ viel weniger wirksam ist als die künstlichen Beta-Strahler wie zum Beispiel Tritium. Bei der konzentrierten Ionisierungswirkung eines Alpha-Strahls im Zellsaft werden viel mehr der erzeugten gefährlichen freien Sauerstoff-Radikale rekombinieren und dadurch unwirksam werden. Beim energieärmeren Beta-Strahl jedoch entgehen mehr Radikale der Rekombination und haben somit eine grössere Chance, die Zellmembran zu erreichen und zu schädigen (siehe Seite 111).

Eine Studie des Brookhaven National Laboratory, New York, weist ebenfalls auf das Problem der sehr unzulänglichen radiobiologischen Daten hin, die man von Pflanzen hat. Insbesondere wenn es darum geht, die schädigenden Wirkungen der Beta-Strahlung und des möglichen synergetischen Effekts mit Gamma-Strahlung auf die Pflanzenwelt zu beurteilen[100].

Sensationelle Regierungsstudien

Im Bericht des Eidgenössischen Departements des Innern (Schweiz) vom September 1984, «Waldsterben und Luftverschmutzung», wird dann erstmals offiziell unser ungenügendes radioökologisches Wissen zum Waldsterben zugegeben[23]:

> «Da sich anderseits die meisten Untersuchungen zu den biologischen Auswirkungen radioaktiver Strahlung bisher auf den Menschen konzentriert haben, lassen sich heute noch nicht alle Fragen betreffend der Einflüsse auf ein ganzes Ökosystem wie den Wald abschliessend beantworten.»

Schon Schütt hatte darauf aufmerksam gemacht[110], dass die Forschungsarbeiten Reichelts bewirkt hätten, dass – entgegen dem Widerstand der Kernforschung – erste Versuchsreihen durchgeführt würden, deren Ziel die experimentelle Klärung eines möglichen Zusammenhangs zwischen Radioaktivität und Waldsterben sei.

Und die allergrösste Sensation ereignete sich im Juli 1985, als eine Veröffentlichung eines staatlichen Amtes für Umweltschutz (Bern) zum ersten Mal auf der ganzen Welt die Befunde von Dr. Reichelt prinzipiell bestätigte[145]. Damit sind alle bisherigen atombefürwortenden Kritiker Reichelts desavouiert, welche ausnahmslos mit grösster Sicherheit behauptet haben, dass ein Zusammenhang zwischen Kerntechnik und Waldschäden nicht bestehen könne. Dies betrifft auch die deutsche Bundesregierung[21].

In der Veröffentlichung des Bundesamtes für Umweltschutz in Bern wurde nicht nur ausdrücklich die Methode Reichelts zur Schadenserfassung und kartographischen Darstellung mittels Isomalen als taugliche Methode anerkannt, sondern u. a. auch festgestellt[145]:

> «In der Umgebung von verschiedenen Kernkraftwerken und Nuklearanlagen (Minen) können grössere Schäden auftreten als an vergleichbaren Lagen ohne Nuklearanlagen. Die Schadensstärke ist vergleichbar mit derjenigen im Einflussbereich von Industrie-Emissionen.»

Diese Aussage werde bestätigt durch die vom WWF veranlassten Untersuchungen in der Umgebung von schweizerischen Kernanlagen[142, 145] (siehe Seite 179). Die Studie schränkt jedoch ein, dass es noch offen sei, ob die gemachte Aussage generelle Gültigkeit habe, und zieht den Schluss: «Die ausgewerteten Arbeiten erlauben zurzeit keine abschliessende Beurteilung der Streitfrage. Zu viele Fragen sind ungeklärt, zu viele Hypothesen stehen im Raum.» Sie glaubt, dass mit gezielten Forschungsprogrammen innerhalb weniger Jahre die Frage in grossen Zügen geklärt werden könne, ob und inwieweit radioaktive Emissionen aus Nuklearanlagen für Waldschäden mitverantwortlich seien[145].

Doch die staatlichen und wirtschaftlichen atombefürwortenden Kreise geben nicht so schnell klein bei. Wir erleben dasselbe Spiel wie mit den Statistiken betr. Kindersterblichkeit, Krebs usw. in Amerika. Nachdem man die Befunde Reichelts kaum mehr abstreiten kann, wird ein anderes Register gezogen. Die forstliche Versuchs- und Forschungsanstalt in Freiburg (FVA) hat Computerberechnungen vorgenommen, um bestimmte Einflussgrössen wie zum Beispiel exponierte Lage der geschädigten Wälder oder besonders krankheitsanfällige Baumbestände aus den Schadenangaben Reichelts bei Obrigheim und Wittichen «herauszurechnen». Sie kam dabei zum Ergebnis, es liege keine besondere Schädigung vor, weigert sich aber, die Berechnungen offenzulegen![147]

Die Atombefürworter scheinen in Panik zu sein. Auch versuchen befürwortende Experten ihr Gesicht zu wahren. Es erschwert die objektive Abklärung des Ursachenkomplexes zum Waldsterben, wenn die Schweizerische Kommission zur Überwachung der Radioaktivität (KUER) aufgrund der erwähnten Berner Publikation erneut versichert, dass ein Zusammenhang zwischen Kernkraftwerken und Waldsterben ausgeschlossen werden könne[149]. Das staatliche Bundesamt habe lediglich eine Studie einer Privatfirma veröffentlicht, ohne diese zu bewerten (!). Diese Bewertung habe nun die KUER vorgenommen.

Dieses Beispiel zeigt einmal mehr, wie hartnäckig die Widerstände sind, neue wissenschaftliche Erkenntnisse, die gegen die gesetzlich festgelegte Option für die Kernenergie sprechen, in die Politik einfliessen zu lassen.

Allgemeine Ausblicke

Liest man die heutige wissenschaftliche Literatur zum Waldsterben, so werden alle klassischen Schadstoffe und ihre Wirkungen sowie deren Verteilung in der Umwelt diskutiert. Man sucht tolerierbare Grenzwerte für Immissionen, meist für Einzelkomponenten. Damit wird aber vorausgesetzt, dass man die Wirkungen auch wirklich voraussehen kann bzw. dass gleiche Luftbelastungen auch ähnliche Schäden verursachen. Nach diesem Prinzip (der Kausalität)* beurteilen wir auch das Verständnis für unseren Alltag[9].

Die moderne Physik hat nun mit der neuen «Chaos-Theorie»[19] die Einsicht gebracht, dass dieses Kausalitätsprinzip bzw. diese Betrachtungsweise oft nicht gültig ist. Viele Systeme sind von den Anfangsbedingungen extrem abhängig, und schon kleinste Abweichungen verursachen unsystematische, «chaotische» Folgen. *Ähnliche Ursachen haben nicht mehr ähnliche Wirkungen*[19]. Zum Beispiel können Wettervorhersagen deshalb keine zu grosse Sicherheit wiedergeben, weil die Verhältnisse in der wetterbildenden Atmosphäre ein solches chaotisches System darstellen[19]. Da nützen alle Computerberechnungen einfach nichts.

Nun deutet Dr. J. B. Bucher an der Eidg. Forstlichen Versuchsanstalt in Birmensdorf im Forstwissenschaftlichen Centralblatt (4/1984) an, dass das Phänomen des immissionsbedingten Waldsterbens durch die Chaos-Theorie plausibel werden könnte[9]. «Schon kleinste Unterschiede in den natürlichen Umweltparametern (Umweltbedingungen), zum Beispiel Witterung oder Standortverhältnisse werden bei ähnlichen Luftbelastungen entscheidende und unvorhersehbare Auswirkungen auf die Immissionseinflüsse der Pflanzen haben.»[9]

Es wird heute auch allgemein angenommen, dass natürliche Schadstoffe bis zu einer gewissen Schwelle erhöht werden dürften. Dies mag für einzelne Komponenten gelten. Aber bereits für zwei Schadstoffe muss dies nicht mehr stimmen. So wirkt NO_2 bei Begasung auf Bäume «düngend», d. h. positiv. Bei gleichzeitiger Einwirkung von SO_2 jedoch wachstumshemmend, also negativ[9].

---

* *Prinzip der Kausalität:* Kausalität = Verkettung von Wirkung und Ursache. Kennt man den Jetzt-Zustand eines Systems sowie die Einflüsse, denen es unterworfen sein wird, so lässt sich seine Zukunft vorhersagen. Ein physikalisches System, das wiederholt unter den genau gleichen Bedingungen startet, wird sich jedesmal in genau gleicher Weise verhalten, d. h. gleiche Ursachen haben gleiche Wirkungen.

Infolge dieses Chaos-Prinzips könnte laut Bucher der naturwissenschaftliche Kausalbeweis zur Immissionsursache des Waldsterbens eventuell gar nicht erbracht werden, und es bliebe allein beim epidemiologischen* Beweis[9].

Heute wird gefordert, dass die Umweltbelastung durch klassische Schadstoffe wie SO_2, NO_x und Kohlenwasserstoffe (und Schwermetalle) auf den Stand der fünfziger Jahre herabzusetzen sei. Dies muss raschestens mittels geeigneter Filteranlagen, Katalysatoren und Vorschriften in bezug auf die Eigenschaften der angewandten fossilen Brennstoffe zu erreichen versucht werden. Es geht um unsere Lebensgrundlage überhaupt.

Aber selbst das könnte nicht genügen. Nach Computerberechnungen des Institutes für angewandte Systemanalyse in Laxenburg (Österreich) *soll sich das Waldsterben selbst beschleunigen.* Mit immer mehr kranken und immer weniger Bäumen werden weniger Schadstoffe aus der Luft gefiltert, so dass sogar bei reduzierten Emissionen der Schadstoffgehalt der Luft gleich bleiben oder gar noch steigen könnte!

Das erwähnte Institut hat in seinen Berechnungen zum vornherein sehr unwissenschaftlich den Einfluss von Radioaktivität jedoch ausgeschlossen, obwohl sie katalytische Wirkungen auf die fossilen Schadstoffe haben kann (siehe Seite 153). Die mitverschmutzende Kerntechnik darf in der Waldschadensforschung nicht einfach «vergessen» werden. Die ersten Anzeichen des Waldsterbens fallen mit dem ersten Auftreten von künstlicher Radioaktivität in unserer Umwelt infolge der Atombombenversuche und der sich entwickelnden Kerntechnik in den fünfziger und sechziger Jahren zusammen – genau so, wie mit der übrigen industriellen Entwicklung. Deshalb stellt sich heute mit erster Priorität die dringende Forderung, auch den Einfluss der Radioaktivität auf unsere Umwelt restlos abzuklären.

* Epidemiologische Beweise zum Waldsterben sind zum Beispiel durch Kartierungen oder Flugaufnahmen erhaltene Waldschadensbilder.

Auch der Boden stirbt

Erst in den letzten Jahren hat man den Schutz des Bodens als vordringliche Aufgabe erkannt. Grosse Symposien werden jetzt abgehalten, Gutachten erstellt[148]. Die bisherige Bodenschutzkonzeption ist ungenügend. Dazu meint Dr. O. J. Furrer von der Eidgenössischen Forschungsanstalt für Agrikulturchemie und Umwelthygiene[31]: «Der Boden ist ein recht stabiles Ökosystem. (...) Kurzfristig treten daher eher selten Schäden durch Schadstoffe auf. Um so bedenklicher sind jedoch die Langzeitwirkungen, wenn Schadstoffe sich im Boden immer mehr anreichern und irgendwann zu akuten Schäden führen. Ein derart kontaminierter Boden kann in vielen Fällen nicht mehr saniert werden. Der Schaden ist irreparabel, der Boden ist verloren, tot. (...) Zur Festlegung von Grenzwerten für die Schadstoffbelastung des Bodens wurde bisher meist von einem tolerierbaren Gesamtgehalt des Bodens ausgegangen und dazu die Vorgabe gemacht, dass dieser Gehalt im Boden über einen langen Zeitraum (z. B. 100 Jahre) nicht erreicht wird. Meist wurde auch nicht die gesamte Schadstoffbelastung aus allen Immissionsquellen berücksichtigt, sondern Grenzwerte für bestimmte Quellen, zum Beispiel Luft, Klärschlamm, Wasser festgelegt.»

Furrer fordert sodann[31], dass der Boden nicht nur für eine bestimmte Zeit geschützt werden müsse, *sondern für immer;* auch wiesen die Böden sehr unterschiedliche Kapazitäten für die Immobilisierung von Schadstoffen auf, und es müssten alle Schadstoffquellen berücksichtigt werden, d. h. Regen, Luft, Handelsdünger, Spritzmittel, Klärschlamm, Müllkompost und Staub. Ein langfristiger Schutz sei nur möglich, wenn die Stoffkreisläufe im Gleichgewicht stünden. Es gehe nicht an, dass dauernd mehr Schadstoffe in den Kreislauf eingebracht würden als abgebaut werden oder wieder den Kreislauf verlassen könnten.

Die Situation ist also viel schlimmer, als wir heute allgemein denken. J. B. Bucher glaubt, dass die heutige Immissions- und Waldschadensituation den Schluss nahe lege, dass es überhaupt keine Schadensschwelle geben kann[9] (würde das Anstreben von Null-Emissionen bedingen = «no-threshold»-Prinzip). Die daraus sich eigentlich notwendigerweise ergebenden Konsequenzen müssten aber nicht in ein Chaos führen, vielmehr müssten wissenschaftliche Modelle zu Gesellschaftsveränderungen aufgrund einer neuen Ethik erarbeitet werden. Dabei wäre das Vorsorgeprinzip der Umweltpolitik auf das grösstmögliche Risiko auszurichten[9]. In einer solchen modernen Gesellschaft hätte natürlich Kernkraft keine Chance. Es ist ganz klar, dass man heute zum Schutz des Bodens das Ausstossen von künstlicher Radioaktivität verbieten müsste. Sie ist auch im Boden biologisch nicht abbaubar und kann sich – von komplexen Faktoren abhängend – in der Biosphäre immer mehr anreichern[3].

IV. Grundsätzliche gesellschaftspolitische Konsequenzen

Prof. Dr. F. A. Tschumi, Ordinarius für Umweltbiologie der Universität Bern, hat schon vor vielen Jahren erklärt, dass drei wichtige Pfeiler unserer Gesellschaft auf Grundlagen beruhen, die nicht mehr umweltkonform seien, nämlich unsere Individualethik, Schulbildung und Wirtschaftsordnung[125, 126].

Fragwürdige Individualethik

Der heutige Mensch anerkennt seine Verantwortung *in erster Linie* gegenüber dem menschlichen Individuum, seiner Familie und dem Staat, d. h. der zweiten Stufe in den ökologischen Stufenleitern (siehe Seite 15). Viel zu wenig aber anerkennt er diese Verantwortung gegenüber der Menschheit als Population und gegenüber den Ökosystemen oder gar der Biosphäre. Ohne Kenntnisse der Ökologie glaubte man früher, dass «das Leben» das Individuum sei.

Dank dieser Einstellung konnte sich die Menschheit so stark vermehren, dass die Ökosysteme nun zusammenzubrechen drohen. Aber ohne Ökosysteme kann auch das Individuum nicht leben. Familienplanung ist deshalb Voraussetzung für den Lebensschutz geworden, sonst nützen alle Umweltschutzmassnahmen auf weite Sicht nichts. Eine solche Familienplanung sollte dem Ethos von verantworteter Elternschaft folgen und vor allem wirksam sein, bevor neues Leben entstanden ist.

Dass wir dabei mit allen Mitteln die kranken, schwachen und vom Hunger bedrohten Menschen schützen müssen, ist selbstverständlich. Das wird ja geradezu durch die Regulierung auf überindividueller Basis erst ermöglicht!
Wir müssen dem Schutz des gesamten Lebens auf der Erde Priorität zuordnen. Sinngemäss entsteht eine übergeordnete Verantwortung auf der Ebene der Ökosysteme und letztlich sogar der Biosphäre. Dieser notwendigen «planetarischen Verantwortung», wie sie genannt wird, haben wir uns zu stellen. Diese Aufgabe wird den entscheidenden Schritt in sich schliessen, sich als Mensch zu bescheiden, den wunderbaren Kreislauf der Natur zu respektieren und sich wieder in ihn einzufügen.
Jedermann, der sich heute seinen nächsten Mitmenschen, seiner Familie, seinem Beruf und dem Staat gegenüber verantwortlich fühlt, wird diese neue Verantwortung anerkennen können (oder einmal anerkennen müssen). Leider sind die meisten Menschen trotz hoher Intelligenz und vielseitigem Wissen diesbezüglich noch zu unwissend. Auch gibt es noch keine gesellschaftliche Bindung. Weder Politik noch Wissenschaft und Technik fühlen sich dieser neuen Dimension verpflichtet.

Falsche Schulbildung

Nicht zuletzt ist unsere falsche Schulbildung an der heutigen schlechten Umweltsituation schuldig. Sie vernachlässigt die natürlichen Daseinsgrundlagen unserer Zivilisation. Die Beschäftigung mit den Umweltfaktoren macht einen zu kleinen Teil unserer Bildung aus.
Den Vergangenheitsfächern wird zuviel Beachtung geschenkt, wobei die lebensbezogene Kontinuität geschichtlicher Ereignisse genau so wenig beachtet wird wie ökologische Zusammenhänge, die für das Verstehen der heutigen Umweltsituation und für ein zukunftsgerechtes Denken unerlässlich sind. Es wird kaum Bildung vermittelt, die uns der Zukunft verpflichtet. Ökologie müsste Pflicht- und *Hauptfach* in jeder Schule werden.
Jeder angehende Bürger, welchen Beruf er auch wählt, erhält heute in der Schule Zugang zu Informationen und Fertigkeiten wie nie zuvor, aber sie befähigen ihn ungenügend, die Ursachen unserer Umweltprobleme richtig zu erfassen, zu erkennen und zu

deren Beseitigung beizutragen. Fast alles zielt noch darauf ab, dem jungen Menschen einen möglichst guten Weg in die üblichen Pfade unserer Leistungs- und Konsumgesellschaft zu ebnen. Ökonomisch-technisches Denken hat noch immer Vorrang.
Neuerdings wird heute in der Politik öfters von einem anzustrebenden Gleichgewicht zwischen Ökonomie und Ökologie gesprochen. Mit wenigen Ausnahmen sind dies kaum mehr als gutgemeinte Lippenbekenntnisse, weil die Voraussetzungen für wirklich greifende Massnahmen fehlen. Gesellschaftspolitisches Machtdenken und gesetzliche Zementierung legen zu viele Hindernisse in den Weg. Anderseits darf nicht übersehen werden, dass oft gar kein Interesse an zukunftsorientiertem Denken vorhanden ist (Beispiel: Atomenergie).
Die meisten unserer Wissenschafter werden deshalb immer noch zu willigen Helfern von Wirtschaft und Technik ausgebildet, und sie machen sich zu wenig Gedanken darüber, ob ihre Arbeit auch im Interesse des Gesamtlebens und der Zukunft verantwortet werden kann. Sie sehen ihre Verantwortung nur auf dem von ihnen bearbeiteten Teilgebiet. Sie tun es in voller legaler Übereinstimmung mit einer wertfreien Wissenschaft, die Ethik und Moral nicht berücksichtigt. Sicher gibt es Ansätze zum Umdenken, aber die haben vorläufig kaum praktische Bedeutung. Solche Wissenschafter halten ihre Froschperspektive für ein gültiges Weltbild. Das heisst nicht, dass wir keine Spezialisten brauchen. Im Gegenteil. Es müssen jedoch solche sein, deren Gesichtsfeld nicht durch Spezialkenntnisse und Abhängigkeitsverhältnisse so eingeengt ist, dass sie als Zweckwissenschafter zu interdisziplinärem Denken im Rahmen eines ökologischen Bewusstseins nicht fähig sind. Hier müsste ein neues Bildungskonzept ansetzen. In einem solchen hätte Kerntechnik keine Chance!

Falsche Wirtschaftsordnung

Der dritte morsche Pfeiler ist unsere grundsätzlich falsche Wirtschaftsordnung. Sie missachtet, wie schon erwähnt, wichtige ökologische Prinzipien: Sie verzichtet auf ein Kreislaufsystem, vernachlässigt erneuerbare Energieträger, und den Konsumenten und Produzenten fehlen für ihren Abfall die Zerleger. Auf dieser Basis kann sich nur ein kleiner Teil der Menschheit einen allerdings immer grösser werdenden Komfort erarbeiten. Die Feststellung «Die Reichen werden immer reicher und die Armen immer ärmer» lässt sich nicht als politischer Slogan abtun; sie ist eine traurige Wahrheit. Und sie lehrt uns, dass vieles, was uns einst selbstverständlich war, für *alle* Menschen langsam verloren geht – unsere Gesundheit inbegriffen. Im Reicherwerden gefährden wir global dauernd mehr diejenigen Lebensbedingungen, die Menschen nicht schaffen, sondern nur erhalten können (z. B. Wald – Waldsterben, Pflanzen- und Tierarten – Ausrottung, Boden – Erosion/vergiften, Atmosphäre – vergiften).

Das vorherrschende technisch-ökonomische Denken mit falschen Wertmassstäben hat uns in eine Welt des vergnüglichen und bequemen Verderbens geführt. Wir gaukeln uns Szenarien vor, in welchen der Mensch kaum mehr manuell zu arbeiten braucht, dafür in Fitnesszentren geht, sich mit synthetischer Nahrung ernährt und mit computergesteuerten Hilfsmitteln allen Komfort und immer grössere Mobilität geniesst. So abwegig schien dies alles bis vor kurzer Zeit gar nicht zu sein. Jedenfalls hatte Eugene Rabinowitsch, ehemaliger Chefredaktor des «Bulletin of Atomic Scientists» 1972 noch folgendes geschrieben: «Die einzigen Tiere, deren Verschwinden die biologische Lebensfähigkeit des Menschen auf der Erde bedrohen könnten, sind die Bakterien, die normalerweise in unserem Körper leben. Für die übrigen ist kein überzeugender Beweis vorhanden, dass der Mensch als einzige Tierart auf der Erde nicht überleben könnte. Wenn wirtschaftliche Verfahren entwickelt werden könnten, um Nahrung aus anorganischen Stoffen zu synthetisieren – was früher oder später möglich sein wird –, kann der Mensch sogar von Pflanzen unabhängig werden, von denen er jetzt noch wegen seiner Nahrung abhängt . . .» Von Ökologie hatte Rabinowitsch offenbar noch nie etwas gehört.

Solches extrem fehlgeleitetes, rein technisch-ökonomisches Denken – als Folge einer falschen Bildung – muss in andere Bahnen gelenkt werden. Technik und Zivilisation sind nur soweit sinnvoll, als sie sich nicht gegen die Natur richten, sondern in harmonischer Wechselbeziehung zu ihr stehen und die Grenzen der Belastbarkeit der Ökosysteme und unserer eigenen Gesundheit berücksichtigen.

Das mögliche Verschwinden von Wäldern, Tier- und Pflanzenarten kann nicht einfach in Geldwerten (als Verluste für die Volkswirtschaft) ausgedrückt werden. Auch wenn man bereits die Kosten berechnet, die eine Vernichtung der Wälder zum Beispiel für die Bergregionen bringen würde. Es geht um Milliardenbeträge. Aber das ist nicht das Kernproblem. Es sind höhere Werte, die verschwinden und nicht in Zahlen auszudrücken sind. Es geht um den Verlust von Schöpfung und der Lebensgrundlage überhaupt.

Die bisherige Nationalökonomie steht vor einem Scherbenhaufen. Ganz deutlich hat die völlig veränderte Situation Prof. Dr. C. Binswanger von der Hochschule St. Gallen schon 1972 angedeutet[5]. Nach ihm führt die Abhängigkeit zwischen ökologischen und ökonomischen Problemen zu neuen Dimensionen der Wirtschaftstheorie. Er weist auf Aristoteles hin, der schon zwei Arten von Wirtschaft unterschieden hat. Der griechische Denker stellt der *naturgemässen Erwerbskunst* die *gegen die Natur gerichtete Erwerbskunst* gegenüber. Während erstere eine auf den Bedarf an Lebensmitteln und anderen lebensnotwendigen Dingen ausgerichtete Wirtschaft sei, müsste die «gegen die Natur gerichtete» Erwerbskunst der kommerziellen Geldwirtschaft gleichgesetzt werden. Binswanger meint, der natürlichen Erwerbskunst sollte im Welthandel wieder mehr Geltung zukommen, wobei vor allem die Ökosphäre einzubeziehen wäre. Das Wort Ökonomie erhielte auf diesem höheren Niveau eine neue Dimension. Ökonomie und Ökologie würden zu einer neuen, heute erst zu ahnenden Einheit verschmelzen[5].

Auch Prof. Dr. K. W. Kapp von der Universität Basel meint, «dass die Nationalökonomie die Auswirkungen der modernen Technologie auf die Umwelt nicht antizipiert hat». Sie stehe damit «vor radikal neuen Aufgaben». Die Wirtschaftssysteme müssten als offene Systeme gesehen werden, die zur Berücksichtigung von ökologischen Fragen zwingen und damit zu interdisziplinärem Denken[5].

Die weitsichtigen Wissenschafter der Nationalökonomie haben also längst erkannt, dass ein neues, in ökologischen Zusammenhängen denkendes Bewusstsein notwendig ist, in der Erkenntnis, dass «das Leben», auch dasjenige des Menschen, nicht von der Technik abhängt, jedoch von der Funktionstüchtigkeit der natürlichen Ökosysteme.

Das alles heisst nicht, dass damit Wirtschaft und Industrie einfach zerstört werden dürfen. Im Gegenteil! Aber wir müssen die Gren-

zen von Technik und wertfreien Wissenschaften publik machen. Nur eine aufgeklärte Bevölkerung wird zu den vielfach geforderten Verzichten und zum Umdenken bereit sein. Zudem geht es nicht um blosse Verzichte, sondern um ein bewusstes Abwenden von künstlich geweckten Bedürfnissen. Niemand wird einen erhöhten Lebensstandard durch Krankheit, Siechtum und Tod einhandeln wollen!
Um so mehr ist Aufklärung und nochmals Aufklärung notwendig. Dem Bürger müssen in seiner Sprache die Ergebnisse der Wissenschaft im Zusammenhang und aus der Sicht eines ökologischen Gesamtheitsdenkens vermittelt werden. Es muss viel mehr von den wunderbaren biologischen Kreisläufen und den Wundern der Natur gesprochen werden und von der für uns unfassbaren Intelligenz, welche hinter der Schöpfung stehen muss, und die das alles hervorgebracht hat, anstatt nur von scheinbaren wirtschaftlichen Sachzwängen, von klassischer Umweltverschmutzung und Vergiftung.
Die Katastrophe von Tschernobyl Ende Mai 1986 sollte nun jedem Menschen klar gemacht haben, dass auch das Restrisiko der Kernenergie, wie klein es auch immer sei, unakzeptierbar ist. Sie hat die neuartige Verseuchung mit radioaktiven Spaltprodukten für jedermann aufgezeigt, gleichzeitig unsere Ohnmacht, sich dagegen zu schützen. In Massenmedien und Schulen muss die Unannehmbarkeit der Kernenergie jetzt offen dargelegt werden. Ein gezielter Ausstieg ist überall zu fordern.
Diskutiert werden müssen auch die Grundlagen für unsere Gesundheit, die im biologisch aktiven Boden letztlich verankert ist und mit naturnahen biologischen Methoden erhalten werden muss, zusammen mit einer der Natur und den Menschen angemessenen kleinen und mittleren energiesparenden Technik.[107, 108]
In ihrer Konsequenz werden Tschernobyl und die wahre Aufklärung der Bevölkerung wirtschaftliche und soziale Folgen haben. Diese Folgen werden von einer aufgeklärten Bevölkerung mitgetragen werden, so dass sie nicht zu fürchten sind, denn sie führen uns in eine bessere Zukunft, als die andernfalls zu erwartende katastrophale Entwicklung mit der Zerstörung unserer Lebensgrundlagen. Eine neue Verantwortung auf ökologischer Basis im Rahmen des Lebensschutzes ist dringendste Erfordernis. Dazu versucht das Buch einen Beitrag zu geben.

V. Nachtrag 1990

1. Krimineller durch künstliche Radioaktivität?

Die Forschungen von Sternglass/Bell («Dümmer durch künstliche Radioaktivität?», S. 105–109) haben den US-Psychologen Dr. J. R. Pellegrini* (Professor für Psychologie, San Jose State University) veranlasst, Nachforschungen über das kriminelle Verhalten der während den Atombombenversuchen der 50er und 60er-Jahre geborenen Jahrgänge zu machen. (Diese Jahrgänge werden hier EDII's genannt, «early-development-irradated individuals»)[67, 68]. Nun weisen in den USA die 15- bis 24jährigen die höchste Gewaltverbrechensrate auf. Deshalb vermutete Pellegrini, dass der Zuwachs an solchen Verbrechen in der Gesamtbevölkerung dann am grössten gewesen sein musste, als die in der Periode maximalen Fallouts Geborenen EDII's in dieser Gruppe der 15- bis 24jährigen am stärksten vertreten waren. Nachher würde wieder ein Rückgang eintreten müssen. Und genau das konnte Pellegrini finden.
In folgender Tabelle[67] werden die prozentualen Veränderungen der Gewaltverbrechensraten pro 100 000 Einwohner jeweils mit dem vorausgehenden Jahrzehnt verglichen (1946–1985).
Wie Fig. 1 zeigt, hatten von 1956–1965 nur diejenigen der EDII's das kritische Alter mit der höchsten Gewaltverbrechensrate von 15 bis 24 Jahren erreicht, die von den ersten atmosphärischen Atombomben beeinflusst worden waren. Diejenigen, die in den 50er Jahren exponiert wurden, hatten noch nicht das kritische Alter erreicht. Schwerer Überfall nahm im Verlauf der 45jährigen Studie in

* Dr. Robert Pellegrini received his B. A. Degree in psychology *cum laude* and Phi Beta Kappa at Clark University, and his M. A. and Ph. D. degrees in psychology from the University of Denver. He has returned to his faculty position as Professor of Psychology at San Jose State University, after having served as Associate Dean For Research and Director of Sponsored Programs there, where he is also a member of the Continuing Education faculty at Soledad State Prison. He has received a number of teaching and meritorious performance awards over his twenty years at San Jose State University, including Psi Chi Professor of the Year. Administratively, he is Director of the Criminal Justice Research Association, and President of the Western Institute For Human Development. His current research interests focus on cognitive, personality, and social factors as they affect physical health, psychological adjustment, and personal development.

jenem Jahrzehnt von 1956–1965 am wenigsten zu (23 %), während Vergewaltigung und vorsätzlicher Mord sogar noch abnahmen (je ca. 9 %).

Fig. 1

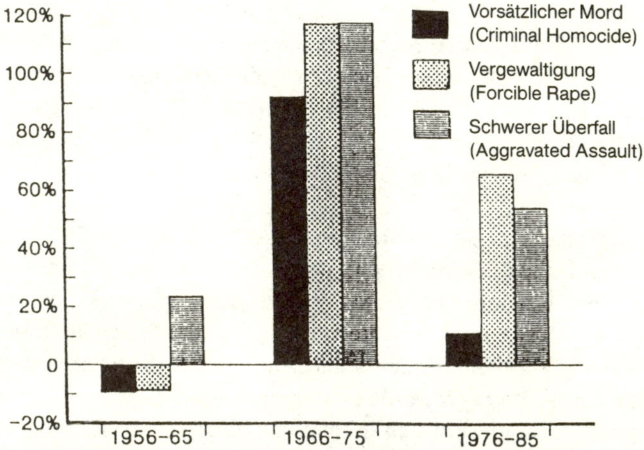

Das nächste Jahrzehnt von 1966–1975 enthält den grössten Anteil an EDII's, die das kritische Alter von 15–24 Jahren erreicht hatten, und alle drei Gewaltverbrechensarten nahmen verglichen mit dem vorausgehenden Jahrzehnt (1956–1965) hochsignifikant zu.

Von 1976–1985 sank der Anteil der 15–24jährigen EDII's wiederum, und damit nahmen auch die Gewaltverbrechen im Vergleich zum vorherigen Jahrzehnt (1966–1975) deutlich ab. Allerdings blieb eine Erhöhung gegenüber 1956–1965 zurück. Dazu meint Pellegrini, dass EDII's während ihres ganzes Lebens etwas krimineller veranlagt sein könnten und nicht nur im hochkritischen Alter von 15–24 Jahren.

Pellegrini behauptet nicht, dass Radioaktivität oder Strahlung die einzige Ursache für kriminelles Verhalten sein könnte. Vielmehr verweist er auf konventionelle Forschungen von Hollinger, Öffer und Ostrov (1987), die solche Zusammenhänge mit sozialen (epidemiological-sociologic), seelischen (psychodynamic-clinical) und krankhaften (nosological-clinical) Faktoren suchten. Mit seiner Arbeit stellt Pellegrini einen vierten – allerdings sensationellen – Faktor vor, der in zukünftigen Forschungen zu berücksichtigen sein wird[68]. Schon in Tierversuchen war nämlich gezeigt worden, dass Radioaktivität die Nachkommen dümmer und aggressiver machen kann (Schröder, Neuherberg).

Bei den Nachkommen der Atombombenopfer in Japan, deren Mütter sich zum Zeitpunkt des Bombenabwurfs im Zeitraum der 8.–15. Schwangerschaftswoche befanden, waren geistige Behinderungen (auch schlechterer Intelligenzquotient) besonders häufig[7,1.1.]. Die Dosiswirkungsbeziehungen für diese Effekte scheinen laut ICRP (Thorne) und BEIRV linear durch den Nullpunkt zu gehen, d. h. ohne dass eine Schwellendosis existiert[1.1.,75].

2. Aids durch künstliche Radioaktivität?

Es wurden schon verschiedene Ursachen für die Aidskrankheit angegeben. Als wahrscheinlichste Hypothese gilt nach wie vor, dass das Aids-Virus durch Mutation eines bei grünen Meerkatzen (Urwaldaffen) vorkommenden ähnlichen Virus in Zentralafrika entstanden sei. Von dort wurde es weiterverbreitet. Auch das Bundesamt für Gesundheitswesen in Bern hält diese Version für möglich. Für sie sprechen verschiedene Hinweise. So wurden anhand von Krankengeschichten und aufbewahrten Blutproben einer norwegischen Familie eine «HIV-Infektion» festgestellt, die auf das Jahr 1965 zurückgeht[10]. Der Vater, ein Matrose, hatte vor dieser Zeit verschiedene afrikanische Häfen besucht. Ausserdem konnten in zentralafrikanischen Blutproben schon aus den fünfziger Jahren Antikörper nachgewiesen werden. Schliesslich könnte das Virus nach Studien prominenter US-Forschungsinstitute auch schon vor 40 Jahren existiert haben[11]. Damals gab es noch keine Gentechnologien. Die Annahme, der Aids-Erreger sei möglicherweise durch Genmanipulationen im Labor entstanden und ausser Kontrolle geraten, ist deshalb unglaubwürdig.

Radioaktivitätshypothese. Bis heute hat die Aidsforschung noch kein Argument dagegen gefunden, wonach künstliche Radioaktivität massgeblich an der Entstehung und Verbreitung von Aids mitbeteiligt sein könnte. Diese Hypothese wurde 1986 von den Professoren E. J. Sternglass (Uni Pittsburgh) und J. Scheer (Uni Bremen) entwickelt[12,13]. Die beiden Forscher weisen auf die bisher unerklärlichsten Aspekte der Aidsepidemie hin: den scharfen Anstieg der

Aidsfälle 1980/82 und die anfängliche Konzentration in Zentralafrika, der Karibik und der Ostküste der USA. Diese Tatsachen könnten wie folgt erklärt werden:

Virus-Mutation durch Radioaktivität. Während den atmosphärischen Atombombenversuchen der 50er und frühen 60er-Jahre ist es durch die von Strontium-90 verursachte Beta-Bestrahlung von menschlichen oder tierischen Knochenmarkzellen zur Mutation eines schon bestehenden HIV-ähnlichen, nicht gefährlichen Virus in eine tödliche Form gekommen (das jetzige «HIV-Virus»). Das Virus könnte aber auch älter sein.

Immunschwäche durch Radioaktivität. Stokke und Mitarbeiter entdeckten im Tierversuch, dass schon kleinste Dosen von Strontium-90 von nur 10–100 mrem eine signifikante Verminderung von Knochenmarkzellen bewirken[15]. Mit weniger Knochenmarkzellen produziert das Knochenmark auch weniger für die Immunabwehr wichtige Blutzellen. Diese Schädigung kann mit dem Petkau-Effekt erklärt werden.
Während den oben erwähnten Bombenversuchen ist eine grosse Anzahl von Individuen (Jahrgängen) geboren worden, deren Immunsystem vor oder kurz nach der Geburt – als es sich noch entwikkelte – zufolge der Bestrahlung der Stammzellen des Knochenmarks mit Strontium-90 geschwächt worden ist.
Im weiteren wurde in Laborstudien an Mäusen gezeigt, dass Strontium-90 gewisse für die Immunabwehr wichtige Blutzellen, die im Knochenmark gebildet werden (sogenannte Killer-Zellen NK), unwirksam macht[16]. Wir verstehen heute immer besser, wie diese Killer-Zellen im Dienst unseres Abwehrsystems ihre Ziele vernichten. Sternglass und Scheer nehmen an, die durch Strontium-90 im Mutterleib erworbene Immunschwäche sei der eigentlich unerwartete, aber gefährlichste Langzeiteffekt des Fallouts (siehe auch Dr. med. R. Jensen, «Umweltschaden Aids»)[63].

Aids-Epidemie. 1980/82, etwa 18 Jahre nach dem Höhepunkt der Atombombentests, erfolgte ein starker Anstieg der Aidsfälle. Die das latente mutierte Virus tragenden Jugendlichen waren geschlechtsreif geworden. Damit war diese Jugend, die durch den

Fallout der Bombentests mit einem beeinträchtigten Immunsystem geboren worden war, den sexuell übertragbaren Krankheiten voll ausgesetzt. Dadurch würde die Vermehrung ihrer für die Immunabwehr wichtigen T-Helferzellen des Blutes ausgelöst und damit das Auftreten des latenten «HIV-Virus».
Es benutzt nämlich ausgerechnet die für die Immunabwehr wichtigen T-Helferzellen zu seiner Vermehrung, welche dadurch absterben. So konnte das Aids-Virus bei günstigen Bedingungen verbreitet werden, wie z. B. häufige Sexualkontakte oder direkt durch das Blut[14]. Solche Bedingungen herrschen gerade in den ärmsten Gebieten der Welt vor, wie etwa in Zentralafrika.

Hohe Radioaktive Regenmengen. 90 % des Fallouts (und damit auch Strontium-90) kommen mit Niederschlägen zur Erde. Deshalb begann die Aids-Epidemie in Gegenden mit hohen Regenmengen, wie in Zentralafrika und der Karibik nahe der geographischen Breite der Pazifik-Atombombentest-Orte, und auch in den regenreichen Gebieten der West- und Ostküste der USA trat die Krankheit am stärksten auf. Viel weniger Aids gab es in den trockeneren Regionen von Nord- und Südafrika oder im Landesinnern der USA.

Strontiumreiche Ernährung. Obwohl mit hohen Regenmengen belastet zeigte Südostasien weniger Aidsfälle. Reis und Fisch führen dem Menschen weniger Strontium-90 zu als Milch, Brot, Fleisch, Kartoffeln und Gemüse, die in den USA, der Karibik und Afrika die Hauptnahrung bilden. Und laut einem Bericht der UNO-Kommission UNSCEAR von 1962 wurden 1957 bei 22 untersuchten Ländern gerade im tropischen Zentralafrika die höchsten Strontium-90-Werte in Knochen gefunden.

Weitere Hinweise. Die deutsche Zeitschrift «Wochenend» entsandte im März/April 1988 ein Reportage-Team mit einem Tropenarzt nach Zentralafrika (Zaire)[17]. Zügellose Sexualpraktiken, Riten mit Affenblut, reichlich Affenfleisch (grüne Meerkatzen) auf den Märkten und kaum Aufklärung sind laut den Reportagen weit verbreitet. Jeder dritte soll Virus-Träger sein. Die These vom Ursprungsland in diesen Gebieten wird gestützt. Offizielle Berichte sollen laut dem Reportageteam die wahren Zustände verheimlichen oder verfälschen.

Prof. E. J. Sternglass weist auch darauf hin[3], dass der bekannte russische Nobelpreisträger Prof. A. D. Sacharow bereits 1958 in der russischen Fachliteratur befürchtete, dass durch den Fallout Viren in gefährlichere Formen mutieren könnten[18]. Sacharow erkannte auch schon die entscheidende Rolle der freien Radikale für Gesundheitsschäden und für die Schwächung des menschlichen Immunsystems als Folge des Fallouts![18].

3. Dosisrevisionen ja! – aber völlig ungenügend

Nach etwa 10jährigem Widerstand muss sich auch die ICRP zu den seit 1981 zur Diskussion stehenden Dosisrevisionen der japanischen Atombombenopfer äussern (Seiten 124/125). Unter diesen Menschen treten selbst 40 Jahre nach der Bestrahlung überhöhte

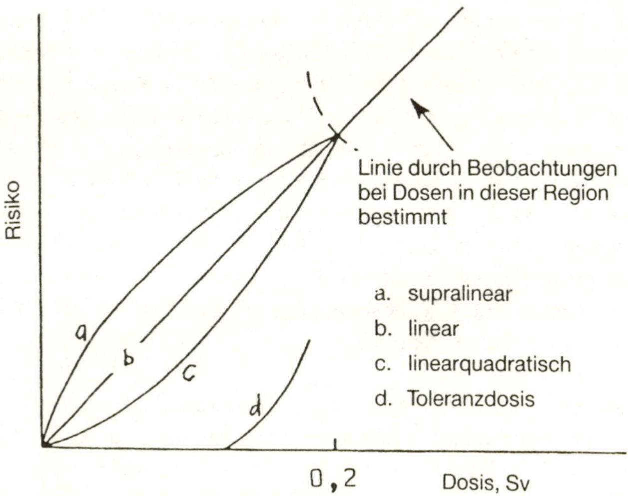

Fig. 2: verschiedene Dosis-Wirkungen

Raten an Krebstodesfällen auf. Und die Linearität der Dosiswirkung ist jetzt bis auf 0,2 Sv (20 rem) nachgewiesen. Heute wird diskutiert, welche der Kurven a, b oder c im Bereich unter 0,2 Sv nun Gültigkeit habe (siehe Fig. 2) (auch S. 67–69, 120).

Die Dosisuntersuchungen lassen die Strahlung 6–10mal gefährlicher erscheinen, als bisher von der ICRP angenommen[62]. Seit 1977 rechnet diese mit einem Risiko von lediglich *100–125 Krebstoten* bei einmaliger Bestrahlung von 1 Million Personen mit 10 mSv (1 rem) (S. 71).

Im Herbst 1987 ermittelte die RERF (Radiation Effects Research Foundation), welche die aktuellen Hiroshima/Nagasaki-Krebsstatistiken auswertet, für das lineare Modell ein neues Risiko von *1300* Krebstoten[33]. Prof. Gofman fand bei seiner Auswertung gar ein Risiko von *3800* Krebstoten[33]. Und Prof. Radford (früherer Präsident des BEIR-Komitees) erklärte das Strahlenkrebsrisiko als mindestens 10fach grösser, als bisher von der ICRP angenommen wurde, was *1000* Krebstoten entspräche. Trotz allem verschob die ICRP an ihrem Kongress von 1987 in Como einen Entscheid auf Ende 1990! Damit war die britische Strahlenschutzbehörde (NRPB) nicht einverstanden und empfahl den Grenzwert für Strahlenarbeiter sofort von 50 mSv (5 rem) auf 15 mSv (1,5 rem) zu senken. Es ist sensationell, wenn erstmals eine nationale Behörde der ICRP bei diesem Grenzwert nicht sklavisch folgt! Selbst K. Z. Morgan, der ehemalige langjährige Präsident der ICRP, ging schon 1986 mit der ICRP hart ins Gericht[34]. Er beklagte, *«dass die ICRP Aktionen zur Verhinderung von zu grossen Strahlengefahren verzögert, die Strahlengefahren unterschätzt und Grenzwerte empfohlen habe, die viel zu hoch seien. Sie stehe wiederum an einem Scheideweg: der klar von einer linearen Dosiswirkungskurve zu einer supralinearen (überlinearen), nach oben gewölbten Kurve mit viel höherem Risiko zeige»* (Seite 67). Bekanntlich folgt auch der Petkau-Effekt einer solchen Kurve (Seite 120).

Überlineare Effekte. Doch all die vorher erwähnten Dosisreduktionen bzw. Berechnungen sind von vornherein ungenügend. Darauf macht jetzt das Otto Hug Strahleninstitut in Bonn (BRD) in einem Bericht von 1989 aufmerksam[33]. Fünf anerkannte Professoren* deutscher Universitäten zeichnen dabei als Herausgeber. Sie stellen

---

* *Prof. Dr. I. Schmitz-Feuerhake*, Medizinische Physik, Universität Bremen. *Prof. Dr. W. Köhnlein*, Strahlenbiologisches Institut, Universität Münster. *Prof. Dr. H. Kuni*, Nuklearmedizin, Universität Marburg. *Prof. Dr. E. Lengfelder*, Strahlenbiologisches Institut, Universität München. *Prof. Dr. R. Scholz*, Physiologische und physikalische Chemie, Zellbiologie, Universität München.

fest, dass die Beobachtungen erhöhter Anzahl Krebs- und Leukämiefälle nach Atombombenversuchen in Falloutgebieten wie in *South Utah* und im Umkreis von kerntechnischen Anlagen wie *Hanford, Rocky Flats* und *Sellafield* sich nicht mit den Hiroshima-Risikokoeffizienten erklären lassen[33]. Dadurch werden auch die vielen Statistiken unabhängiger Forscher, von denen dieses Buch berichtet, gestützt (Seiten 84–109, 125/256). Und im Februar 1990 veröffentlichte der Medizinische Forschungsrat im British Medical Journal einen Bericht, wonach in der Umgebung der Wiederaufbereitungsanlage Sellafield (früher Windscale) ein signifikant höheres Auftreten von Leukämie bei Kindern festgestellt worden ist. Im nächstgelegenen Dorf Seascale sind die Fälle gar zehnmal häufiger als im nationalen Durchschnitt[86].
Selbst das amerikanische Energie Department (DOE) hat jetzt seine bisherige Haltung geändert und zugestimmt, dass unabhängige qualifizierte Wissenschafter Zugang zu den Daten von 600 000 Menschen erhalten, welche seit den frühen vierziger Jahren in der Atomwaffenproduktion arbeiteten. Dies forderte Robert Alvarez schon 1984, weil die japanische Studie die gewünschten Daten für niedrige Strahlung nicht beibringen konnte (S. 126).
Der oben erwähnte aus dem Otto Hug Strahleninstitut stammende Bericht stellt zudem in Zweifel, dass eine rein äussere Strahlenbelastung (Japaner) überhaupt mit der Belastung durch inkorporierte Radionuklide verglichen werden könne. *Ein solcher Vergleich auf Basis der Äquivalenzdosis (Seiten 127–131), wie er im offiziellen Strahlenschutz gemacht werde, vereinfache die Komplexität der biologischen Vorgänge in unzulässiger Weise*[33]. In ähnlicher Weise macht jetzt auch BEIR V auf diese Problematik aufmerksam (S. 229). «Die Lüge von rem» (Seite 34) wird damit bestätigt. Das Otto Hug Strahleninstitut macht auch auf die aus verschiedensten Gründen unterschiedliche, individuelle Strahlenempfindlichkeit in der Bevölkerung aufmerksam, was alles im Strahlenschutz überhaupt nicht berücksichtigt wird (z. B. Alter, Geschlecht, Krankheiten, Rasse, genetische Disposition)[33].

Erbschäden massiv unterschätzt. Nach Dr. P. Weish der Österreichischen Akademie der Wissenschaften wird Tschernobyl in kontinentalem Ausmass unabsehbare Erbschäden verursachen[5].

Neuestens wurde im Labor bei der Mutationsauslösung an Säugetierzellen nachgewiesen (Crompton 1985) (Kiefer 1986)[7], dass ein umgekehrter Dosisrateneffekt sogar am Zellkern auftritt, sofern die Dosisleistung bzw. Dosisrate genügend tief angesetzt wurde. Dies bedeutet, dass eine kleine Dosis mehr Mutationen erzeugen kann als eine höhere (umgekehrter Dosisrateneffekt). (Siehe Fig. 3.)
Diese Ergebnisse sprechen für ein weit höheres Risiko auch bei Erbschäden, als dies bei der heute üblichen linearen Extrapolation aus Erfahrungen bei hohen Dosen und hohen Dosisleistungen zu erwarten wäre[7].

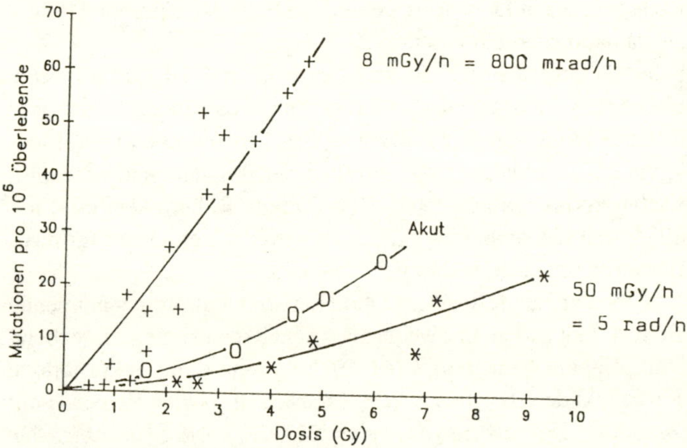

Fig. 3 Abhängigkeit der Mutationsauslösung von der Dosisleistung bei Säugetierzellen (V79). Gegenüber der Dosis-Wirkungs-Kurve bei akuter (kurzzeitiger) Gammabestrahlung verläuft die Kurve bei Reduzierung der Dosisleistung auf 50 mGy/h (bei gleicher Gesamtdosis) flacher. Wird aber die Dosisleistung weiter reduziert, so ist ein starker Anstieg der Dosis-Wirkungs-Kurve zu beobachten. Quelle: *Crompton et al. 1985* (7)

Aufsehenerregend ist auch eine Veröffentlichung der Amerikanischen Akademie der Wissenschaften von 1986, die darauf hinweist, dass die menschliche Mutationsrate bei kleinen Dosen etwa *200mal grösser* sei, als man aus den Erfahrungen bei hohen Dosen ableitet[38]. Neuartige Nachweismethoden für Mutationen stehen heute zur Verfügung.

4. Neues zum Petkau-Effekt

Die Tatsache des Petkau-Effekts wird immer mehr anerkannt. Neue Forschungen – auf die Prof. Sternglass aufmerksam machte – zeigen, dass *Sauerstoffradikale* eine wichtige Rolle bei der *Zellschädigung* spielen und Ursache für viele Krankheiten sein können[35,36]. *Dabei werden sowohl die Zellmembranen als auch der Zellkern betroffen.* Natürlich werden Radikale nicht nur durch Strahlung erzeugt, sondern auch durch biochemische Reaktionen. Im Vordergrund stehen aber die Kettenreaktionen an den Membranen, wobei die Effizienz der Peroxidation der Phospholipide der Membranen mit abnehmender Dosisrate zunimmt (Petkau-Effekt)[7,33]. So ist nach heutiger Kenntnis der Vorgang des Alterns mit dieser Lipidperoxidation verknüpft[7]. Lengfelder verweist auch ausdrücklich auf den Petkau-Effekt[7].

Der Autor dieses Buches hat 1988 im Rahmen eines Symposiums an der Universität Münster (BRD) über die «Realität des Petkau-Effekts» ein Referat gehalten[36]. In der Diskussion konnten atombefürwortende Fachexperten kein einziges seiner Argumente widerlegen. Die Behauptung, Petkau habe nur mit künstlichen Membranen gearbeitet, ist reine Atompropaganda. Eine ganze Anzahl seiner Arbeiten beweist das Gegenteil[39–50]. Er hat auch Hinweise für den Effekt in lebenden Mikroorganismen und an Mäusen gefunden und verweist auf den Nachweis des umgekehrten Dosisraten-Effekts in menschlichen Lymphozyten (weissen Blutzellen) durch Kenning (1984) und Müller/Raleigh (1982) in einer Veröffentlichung des Jahres 1986[46]. Er selber spricht von der Realität des umgekehrten Dosisrateneffekts und glaubt auch an einen Zusammenhang zwischen Zellmembranschäden und Krebsentstehung[42]. Tschernobyl war und ist ein trauriges aber einzigartiges Massenexperiment, denn die schweren biologischen Folgen – die unabhängige epidemiologische Forschungen in USA und der BRD nahelegen – lassen sich nur mit dem Petkau-Effekt erklären (Nachtrag S. 217–224, 230).

Nach BEIR V (Nachtrag S. 229) erfolgen im niedrigen Dosisbereich und bei lockerer ionisierender Strahlung (Röntgen-, Gamma- und Beta-Strahlen) Zweidrittel aller biologischen Schäden am Zellkern durch die Wirkung freier Radikale! Auch Dr. Gould verweist zudem in seinem Buch immer wieder auf den Petkau-Effekt (Nachtrag S. 230).

Dr. Abram Petkau. M. Sc., M. D., verliess 1989 seine Stelle als Leiter des Bereichs medizinische Biophysik der Canada Atomic Energy Limited in Pinawa (Manitoba) in Kanada. Er ist nun Associate Professor an der radiologischen Abteilung der Universität Manitoba (Kanada) und hat jetzt dem Autor zu diesem Buch gratuliert[37].

5. Waldsterben und Kernenergie – Die Zusammenhänge werden immer einsichtiger

Infolge der auf Seite 191 erwähnten amtlichen Literaturstudie und der Forschungen Prof. D. Reichelts (S. 171–186) veranlasste die Schweizer Regierung eine Untersuchung, um die Waldschäden in der Umgebung der Kernanlagen von Beznau/Würenlingen durch flächendeckende Infrarot-Flugaufnahmen abklären zu lassen. Der dazu im Juni 1988 veröffentlichte Bericht der Eidgenössischen Anstalt für das forstliche Versuchswesen EAFV schliesst eine Einwirkung der Kernanlagen auf Bäume «mit hoher Wahrscheinlichkeit» aus. Doch gleichzeitig wird festgestellt, dass «ein wissenschaftlicher Beweis dafür noch ausstehe, weil die radiologische Beweiskette nicht geschlossen sei»[51].

Reichelt reagierte sogleich, denn er und auch der WWF-Schweiz hatten bei diesen Anlagen erhöhte Waldschäden festgestellt[52,9]. Schon im August 1988 verfasste er eine kritische Studie zu diesem EAFV-Bericht und konnte den *Schwerpunkt der Waldschäden gerade im Nahbereich der Kernanlagen nachweisen*[32,54]. Reichelt ging davon aus, dass die 1985 gemachten Flugaufnahmen im Prüfgebiet und die Schadenauswertung der von oben fotografierten Baumkronen korrekt gemacht wurden. Er weist der Studie jedoch methodische Mängel, ungenügende Interpretation wichtiger Fakten und insbesondere eine ungenügende Auswertung des Zahlen- und Kartenmaterials nach.

So wurde die wichtigste Karte – die «relative Schadensindexkarte» ganz ungenügend ausgewertet, was zu falschen Schlussfolgerungen führen musste. Er machte es besser, überzog die Karte mit einem Gitternetz und errechnete für jedes der davon mit Wald bedeckten, also auswertbaren 963 kleinen Quadrate einen «*mittleren* relativen Schadensindex» (siehe Fig. 4).

Schon rein optisch betrachtet zeigt sich der Hauptschwerpunkt der Schäden nahe der Kernanlagen (dunkle Quadrate), die mit Beznau

Fig. 4

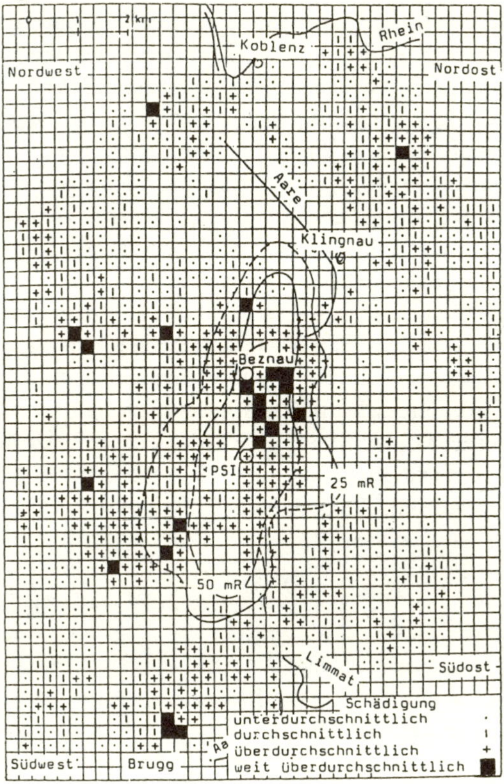

Mittlerer relativer Waldschaden-Index, untere Aare. Immissionsbereich bis 25 mR Argon-41 akkumulierte Dosis.

Anteil der Quadrate in Prozenten:

Fig. 5

Schadensindex	2,5-km-Zone	25 mR Argon-41-Zone (Immissionsgebiet)	Ausserhalb des Immissions-gebietes
Unterdurchschnittlich	25,1	18,4	47,8
Durchschnittlich	20,5	11,2	25,3
Überdurchschnittlich	54,4	70,4	26,9
Total	100,0	100,0	100,0
Davon weit überdurchschnittlich	5,2	7,9	1,2
Zahl der Quadrate	239	154	809

und PSI (Paul Scherrer Institut) bezeichnet sind. Durch Auszählen der Quadrate lassen sich die Schäden in beliebigen Waldflächen quantitativ vergleichen. Die Fig. 5 zeigt, dass im Immissionsbereich selber (25-mR-Ar-Zone mit 154 Quadraten) über 70 % der Quadrate überdurchschnittlich, rund 11 % durchschnittlich und 18% unterdurchschnittlich geschädigt sind. Auch im Umkreis einer 2,5-km-Zone zeigen sich eindeutig stärkere Schäden. Innerhalb der Zone liegen mehr als die Hälfte der überdurchschnittlichen Schäden auf nur 25 % der gesamten Untersuchungsfläche.
Die Verteilung der Schäden zeigt auch eine auffällige Bindung an die *Windverhältnisse.* In den Sektoren vorherrschender Windrichtungen (auf Fig. 4 mit Südwest und Nordost bezeichnet) sind die Wälder vermehrt überdurchschnittlich geschädigt. Mit seiner korrekten Auswertung der Regierungsstudie verstärkt sich laut Reichelt der Verdacht, die Kernanlagen könnten am Waldsterben erheblich mitwirken. Er verlangt eine Überprüfung der EAFV-Studie durch eine unabhängige internationale Instanz, z. B. der Europäischen Akademie für Umweltfragen in Tübingen (BRD).
Die EAFV-Studie konnte die drei Hypothesen nicht widerlegen, welche die Schadwirkung der Radioaktivität am Wald oder den Wäldern erklären könnten: *1.* Schädigung der Erbmasse in den Zellkernen. *2.* Verstärkung der Wirkung fossiler Schadstoffe durch Radioaktivität (Strahlensmog)[52, 31] (S. 153, 184). *3.* Der Petkau-Effekt, der vor allem Zellmembranen schädigt (S. 186–190). Leider musste Kollert (1988) in einer Veröffentlichung der Universität Bremen feststellen, dass sowohl auf deutscher als auch auf EG-Ebene Forschungsanträge der Luftstrahlenchemie (Strahlensmog) abgeblockt werden[31, 53]. Offensichtlich will man das Waldsterben im Zusammenhang mit Radioaktivität weiterhin nicht erforschen.
Nachdem sich die Lage seit 1982 nicht so dramatisch entwickelt hat, wie man prophezeit hatte, gehen Forstwissenschafter heute so weit, zu behaupten, es gäbe gar kein Waldsterben. Dem widersprechen jedoch besorgte Förster. Ohne Waldsterben braucht es natürlich in bezug auf Waldschäden keine unbequemen Forschungen auf den Gebieten des Strahlensmog und der elektromagnetischen Wellen.

6. Entlarven Insekten die Atomwirtschaft?

Die freischaffende in Zürich lebende Tierzeichnerin Cornelia Hesse

stellte nach der Katastrophe von Tschernobyl vermehrt das Auftreten verkrüppelter Insekten fest. Sie fand sie auch in der Nähe von Atomanlagen (Gösgen, Beznau, Eidgenössisches Institut für Reaktorforschung EIR, Leibstadt, Sellafield und Creys-Malville). Als wissenschaftliche Zeichnerin malt sie bevorzugt einheimische Blattwanzen. Ihre Ausbildung gestattet ihr genaueste und detaillierteste Reproduktionen. Sie publizierte die erwähnten Beobachtungen 1988 und 1989 in zwei grossen Tageszeitungen und neuestens auch in einem Buch[55, 56].
Cornelia Hesse sagt über sich selbst u. a.: «Die Auseinandersetzungen mit natürlichem Wandel sensibilisierten mich für ökologische Zusammenhänge. Ich bemerkte, dass Blattwanzen wichtige Umweltindikatoren sind.» Seither fordert die Autorin eine wissenschaftliche Untersuchung, ob künstliche Radioaktivität Ursache für ihre beobachteten Schädigungen an Rumpf, Beinen, Flügeln usw. der Insekten sein könnte.
Auch Prof. Willi Sauter, Entomologisches (insektenkundliches) Institut der ETH Zürich – den die Zeitungen um seine Meinung befragten – befürwortete eine Untersuchung: «Die Vermutung, dass es sich um Strahlenschäden handeln könnte, ist nach der Lage der Fundorte naheliegend, bleibt aber experimentell zu überprüfen, können doch Chemikalien (z. B. Herbizide) ähnliche Schädigungen hervorbringen. Immerhin steht heute die Frage nach der Wirkung geringer Dosen vermehrt zur Diskussion (Petkau-Effekt).»[55]
Noch im Sommer 1989 veranlasste der Schulrat der ETH Forschungen bezüglich einer radioaktiven Schädigung der Insekten. Seit Seit Anfang 1990 arbeitet denn auch ein ETH-Zoologe in seiner Dissertation an diesem Thema (Dauer 3 Jahre). Es ist fast sensationell, dass sich damit wohl erstmals kritische, besorgte Wissenschafter durchsetzen konnten, angesichts der Macht einer nicht lernfähig sein wollenden politischen Lobby, die ihre Argumente nach wie vor aus der Mottenkiste nimmt. So wird ja noch stets behauptet, die Dosen in AKW-Umgebung seien viel zu klein und lägen weit innerhalb der natürlichen Strahlung. Aber die Natur richtet sich nicht nach solchen Modellrechnungen, zu viele haben sich schon als falsch erwiesen.

7. Das ungelöste Problem der heissen Teilchen

Die von Tschernobyl herangetriebenen Luftmassen enthielten massenhaft mikroskopisch feine Staubteilchen mit hoher spezifischer Radioaktivität (sog. «hot particles» oder «heisse Teilchen»). Die Gesamtaktivität der einzelnen Partikel schwankte zwischen 10–10000 Bequerel. Der Durchmesser lag bei etwa 0,01–1 Tausendstel Millimeter[7]. Man schätzt, dass 5–30 % der Radionuklide in Form von kleinsten Teilchen verfrachtet worden sind[7]. Infolge extremer Hitze-Entwicklung im Bereich der Brennelemente und durch Explosionen kam es zum Schmelzen und Herausschleudern von Reaktorbrennstoff und von Spaltprodukten. Teile davon wurden in grosse Höhen getragen und über die Welt verteilt[7].

Heisse Teilchen kannte man schon von den Atombombenexplosionen her. Dort waren es *Alpha*-Strahler (meist Plutonium) während Tschernobyl die Welt mit *Beta*-Strahlern verseuchte (Ruthenium, Zirkonium, Niob, Cer und andere), die im Körper eingebaut, eine ganz andere Energieverteilung bewirken.

- *Ein alphastrahlendes Teilchen* wirkt im Körper nur innerhalb kleiner Distanz (0,05 mm) und führt dort in kurzer Zeit zum Zelltod. Seine gesamte Energie wird deshalb punktförmig im Gewebe aufgenommen. So entsteht durch Einatmung der Teilchen ein «Loch» in der Lunge. Dieses Loch bzw. die dort entstandenen toten Zellen können keine Krebszellen mehr produzieren und sollen deshalb «gutartig» bleiben[1,3]. Diese Verharmlosung alphastrahlender Teilchen ist aber sehr umstritten[8].
- *Bei der Betastrahlung der Teilchen von Tschernobyl* sieht die Dosisverteilung ganz anders aus. Sie dringt über das erwähnte «Loch» auch in noch lebende Zellen ein, wo nichttödliche Dosen abgegeben werden (sog. Grauzone), und dort können Krebszellen entstehen[7,8]. Beta-Teilchen dürften deshalb noch viel gefährlicher sein als Alpha-Teilchen. *Im übrigen wollen wir keine durch die Kernenergie in unseren Lungen produzierten Löcher!* Denn auch die Natur kennt sie nicht, es gibt keine natürlichen heissen Teilchen.

Schon früh glaubte das Eidgenössische Institut für Reaktorforschung EIR (Burkart 1987), die biologischen Folgen dieser Beta-Strahler abschätzen zu können. (Das EIR wurde umgetauft und heisst heute harmloser klingend Paul Scherrer Institut PSI). Die

Strahlenschutzkommission der Bundesrepublik Deutschland (SSK 1987) stellte darauf prompt fest, dass «diese heissen Teilchen keine wichtige Komponente der durch den Unfall zu erwartenden Dosisbeiträge darstellen»[7]. Dem entgegnet Prof. Lengfelder (Strahlenbiologisches Institut der Universität München): *dass dabei in nicht zulässiger Weise die für Alphastrahler gefundenen Zusammenhänge übertragen werden*[7]. Ausserdem wird u. a. die punktförmig wirkende Dosis bei einem eingeatmeten Teilchen in der Lunge fälschlich auf die ganze Lunge verteilt berechnet! Man darf ja auch nicht die Energie eines tödlichen Schlages auf den Hinterkopf auf den ganzen Körper verteilen. Dadurch würden die Folgen des Schlages auch verharmlost!

Der Schweizer Physiker Dr. A. Masson hat nach Tschernobyl heisse Teilchen im Strassenstaub, auf Pflanzen und dem Erdboden und an Briefkästen usw. nachweisen können[4]. Die Universität Konstanz fand sie im Haushaltmüll[1,4]. Beim Aufwirbeln solchen Staubes aus zufälligsten Gründen (z. B. Wind, Gartenarbeiten, auf Kinderspielplätzen, beim Staubsaugen) mussten völlig unkontrollierbare Mengen heisser Teilchen zusätzlich zur gewöhnlichen Verschmutzung der Luft (die man aus Luftfilter-Ablagerungen berechnet) eingeatmet worden sein, *und sie werden noch eingeatmet*!

Lengfelder[7] weist darauf hin, dass das Risiko der Einatmung heisser Teilchen insbesondere auch für die in der Landwirtschaft Tätigen (u. a. Heuen!) über viele Monate gegeben war und z. B. im Bauhandwerk noch für lange Zeit weiterbestehen bleibt. Dachstaubproben zeigten noch 1988 oft eine Aktivität von weit über 100 000 Bequerel, und immer konnten dort heisse Teilchen nachgewiesen werden[7]. Das Problem ist überhaupt nicht gelöst, bestimmt noch akut und wird weitgehend verschwiegen oder verharmlost. Bei den Dosisberechnungen für die Folgen von Tschernobyl fallen heisse Teilchen einfach unter den Tisch. Eine umfassende Erforschung der biologischen Folgen heisser Teilchen ist dringend zu fordern. Solche Studien dürfen keinesfalls an Instituten erfolgen, die mit der Kerntechnik verfilzt sind!

8. Todbringender Sommer 1986 in den USA

Die radioaktive Wolke, die anfangs Mai 1986 in USA aus Tschernobyl eintraf, behandelte die riesige Zahl von 230 Millionen Amerikanern wie Meerschweinchen im Labor – ein Experiment, das man im Labor nie nachvollziehen könnte, wegen der unmöglich grossen Zahl an notwendigen Versuchstieren! Zugleich haben die USA so ausführliche Lebens- und Umweltstatistiken, wie kein anderes Land der Welt. So gesehen war Tschernobyl ein sehr tragischer «Glücksfall».

Dr. Jay Gould vom Institute of Policy Studies in Washington D.C., ein renommierter Statistiker und ehemaliger Berater der Regierung Carter, fand zusammen mit Prof. E. J. Sternglass in den ersten vier Monaten (Mai–August 1986) nach Eintreffen der radioaktiven Wolke in USA eine *erhöhte Gesamtsterblichkeit* der Bevölkerung, eine *erhöhte Kindersterblichkeit* (Kinder im ersten Lebensjahr) und eine *geringere Geburtenrate*[57, 58, 59, 79].

Da alle drei Veränderungen unabhängig voneinander als Massstab für eine tödlich wirkende Kraft angesehen werden müssen und alle drei mit der Zunahme der Jod-131-Konzentration in der Milch korrelieren, liegt die Wahrscheinlichkeit eines Zufalls laut den Studien weit unter 1:1000. Die Forscher verglichen die Zahlen der offiziellen Lebensstatistiken (US-Vital-Statistics) mit der Radioaktivität (Jod-131) in der Milch (EPA-Daten).

In *Fig. 6* sind die prozentualen Veränderungen der Anzahl Toter der Sommermonate Mai bis August 1986 und der gleichen Monate

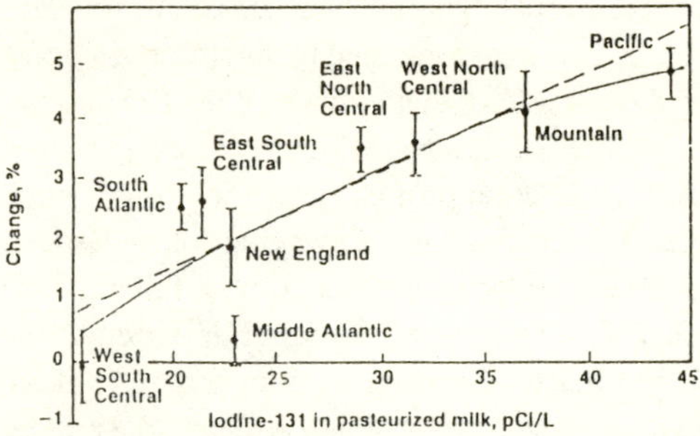

Fig. 6 Regionale prozentuale Veränderung der Gesamtsterblichkeiten, Mai–August 1986 gegenüber Mai–August 1985 (Quelle: EPA und NCHS).

des Vorjahres 1985 den Jod-131-Konzentrationen der Milch in den neun verschiedenen Regionen der USA gegenübergestellt[23, 79].

Die statistische Analyse zeigt, dass eine überlineare, logarithmische Kurve (ausgezogene Linie in Fig. 6) extrem gut passt (hoher Korre-

lationskoeffizient), sodass die Möglichkeit eines Zufalls unter 1:1000 liegt.
Eine solche logarithmische Wirkungskurve ist auch für den sogenannten Petkau-Effekt charakteristisch (S. 120). Dass in Europa mit den 100–1000mal höheren Konzentrationen in der Milch nicht «alle tot» sind, liegt daran, dass die überlineare Wirkungskurve im niedrigen Dosisbereich stark ansteigt, dann aber abflacht (siehe Fig. 6 und 7). Trotzdem müssen die Effekte in Europa grösser gewesen sein.

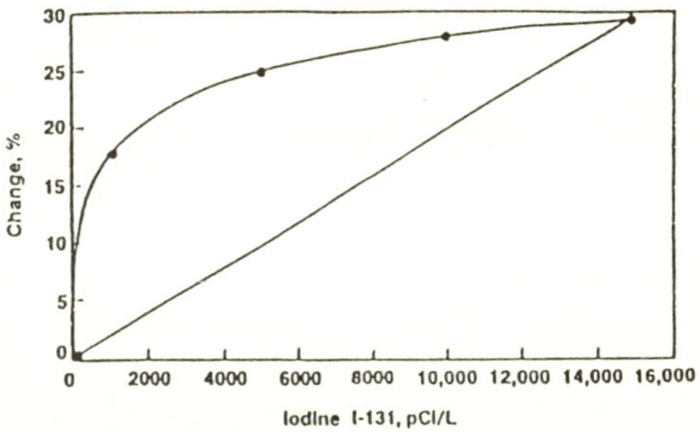

Fig. 7 Dosiswirkungskurve: prozentuale Zunahme der Gesamtsterblichkeit in Abhängigkeit der Jod-131-Konzentrationen in Milch

Fig. 7[23, 79] zeigt die Verlängerung der logarithmischen Wirkungskurve von Fig. 6 zu den hohen in Europa gemessenen Jod-131-Konzentrationen. Die gerade Linie würde der bisher fälschlicherweise angenommenen linearen Wirkungskurve von hohen nach kleinen Dosen entsprechen. *Diese Tschernobyl-Daten liefern zum erstenmal den Beweis, dass für eine menschliche Bevölkerung (bei sehr klei-*

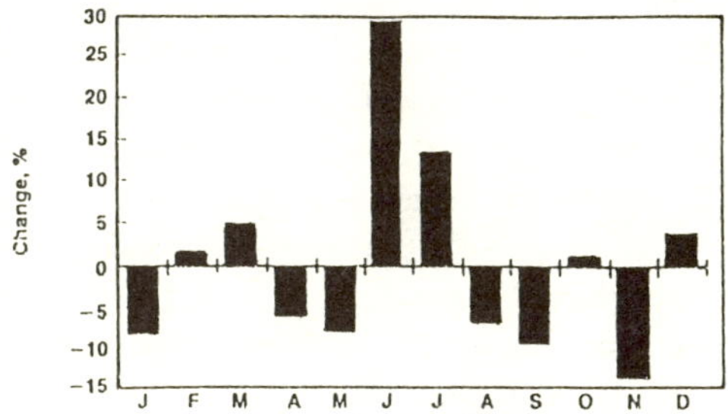

Fig. 8 Monatlicher Vergleich der Kindersterblichkeiten 1986 gegenüber 1985 in den South Atlantic Staaten

nen Dosisleistungen durch Fallout), die Wirkungskurve überlinear, d. h. logarithmisch ist und nicht linear[23, 79].

Fig. 8 zeigt starke Erhöhungen der Kindersterblichkeit für die Region der South-Atlantic-Staaten während den Monaten Juni und Juli 1986 gegenüber den entsprechenden Monaten von 1985. Auch wurden signifikante Rückgänge der Geburtenzahlen in diesen und anderen Regionen festgestellt[23, 79].

Verringerte Immunabwehr durch Fallout. Opfer der vorgängig beschriebenen Beeinträchtigungen sind vorrangig zwei Personengruppen, und zwar die Alten und Schwachen (auch das ungeborene Leben und Neugeborene) sowie diejenigen, welche an lebensbedrohenden Krankheiten leiden. Es lag nun nahe anzunehmen, dass auch die Jahrgänge betroffen sein könnten, deren Immunsystem vor oder kurz nach der Geburt durch die atmosphärischen Atombombenversuche damals geschwächt worden ist[58]. Und genau solche Fakten haben Dr. Gould und Prof. Sternglass ebenfalls gefunden.

Verglichen mit dem Sommerdurchschnitt der Todesfälle von *über 65jährigen* in den Jahren 1983 bis 1985 starben im Sommer 1986 in den USA 7,4 % mehr Menschen dieser Altersgruppe. Das zeigt, dass etwas ihren Tod beschleunigt haben muss. Die Todesfälle durch *Lungenentzündungen* waren für alle Altersgruppen von Mai bis August 1986 um 18,1 % höher als für die gleiche Periode von 1985. Die Todesfälle infolge von *Infektionskrankheiten* stiegen um 22,5 %, und diejenigen *für Aids und damit zusammenhängende Infektionen* erhöhten sich gar um 60,3 %.

Die folgende Fig. 9 zeigt diese Zusammenhänge. Die Jahr-zu-Jahr-Veränderungen für die ersten vier Monate von 1986 waren viel kleiner als in den folgenden Sommermonaten und fielen für die letzten vier Monate denn auch wieder zurück. Von Mai bis August 1986 muss also eine tödliche Kraft wirksam gewesen sein.

Dr. Gould fand auch, dass beim Weglassen der Todesursachen infolge von Unfällen, Selbstmord, Drogenmissbrauch und Gewalttätigkeiten die *Todesfälle im Alter von 25–34 Jahren* im Jahr 1986 um 5,3 % höher waren als 1985. Diese Altersgruppe war in den fünfziger Jahren geboren worden, dem Jahrzehnt mit den meisten atmosphärischen Atombombenversuchen. Als diese Gruppe älter

Fig. 9

Sterblichkeit in USA 1986			
	Prozentuale Änderung gegenüber dem Vorjahr		
Anzahl Todesfälle infolge von:	Januar bis April	Mai bis August	September bis Dezember
Lungenentzündung	– 5,7	+ 18,1	– 3,4
Alle Infektionskrankheiten	+ 2,3	+ 22,5	+ 15,7
Aids-bezogene Infektionen	+ 11,6	+ 60,3	+ 19,8

wurde, stieg ihre Todesrate infolge ihrer Immunschwäche stärker als diejenige der in den Jahren 1935–1944 (also vor den Atombombenversuchen) Geborenen. Die Wahrscheinlichkeit, dass diese Sterblichkeitserhöhungen alle gleichzeitig ein Zufall sein könnten, liegt laut Dr. Gould unter 1:1 Million.

Höhere Kindersterblichkeit auch in Deutschland. Dr. Jens Scheer, Professor für Nuklearphysik an der Universität Bremen fand eine erhöhte Sterberate an Neugeborenen in der Zeit von Mai 1986 bis Mai 1987. In Süddeutschland betrug sie 35 %! Seine Studie wurde in der hochangesehenen medizinischen Fachzeitschrift «The Lancet» veröffentlicht[61, 20]. Die am höchsten radioaktiv belasteten Regionen zeigten auch die höchsten Sterberaten. Die später in Lancet veröffentlichten Einwände gegen die Studie[93] wurden von Scheer und seiner Gruppe im selben Heft widerlegt[93].

Dr. Jay M. Gould hält die Möglichkeit, dass die in den USA und der BRD beobachteten zusätzlichen Todesfälle – bei Menschen und bei Landvögeln (siehe Abschnitt 9) in der Zeit des Fallouts von Tschernobyl – *gleichzeitig* ein Produkt des Zufalls sein könnten, für unendlich klein (in der Grössenordnung von $1:10^{30}$) [61, 79].

Schlussfolgerungen. Gould und Sternglass konnten 1989 im Fachorgan «CHEMTECH» der Amerikanischen Chemischen Gesellschaft ihre Forschungen darlegen[23]. Ihre Schlussfolgerung lautet:

«Die medizinische und wissenschaftliche Gemeinschaft hat lange aufgrund der linearen Extrapolation von hohen Dosen geglaubt, dass niedrige Strahlung aus dem Fallout und vom Ausstoss aus Atomanlagen vernachlässigt werden könne, weil sie nur eine unbedeutende Gefahr darstelle. Diese prinzipielle Annahme muss die Wissenschaft neu überdenken. Sie unterschätzt die Effekte niedriger Strahlung für die empfindlichsten Teile der Bevölkerung um den Faktor von etwa 1000!»

9. Ein stummer Sommer 1986 in den USA

Nördlich von San Francisco liegt die Vogel-Beobachtungsstation Point Reyes Bird Observatory (PRBC). Dort wurden seit 1975 durch den Ornithologen Dr. David DeSante 51 lokalbrütende Landvogelarten beobachtet – und zwar nach einem genau festgelegten Programm. Alljährlich wurden in den Sommermonaten (Mai bis August) die Jungvögel täglich mit normierten Netzen eingefangen, gezählt, gewogen, ausgemessen, beringt und wieder freigelassen[19].

So konnte DeSante einen signifikanten Zusammenhang zwischen der Regenmenge im Winter (November–März) und dem Nachwuchs bzw. der Anzahl der eingefangenen Jungvögel im darauffolgenden Sommer (10. Mai–17. August) nachweisen. Im Beobachtungsgebiet (mit Mittelmeerklima) fallen 83 % der Niederschläge als Regen im Winter und nur 5 % im Sommer. Letztere erwiesen sich auf den Nachwuchs als ohne Einfluss.

Unheimliche Stille. Doch im Sommer 1986 erschrak DeSante zutiefst[20]. Ab Juni wurden immer weniger Jungvögel eingefangen. «Statt der 2–3 Dutzend Vögel täglich, die wir seit 1975 jedes Jahr

Fig. 10

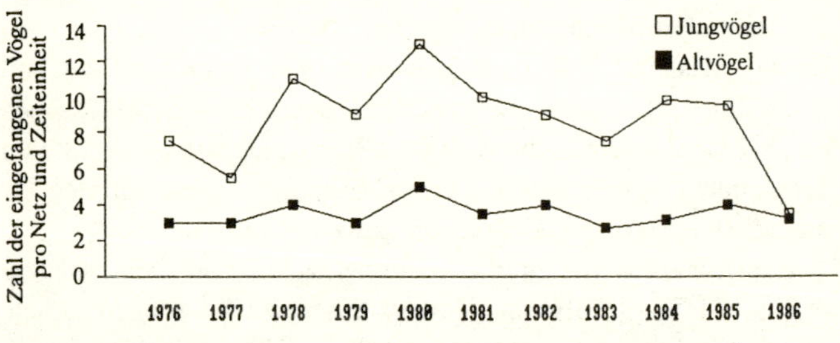

Anzahl der jährlich in der Periode 10. Mai - 17. August eingefangenen Landvögel [3]

einfingen, waren es höchstens 1 Dutzend, manchmal auch nur 3–4 Stück.» Und am 22. Juli – als eigentlich höchste Aktivität an Vogelleben zu erwarten gewesen wäre – ging kein einziger Jungvogel ins Netz. Selbst die Alten sangen nicht mehr, «als ob sie es vergessen hätten», meinte DeSante[21]. Dabei wäre gemäss den Winterniederschlägen mit einer normalen Brutsaison zu rechnen gewesen. Es zeigte sich, dass der noch nie dagewesene tiefe Bestand an Nachwuchs für 1986 63 % unter dem Zehnjahres-Mittel lag[19] (Fig. 10).

Die Tschernobyl-Hypothese. DeSante erkundigte sich bei Kollegen in Kalifornien, aber auch in Washington und Oregon[20]. Seine Abklärungen ergaben, dass überall dort, wo am 6. Mai Regen gefallen war, ein gleiches oder ähnliches Bild herrschte. Bekanntlich überquerte am 6. Mai die radioaktive Wolke aus Tschernobyl diese Gegenden, und 90 % des Fallouts kommt mit Regen zu Boden. Wo kein Regen gefallen war, gab es keinen Nachwuchsmangel. Aufgrund des Zeitpunktes des Rückgangs der Zahl der Jungvögel, musste laut DeSante die Ursache für das Sterben in der ersten Hälfte Mai gesucht werden.

Klimabedingungen waren als Ursache auszuschliessen (auch Wandervögel, die ganz anderswo überwintert hatten, kamen zurück und hatten eine schlechte Brutsaison), ebenso auszuschliessen war die Anwendung von Pestiziden, Herbiziden oder die Jagd durch Menschen oder Raubvögel. Es verblieb als einzige Erklärung die radioaktive Wolke aus Tschernobyl und der begleitende Regen[19].

Ernährungsnetz-Hypothese[19]. Sie stützt die Tschernobyl-Hypothese ganz erheblich. Es erwies sich, dass der Nachwuchsmangel unabhängig vom Wanderverhalten, von Reviergewohnheiten, dem Standort der Nester usw. war, nicht aber vom Ernährungsverhalten der Jungvögel. Den geringsten Nachwuchsmangel hatten Rauchschwalben und der Goldfink, welche eher spät brüten. (Jod-131 zerfällt rasch, Halbwertszeit 8 Tage). Ganz unbeeinflusst waren Spechte, die ihre Jungen hauptsächlich mit Insekten füttern, die sich aus zerfallender toter Materie (Holz) ernähren, welche keinen Regen und damit auch kein radioaktives Jod-131 absorbiert (sog. *sekundäres Ernährungsnetz*). Die anderen Landvögel verfütterten Insekten, die sich auf und von lebender Vegetation ernährt hatten. Diese Nahrungskette aber war verseucht mit dem Fallout – und folglich mit Jod-131 –, der sich durch den Regen in den erwähnten Gegenden niedergeschlagen hat (sog. *primäres Ernährungsnetz*).

Die Wirkungen von Jod-131 sind bei verschiedenen Tieren und beim Menschen nachgewiesen. Es konzentriert sich in der Schilddrüse, wo es u. a. die Produktion lebenswichtiger Hormone stört[21, 23]. DeSante verweist auf den Petkau-Effekt, der die Erklärung für die unheimliche Wirkung von so kleinen Dosen liefern kann.

Und gerade an Vögeln hat man gefunden, dass chronische Dosen von Gamma-Strahlung (d. h. kleine Dosisraten) für Wachstumsvorgänge viel gefährlicher sind, als eine einmalige höhere Dosis (d. h. hohe Dosisrate wie z. B. beim Röntgen). Dies zeigt eine Studie des kanadischen Atomforschungslabors in Pinawa, Manitoba[22].

Weitere Forschungen. Nach der Publikation in «The Condor» erlebte DeSante die üblichen Attacken von atombefürwortenden Experten. Grund dafür war vor allem die Tatsache, dass tote Jungvögel jener Zeit kein Caesium-137 oder Strontium-90 aufwiesen. DeSante zeigte darauf anhand der Daten von Regenproben der amerikanischen Umweltschutzbehörde EPA, dass solche wohl Jod-131 (bis 2000 pCi) gleichzeitig jedoch kein Caesium/Strontium enthielten[21]. Damit zeigte DeSante, dass allein schon Jod-131 die Ursache für die beobachteten Schäden sein könnte. In weiteren Forschungen fand er, dass seine Daten in Korrelation zu den Jod-131-Konzentrationen in der Milch standen (Messungen durch Environmental Protection Agency EPA). Ein analoges Bild ergab sich quer durch die ganze USA, wobei er sich auf die Vogelbestände des «Breeding Bird Survey» (des US-Fish and Wildlife Service) stützen konnte[79]. Die Veröffentlichung dieser Studien ist in Vorbereitung[80]. In der Schweiz konnte laut einer Studie kein Vogelsterben als Folgeschaden von Tschernobyl nachgewiesen werden (Noordwijk)[1.2.]. DeSante führt dies auf die dort spätere Brutsaison zurück (kälteres Klima, und Jod-131 hat nur eine Halbwertszeit von 8 Tagen[80].

10. Endlagerung von Atommüll weltweit ungelöst

Das Problem der Endlagerung von Atommüll ist praktisch unlösbar (S. 134–137). Zu diesem Schluss kommt auch Prof. Dr. Alexander Tollmann (Lehrstuhl für Geologie/Universität Wien): «Die Geologie», sagt er, «sei keine exakt voraussagende Wissenschaft, und die technische Hybris scheitere an ihren Wahrscheinlichkeitsrechnun-

gen. Man müsse den tödlich strahlenden Müll 100 000 bis 1 000 000 Jahre von der Biosphäre fernhalten. Für Endlager mit derartigen Massen von lang- bis längstlebigen Alpha-Strahlern, müssten sichere Voraussagen auf längste Sicht erstellbar sein z. B. über Ort, Stärke und Variation von Erdbeben auch in ferner Zukunft, über Klimaveränderungen im Ablauf von Jahrzehntausenden und mehr, mit ihrem Gefolge von Eiszeiten, Regenzeiten und Trockenperioden. *Als Geologe hätte man deshalb die moralische Pflicht, sich erst dann für die Endlagersuche einzusetzen, wenn die letzte Atomanlage geschlossen sei*, sonst würde nur jeder geringe Hoffnungsschimmer rücksichtslos zur «Drauflos»-Propaganda der Nukleartechnologen missbraucht und Sicherheit vorgegaukelt, wo sie noch lange nicht in Sicht sei[81].»
Mit jedem weiteren Atomstrom-Produktionstag wächst der Abfallberg für uns, unsere Kinder und alle zukünftigen Generationen als tödliches Erbe. Es ist deshalb verständlich, wenn die Bevölkerung die Suche nach Endlagern ablehnt! *Der Ausstieg aus der Kernenergie ist zum unabdingbaren übergeordneten Sachzwang geworden.* Umweltorganisationen wie z. B. Greenpeace fordern, den Müll in kontrollierbaren Zwischenlagern unterzubringen und zwar am besten in den Atomanlagen selbst. Damit hätte die Bevölkerung den Müll dieser hirnverbrannten Energieerzeugung «immer vor Augen», was die Atombefürworter vermeiden wollen. Letztere würden ihn lieber auf alle Zeiten «verlochen», koste es den zukünftigen Generationen, was es wolle! Die Befürworter hören ja nicht auf die warnenden Stimmen unabhängiger Geologen. In diesen Zwischenlagern steht der Atommüll wenigstens (vorläufig) unter Kontrolle. Bei Leckagen, Wassereinbrüchen usw. kann eingegriffen werden. Doch lässt sich auch hier das Risiko nicht mehr aus der Welt schaffen. Doch es darf nicht immer weiter anwachsen, durch immer neue Produktion dieser tödlichen Abfälle.

11. Der Treibhauseffekt

Die Klimaforschung befasst sich schon seit vielen Jahrzehnten mit einer allfälligen Erwärmung der Erde. Dabei wird befürchtet, dass das bei der Verbrennung von fossilen Brennstoffen entstehende CO_2 und seine Anreicherung in der Atmosphäre den Treibhauseffekt derart verstärkt, dass eine globale Erwärmung eintreten könnte. Laut

Greenpeace[90] wurde die Aussicht auf eine Klimakatastrophe von der bedrängten Atomindustrie nach Tschernobyl dazu missbraucht, den Ersatz fossiler Brennstoffe durch Kernenergie zu propagieren.

Laut Pressekonferenz vom 13. 9. 89 sieht die Schweizerische Physikalische Gesellschaft SPG im «Treibhauseffekt» die einzige plausible Erklärung für die während der letzten 100 Jahre entstandene Erwärmung der Erde von 0,5 °C. Die SPG stützt sich dabei auf eine Studie des Paul Scherrer Instituts PSI (früher Reaktorinstitut Würenlingen EIR) und empfiehlt als Ausweg u. a. die Kernenergie und KKW-Fernheiznetze[87].

Diese Empfehlung steht im Widerspruch zur Treibhausforschung. Die hochangesehene wissenschaftliche Zeitschrift «Science» berichtete nämlich von einem im Mai 1989 in Amherst (Massachusetts) stattgefundenen Symposium führender Klimaforscher[25, 72]. Dort wurde auf die grossen wissenschaftlichen Mängel der Klimamodelle hingewiesen, die zu den Berechnungen einer allfälligen kommenden Erwärmung benutzt werden. Unsicherheiten betreffen u. a. das Verhalten der Ozeane bezüglich Wärmetransport (Strömungen) und Wolkenbildung[25, 26], die Einflüsse der Sonnenaktivität und von Vulkanausbrüchen (Vulkanasche in der Stratosphäre führt zu Abkühlungen). Beispielsweise stimmt nach dem renommierten Georg C. Marshall Institute in Washington die Kurve der Temperaturerhöhungen der letzten 100 Jahre mit derjenigen der Sonnenaktivität besser überein, als mit der Kurve der CO_2-Erhöhung. Ausserdem legt der Kurvenverlauf der Sonnenaktivität der letzten 1000 Jahre gar eine kommende Abkühlung der Erde im 21. Jahrhundert nahe[27, 28].

Infolge der wissenschaftlichen Unsicherheiten und Lücken gab die das Symposium abschliessende Presseerklärung viel zu diskutieren. Den folgenden Sätzen konnten jedoch alle 40 Teilnehmer sofort zustimmen: *«dass es wohl verführerisch sei, die Erwärmung um 0,5° C in den letzten 100 Jahren der Zunahme des Treibhauseffektes zuzuschreiben. Wegen den natürlichen Schwankungen der Temperatur könnten solche Schlussfolgerungen auch nicht die geringste Glaubwürdigkeit haben.»* Diese Aussagen müssen als repräsentativ für die Treibhausforschung gelten. Nach «Science»[29] gibt es nämlich – sofern Klimamodelle und Computer eine Rolle spielen – fünf Gruppen von Treibhausforschern, die als Weltklasse gelten. Sie waren alle am Symposium in Amherst vertreten.

Die Kernenergie könnte das Treibhausproblem auch gar nicht lösen[24,9], ganz abgesehen von den unakzeptierbaren radioaktiven Gefahren. Denn hätte man z. B. 1986 weltweit die Hälfte des damals verbrauchten Erdöls einsparen wollen, wären rund 7400 Atomkraftwerke nötig gewesen[24]. Eine Horrorvision! Man bedenke auch, dass der CO_2-Gehalt der Atmosphäre im vorindustriellen Zeitalter noch 280 ppm (parts per million) betrug, gegenüber 340 ppm von heute. Dabei haben die 1986 in Betrieb gestandenen 375 AKW's in den letzten 30 Jahren lediglich 2 ppm zusätzliches CO_2 verhindert[24]. CO_2 steuert die Hälfte zum Treibhauseffekt bei. Die andere Hälfte wird von Spurengasen geliefert, wie Methan, Lachgas, Fluorchlorkohlenwasserstoffe FCKW. FCKW könnten und müssten *ab sofort* verboten werden. Sie tragen ausserdem zum Ozonloch bei. Zur Diskussion stehen aber auch stratosphärischer Wasserdampf, Aerosole und radioaktives Krypton-85[30,31]. Letzteres wird bei der Wiederaufbereitung der abgebrannten Brennelemente der Kernreaktoren vollständig freigesetzt. Derzeit steigt dessen Gehalt in der Atmosphäre jährlich um etwa 5 % und verändert dort die elektrischen Ladungsverhältnisse (S. 170/171)[30,31]. Dies könnte die Häufigkeit und Verteilung von Niederschlägen global verändern (Kollert/Butzin[30]).
Während vor dem Symposium in Amherst eine kommende Klimakatastrophe infolge von Fehlinformationen als unabwendbar gehandelt worden ist[25,72], wird seither das Thema zurückhaltender und kontrovers beurteilt[64,65,66,88]. Dies kam auch an der von Präsident Bush im April 1990 einberufenen Klimakonferenz in Washington zum Ausdruck[91]. Nach «Science» (Vol. 247. S. 1529. 1990) wird es nochmals ein Jahrzehnt Satellitenmessungen brauchen, um eine allfällige globale Erwärmung glaubwürdig nachzuweisen.
Das alles heisst nicht, dass das Problem nicht ernst zu nehmen ist, denn die Kurve der Temperaturerhöhung steigt, allerdings erst im Bereich der natürlichen Schwankungen. Entscheidend ist deshalb in jedem Fall (auch zur Eliminierung der Kernenergie):

- ob wir die Energieverschwendung in den Griff bekommen und den vielfältigen Umweltenergien (wie Sonne, Wind, Holz- und Biogas, Erd-, Umgebungs- und Prozesswärme) zum Durchbruch zu verhelfen vermögen.

  Dasselbe gilt auch für moderne Energiegewinnungstechnologien wie z. B. für die Kleinwasserwerke (von denen seit 1928 in der

Schweiz ca. 3500 Anlagen stillgelegt wurden) oder die Wärme-Kraft-Koppelung/WKK.

- Die Technologien stehen grundsätzlich bereit, und die Energieausbeute würde genügen, jenen Bedarf zu decken, den z. B. die Schweiz wirklich benötigt, vorausgesetzt, dass intelligente Spartechniken (insbesondere bessere Wirkungsgrade) zum Zuge kommen[82, 83, 84, 85, 73]. Laut einer Regierungsstudie ist in der Schweiz der Ausstieg aus der Kernenergie in relativ kurzer Zeit möglich und zwar ohne Komforteinbusse (EGES-Bericht)[85].
- Weltweit gilt es, diesen umweltgerechten Energie-Postulaten auch politisch zum Durchbruch zu verhelfen, d. h. ihnen faire Chancen einzuräumen.

  Hierzu gehört auch, dass man die Forschungsgelder nicht mehr in der Kernkraft (Spaltung *und* Fusion), sondern vollumfänglich in diesen neuen Industriezweigen investiert. Und dazu ist ein Ausstieg aus der Kernenergie die beste Voraussetzung.

12. Der neue BEIR V-Bericht

Kurz vor Redaktionsschluss für diesen Nachtrag erschien im Februar 1990 der BEIR V-Bericht der Amerikanischen Akademie der Wissenschaften[75]. Trotz *vieler Widersprüche* und dem *Verschweigen von wichtigen Tatsachen* (z. B. Supralinearität, Membranschäden, Petkau-Effekt, Verschweigen von wichtigen epidemiologischen Studien) könnte er das endgültige Ende der Kernenergie einläuten.
So schätzt BEIR V für die Dosisrevisionen von Hiroshima/Nagasaki (S. 124/125) ein 2–4fach höheres Risiko für Krebs gegenüber seinem Bericht III von 1980 (S. 74). Diesem lag ein linearquadratisches Modell mit Reduktionsfaktoren im untersten Dosisbereich zugrunde. Neu werden max. *800* zusätzliche Krebstote bei einmaliger Bestrahlung von 1 Millionen Personen mit 10 mSv (= 1 rem) geschätzt[74, 78]. Immerhin hat noch nie ein massgebendes Strahlenschutz-Gremium das Strahlenrisiko so hoch eingeschätzt!
Dabei werden keine Reduktionsfaktoren im untersten Dosisbereich mehr benutzt, vielmehr ein rein lineares Modell, wie es Radford schon 1980 verlangte (S. 73–76 «Manipulierte Wissenschaft»). Es wird lediglich bemerkt, dass das Risiko bei sehr kleinen Dosen höher oder kleiner sein könnte![78]. Dabei wird offensichtlich zum Schutz der Kernenergie das zum höheren Risiko führende supra-

lineare Modell nicht diskutiert bzw. verschwiegen. Zudem meinte der Präsident des bearbeitenden Komitees Prof. A. C. Upton vor der Presse, dass die jährlich erlaubten Grenzwerte nicht unbedingt gesenkt werden müssten (!), dafür vielleicht diejenigen für kumulierende Lebenszeitdosen[74]. Damit ist zu befürchten, dass die Ende 1990 kommenden Empfehlungen der ICRP für neue Grenzwerte die Wegebnung für die Kernenergie weiterhin vor den erforderlichen Lebensschutz stellen werden.

Doch der Druck der Wahrheit wird immer stärker. *Erstmals* «verletzt» eines der führenden Internationalen Strahlenschutzgremien (BEIR V) wichtige Prinzipien zur Verharmlosung der Strahlengefahren:

- Allein die geringe Menge einer Dosis kann heute nicht mehr *immer* als Argument dafür gelten, dass z. B. die winzige Strahlenbelastung der USA-Bevölkerung durch Kernenergie und Atombombenexplosionen (1 mrem/Jahr) im Vergleich mit der natürlichen und medizinischen Belastung (360 mrem/Jahr) unbedeutend sei. *Im Gegenteil kritisiert BEIR V diese Betrachtung!* (Unsicherheiten in der Dosimetrie und bei den effektiven Äquivalenzdosen)[75], und verfolgt das Konzept des «National Council on Radiation Protection and Mesurements» (NCRP87b) nicht weiter[75]!
- Die entscheidende Rolle von freien Radikalen wird jetzt anerkannt! *Bei locker ionisierender Strahlung werden laut BEIR V im niedrigen Dosisbereich Zweidrittel aller biologischen Schäden am Zellkern durch den indirekten Effekt von freien Radikalen erzeugt*[76]. Ausdrücklich wird auf den krebsfördernden Effekt der im niedrigen Dosisbereich dominierenden freien Radikale verwiesen[76]. Dies alles kommt einem Umsturz im Strahlenschutz gleich! Bezeichnenderweise werden jedoch Petkau und die Membranschäden – im Gegensatz zu Stellungnahmen in BEIR III von 1980 (S. 121–122) – nicht mehr erwähnt. Das Totschweigen der Membranschäden soll wohl das Ende der Kernenergie verzögern helfen!
- Erstmals werden *viele* Studien erwähnt, die erhöhte Strahlenrisiken auf die Bevölkerung aufzeigen, infolge hoher natürlicher Strahlenbelastung, Röntgen-Diagnose und Fallout von Atombombenexplosionen oder nuklearen Unfällen sowie bei Strahlen-

arbeitern. *Völlig neu ist*, dass deren Ergebnisse nicht mehr von vornherein als unmöglich abgetan werden, weil sie mit den Nagasaki- und Hiroshima-Daten nicht erklärbar seien. *Laut BEIR V könnten sie vielmehr «berechtigte Zweifel an der Gültigkeit der gängigen Schätzungen aufwerfen», und auf das Problem der Extrapolation von hohen nach kleinen Dosen hindeuten*[77]. Allerdings versucht dann BEIR V das erdrückende Material in altbekannter Weise zu widerlegen.

Doch diese Aussagen zeigen, dass die Dosiswirkungskurven in Wirklichkeit im niedrigen Dosisbereich nicht quadratisch oder linear sein müssen, sondern *supralinear* sein könnten, wie es z. B. auch dem Petkau-Effekt entspricht. In feiger Art und Weise getraut sich BEIR V jedoch nicht, dies explizit auszudrücken!

12. Deadly Deceit (Tödlicher Betrug)

Dieses 1990 in New York erschienene leichtverständliche Buch von Dr. Jay M. Gould und Benjamin Goldman[79] *hat ungeheure Bedeutung.* Massgebend mitbeteiligt am Buch waren auch die Professoren E. J. Sternglass, J. Scheer und C. Johnson. Es resultiert aus einer Multi-Millionen-Dollar-Studie des «Radiation and Public Health Project», das durch eine Stiftung der «United of Christ Commission for Racial Justice» finanziert wird.

Die Studie stützt signifikant die These, dass Millionen von Amerikanern an den Folgen des Fallouts aus Atomanlagen und Atombombentests leiden und sterben. So gab es signifikant mehr Todesfälle z. B. nach Unfällen bei *Savanna River* und *Three Mile Island* (Harrisburg), und nach Tschernobyl starben vermehrt Babys an Geburtsfehlern, Kinder an Krebs und Erwachsene an verschiedensten Krankheiten. Ausserdem wird gezeigt, dass bis in höchste Regierungskreise hinauf versucht wurde, die Fakten der Öffentlichkeit zu verheimlichen.

Das Buch enthält auch eine Besprechung des neuen BEIR V-Berichts. Dieser stützt in geradezu frappanter Weise die Ergebnisse der dargelegten Studien. Die Forscher machen ausdrücklich vor allem den Petkau-Effekt (entscheidende Rolle der freien Radikale) für die gefundenen Schäden verantwortlich. In diesem Sinn wird auch das vorliegende Buch «Der Petkau-Effekt» eindrücklich gestützt und erhärtet.

14. Schlussbemerkungen – Aussichten

Die für den Strahlenschutz Verantwortlichen sind seit jeher und auch heute noch offensichtlich bestrebt, durch das Ansetzen hoher Grenzwerte die Kernenergie rücksichtslos durchzusetzen! Sie beladen sich so mit einer Schuld, die früher oder später für sie und uns alle zu furchtbaren Konsequenzen führen wird. Die Behörden müssten die Grenzwerte so tief ansetzen, wie es der Lebensschutz im weitesten Sinne unabdingbar erfordert – nämlich Grenzwert Null, d. h. aufgrund der heutigen fundierten radiologischen Unterlagen über kleine Strahlendosen dürfte die Kernenergie überhaupt nicht mehr machbar sein, d. h. jegliche Produktion und jeglicher Ausstoss von künstlicher Radioaktivität in unsere Umwelt müssten grundsätzlich verboten werden. Ionisierende Strahlung sollte nur noch gezielt, individuell und freiwillig eingesetzt werden, wo dies infolge ganz anderer Zielsetzungen ethisch zu verantworten ist, wie z. B. in der Medizin und speziellen Bereichen der Industrie und der Forschung. Dies müsste durch besondere Gesetze geregelt werden.

Der amerikanische Prof. Dr. John Gofman, der an der Entwicklung der Atombombe beteiligt und einer der Direktoren der biomedizinischen Abteilung des Livermore Laboratoriums war, forderte schon 1979 seine Fachkollegen scharf heraus:

«Es gibt keine Entschuldigung dafür, dass ich nicht früher Alarm über diese Aktivitäten schlug. Ich denke, dass mindestens einige 100 Wissenschaftler, die sich mit den biomedizinischen Aspekten der Atomenergie beschäftigen – ich selbst eingeschlossen – Kandidaten für ein Nürnberg ähnliches Gericht sind, da sie mit ihrer grossen Nachlässigkeit und Unverantwortlichkeit Verbrechen gegen die Menschheit begangen haben. *Jetzt*, da wir die Gefahren niedriger Strahlung kennen, ist das Verbrechen nicht mehr ein Experiment, das wir machten, sondern Mord!»[70, 60].

Heute gehen immer mehr Strahlenexperten und andere Wissenschaftler in Opposition zum offiziellen Strahlenschutz. So ist in Deutschland eine «Gesellschaft für Strahlenschutz» gegründet worden, die von namhaften Professoren deutscher Universitäten mitgetragen wird. In einem Aufruf vom März 1990 zur Gründungsversammlung hiess es[89]:

«Die Revision überkommener Ansichten über die Harmlosigkeit niedriger Dosen von ionisierender Strahlung ist in den vorhandenen wissenschaftlichen Gesellschaften vorläufig nicht in angemessener Weise zu erreichen. Unter dem Einfluss der jahrelangen Nuklearpropaganda haben sich die etablierten Gesellschaften jeder kritischen Bewertung der Folgen entzogen oder sich ganz aus der Debatte herausgehalten. Tragisches Ergebnis dieser Politik ist u. a., dass viele Strahlenopfer entstanden sind bzw. heute noch immer entstehen, die durch eine objektive Prüfung und Bewertung wissenschaftlicher Untersuchungen und Erkenntnisse und anschliessende Umsetzung in Strahlenschutzmassnahmen hätten vermieden werden können.»

Die internationalen Strahlenschutzgremien geben nur Empfehlungen heraus. Keine Nation ist gezwungen, ihnen zu folgen. Offensichtlich unterschätzen auch massgebende schweizerische Behörden seit Jahren die Wirkung kleiner Dosen. Dies trotz des umfangreichen Dokumentationsmaterials, das darüber vorliegt. Die Frage drängt sich nachgerade auf, ob die Verantwortung auf dem Gebiet des Strahlenschutzes überhaupt gebührend wahrgenommen wird. *Nachdem 1990 in schweizerischen Bundesämtern infolge von unkontrollierter Eigendynamik, falsche Feindbilder und unglaublicher Dilettantismus durch parlamentarische Untersuchungskommissionen festgestellt worden sind*, wäre es kaum verwunderlich, wenn sich nicht auch hier eine bedenkliche Eigenmächtigkeit eingespielt hätte. Dergestalt, dass Entscheide und Empfehlungen oft auf Kosten des Menschen zu kernenergiefreundlich ausgearbeitet werden. Dieser Eindruck entsteht zumindest in Fragen des Strahlenschutzes, und es stellt sich deshalb dringend die Forderung, hierfür ebenfalls eine parlamentarische Untersuchungskommission einzusetzen. Es ist erschreckend, wenn Kritiker der Kernenergie – die ihre legalen, demokratischen Rechte ausgeübt haben – von der Bundespolizei zusammen mit Staatsfeinden observiert und registriert worden sind.

Der Weg in eine atomwaffenfreie Welt. Diese Vision ist gleichzeitig mit der friedlichen Nutzung der Kernenergie unmöglich. «Atome für den Frieden» und «Atome für den Krieg» haben immer zusammengehört. Das eine Programm hat das andere bedingt. Die unter strengster Geheimhaltung getätigten Investitionen und Opfer für die Entwicklung der Kernenergie wären ohne den gewaltigen Anreiz der Kernwaffen nicht möglich gewesen. Umgekehrt

diente der Aufbau der Atomindustrie dazu, die Produktion von Kernwaffen der Kontrolle der Öffentlichkeit zu entziehen. Auch heute nach fünfzig Jahren des Atomzeitalters ist das Schicksal beider Bereiche blockübergreifend eng verknüpft.
Dies alles stellt u. a. das neue *«Greenpeace Handbuch des Atomzeitalters – Daten, Fakten – Katastrophen»* fest[90]. Das Lesen dieses Buches sollte für jeden Erdenbürger Pflicht sein! Dieses hervorragend dokumentierte Werk belegt, wie seit den vierziger Jahren die Entwicklung und Anwendung der Kernenergie auch für die Waffensysteme mit Zwischenfällen und Katastrophen gepflastert war und ist. Experten recherchierten für Greenpeace in vielen Ländern und haben auch bisher geheime Informationen aufbereitet. Eine Vielzahl von Dokumenten, Schaubildern und Fotomaterial bereichert das Buch.
Die USA, die Sowjetunion, Grossbritannien, Frankreich und China blieben nicht lange die einzigen Atommächte. Heute sind auch Indien, Israel, Pakistan, Brasilien und Südafrika imstande, Kernwaffen herzustellen. Die Fähigkeit dazu erwarben sie sich unter dem Deckmantel «friedlicher» Atomprogramme[90]. Und weitere werden folgen. Bereits sind ihnen Irak, Nordkorea und Libyen dicht auf den Fersen.
Wer für die Kernenergie ist, unterstützt gewollt oder ungewollt die Kernwaffenproduktion. Wir haben heute praktikablere Möglichkeiten einer effizienten Energieproduktion. Wir finden sie in unserer Umgebung. Wir müssen sie nur nutzen wollen. Der dazu notwendige übergeordnete Sachzwang kann durch einen definitiv beschlossenen Ausstieg aus der Kernenergie geschaffen werden. Dass dies ohne wirtschaftliche Schäden geht, beweisen die Expertenberichte der Schweizer Regierungskommission EGES[85].

Bundesamt für Gesundheitswesen informiert falsch

In seinem Bulletin Nr. 20 vom 28.5.90 schreibt das Bundesamt für Gesundheitswesen BAG, *«dass die Abgaben aus Kernkraftwerken gemäss Sternglass und Graeub sehr gefährlich seien»*. Um dies zu widerlegen, wird Sternglass bezichtigt, mit falschen Zahlen eine erhöhte Kindersterblichkeit nach dem TMI-Unfall bei Harrisburg festgestellt zu haben. Dies im Jahr 1979, also *vor über 10 Jahren* (S. 100–104).

Doch Sternglass benutzte die offiziellen Zahlen der monatlichen US-Vital Statistics. Im Buch «Deadly Deceit» (S. 230) weist Dr. Gould jetzt tatsächlich nach, dass solche Zahlen nachträglich in den zusammenfassenden jährlichen US-Vital Statistics (u. a. auch nach dem TMI-Unfall) sogar systematisch «frisiert» wurden, um unangenehme Spitzenwerte zu glätten (sog. smoothing-out). Mit Wissen bis selbst in die höchsten Regierungskreise hinauf wurden 1970 sogar zwei Kernschmelzunfälle und deren Emissionen in der Savanna River Plant SRP (Atomanlage für Waffenproduktion in South Carolina) verschwiegen und abgestritten! (Wird heute zugegeben.) Doch die Daten wurden zu liederlich «frisiert», so dass Dr. Gould trotzdem z.B. 50000–100000 zusätzliche Tote durch SRP und TMI statistisch signifikant nachweisen konnte! Dr. Goulds Buch bestätigt geradezu das korrekte Vorgehen von Sternglass.

Im weiteren versucht das BAG, einen umgekehrten Dosisrateneffekt (Petkau-Effekt) und damit eine supralineare Dosiswirkungskurve in lebenden Systemen abzustreiten. Petkau habe selber dazu das Argument bei seinen Versuchen an künstlichen Membranen mitgeliefert. Er verweise auf Experimente, die zeigten, dass hohe Dosisraten die Membranen stärker vernetzen und damit vor Bruch schützen könnten. Laut meiner Anfrage beim BAG stützt es sich dabei auf Arbeiten von Petkau aus Jahren vor 1972 – *also vor ca. 20 Jahren!! Das BAG ist damit auf dem Stand des Wissens in jener Zeit stehengeblieben*. Laut BAG wäre aber eine solche Vernetzung

in lebenden Membranen gefährlich, so dass Petkaus Versuche nur für künstliche Membranen gelten würden.
Doch seither wurde der Petkau-Effekt in Säugetierzellen und sogar in der Leber von Mäusen beobachtet*. Und schon 1980 befasste sich BEIR III recht ausführlich damit (S. 121/122). Seit 1974 berichtet Sternglass über die möglichen Auswirkungen bei Tieren und Menschen. Auch Petkau selbst wies auf den Nachweis des Effekts in menschlichen Lymphozyten bezüglich der Überlebensrate hin (S. 211).
In den «Physikalischen Blättern» Nr. 45 (1989)*1*, S.16–24 hatte übrigens der Strahlenexperte Dr. H. G. Paretzge der Gesellschaft für Strahlenschutz und Umweltschutz in Neuherberg (München) den Petkau-Effekt als ohne Bedeutung bezeichnet. Darauf wurde er gemeinsam durch Prof. Dr. E. Lengfelder (Strahlenbiologisches Institut der Universität München) und Dr. Petkau widerlegt (*6*, S.193/194). Paretzke trat dann in seiner Entgegnung (*6*, S. 194) – laut Süddeutscher Zeitung vom 19.12.89, die über die Kontroverse berichtete – die Flucht nach vorne an, indem er sich auf nicht näher erläuterte Tierexperimente beziehe und die wissenschaftliche Beweispflicht einfach auf diejenigen abschiebe, die von grosser Gefährlichkeit für die menschliche Gesundheit von kleinen Strahlendosen und kleinen Dosisraten ausgingen! Lengfelder weiss sich laut dem Zeitungsbericht mit vielen Fachkollegen einig.
Petkau glaubt heute, daß auch Menschen für niedrige Strahlung viel empfindlicher sein können, als bisher angenommen wird (persönliche Mitteilung). Und die neueste Dosiswirkungskurve von Dr. Gould (die nicht zu widerlegen ist) und die für eine große menschliche Population (USA) gültig ist, bestätigen sehr eindrücklich die Forschungen von Petkau (S. 219 und Umschlag).
Die veralteten Argumente des BAG mahnen einmal mehr zum Aufsehen. Sie bestätigen eindrücklich die Notwendigkeit einer öffentlichen Diskussion und einer parlamentarischen Untersuchung.

---

* Literatur:
A. Petkau: «Protection of bone morrow progenitor cells by superoxide dismutase». Mol. and Cel. Biochemistry 84. 133–140 (1988).
E. Lengfelder et al.: «Strahlenwirkung – Strahlenrisiko». Hugendubel. München (1988).
A. Petkau: «Protection and repair of irridated membranes.» In Free Radicals, Aging and Degenerative Desease. Johnson et al. (Hrsg.), Allan R. Liss Inc. New York, 1986.

Literaturverzeichnis

Vorbemerkung:
Die deutschen Zitate der ICRP und der UNSCEAR sind nach bestem Wissen und Gewissen aus dem englischen Originaltext übersetzt. Es ist aber selbstverständlich, dass nur der englische Originaltext volle Verbindlichkeit hat.

Verwendete Abkürzungen:

BEIR	Reports of the Advisory Committee on the Biological Effects of Ionizing Radiation. National Academy of Science. National Research Council, Washington D.C. 2008
ETH	Eidgenössische Technische Hochschule (Zürich)
ICRP	(Publikationen der) International Commission on Radiological Protection. Pergamon Press Ltd., Oxford
SVA	Schweizerische Vereinigung für Atomenergie
UNSCEAR	(Reports of the) United Nations Scientific Committee on the Effects of Atomic Radiation. United Nations, New York
WSL	Weltbund zum Schutze des Lebens

I. Ökologische Betrachtungen

II. Atombomben und Atomenergie

1 Arbeitsgruppe «Wiederaufbereitung» an der Universität Bremen: «Atommüll», Rowohlt Taschenbuch, 1977.
2 Archer V.E.: «Geomagnetism, cancer, weather and cosmic radiation». Health Physics, 34, 1978, S. 237–247.
3 Alvarez R.: «Radiation standards and A-bomb survivors». Bull. of the Atom.Scient. Okt. 1984, S. 26–28.
4 Barcinski M. et al.: «Cytogenetic Studies in Brazilian Populations exposed to Natural and Industrial Radioactive Contamination». Am. J. Human Genetics, 27, 1975, S. 802.
5 Basler Zeitung: «Bundesrepublik verbietet Rheumamittel». 27.1.1984.
6 Beaver County (PA)-Times: «State panel Questions, Radiation Safety». 7. Juni 1974.
7 BEIR 1972, S. 2, 18.
8 BEIR 1972, S. 22.
9 BEIR 1972, S. 44.
10 BEIR 1972, S. 45.
11 BEIR 1972, S. 46.
12 BEIR 1972, S. 48.
13 BEIR 1972, S. 56/57.
14 BEIR 1972, S. 58.
15 BEIR 1972, S. 62.
16 BEIR 1972, S. 69/70.
17 BEIR 1972, S. 83, Kapitel VII.
18 BEIR 1972, S. 90.
19 BEIR 1972, S. 91.
20 BEIR III, 1980, S. 3.
21 BEIR III, 1980, S. 72.
22 BEIR III, 1980, S. 80.
23 BEIR III, 1980, S. 96.
24 BEIR III, 1980, S. 98.
25 BEIR III, 1980, S. 110.
26 BEIR III, 1980, S. 180.
27 BEIR III, 1980, S. 193.
28 BEIR III, 1980, S. 243.
29 BEIR III, 1980, S. 31, 244.
30 BEIR III, 1980, S. 245.
31 BEIR III, 1980, S. 227–253 (E.P. Radford) S. 254–260 (H. Rossi)

32 BEIR III, 1980, S. 463–469.
33 Bleck J. & Schmitz-Feuerhake I.: «Die Wirkung ionisierender Strahlung auf die Menschen». Universität Bremen. Vertriebs-Nr. K 012, 1979.
34 Boeck W.L.: «Meteorological Consequences of Atmospheric Krypton-85». Science. 193. 16.7.1976, S. 195–197.
35 Brunner H.: «Die sanften Mörder, Warnruf oder Schauermärchen». Tages Nachrichten, Bern, 6.5.1972.
36 Brunner H.: «Buchbesprechung. Die sanften Mörder – Atomkraftwerke demaskiert». Broschüre des Sekretärs des Fachverbandes für Strahlenschutz, Zürich, 1972, S. 2 und 12.
37 Bucher J.B.: «Bemerkungen zum Waldsterben und Umweltschutz in der Schweiz». Forstwissenschaftliches Centralblatt. April 1984, S. 23/24.
38 Bulletin of the Atomic Scientists: «The Deepest Hole in the World». 29.6.1984, S. 1420.
39 Bulletin of the Atomic Scientists: «First Look at the Deepest Hole». 29.9.1984, S. 1461.
40 Bundesminister des Innern (BMI): «Strahlenschutz-Forschungsbericht 1982». St.sch. 812, Gesellschaft für Reaktorsicherheit (GRS), Schwertnergasse 1, 5000 Köln.
41 Bundesminister des Innern (BMI). Strahlenschutz-Forschungsbericht 1982. «Radiologische Langzeituntersuchungen in bayerischen Oberflächengewässern». St.Sch. 501 GRS, 5000 Köln.
42 Burri M.: «Überforderte Geologen?» Basler Zeitung, 6.8.1981.
43 Chelack W.S.: «Radiological Properties of Acholeplasma Laidlawii B.». Canadian Journal of Microbiology. 20, 1974.
44 Costa-Ribeiro et al.: «Radiological Aspects and Radiation Level Associated with Milling of Monazite Sands». Health Physics, 28, 1975, S. 225.
45 De Groot M.: «Statistical Studies of the Effect of Low Level Radiation from Nuclear Reactors on Human Health». Proceedings of the 6th Berkeley Symposium. Juli, 1971. University of California Press.
46 Dertinger et al.: «Molekulare Strahlenbiologie». Heidelberger Taschenbücher Nr. 57/58. Springer Verlag 1969, S. 4.
47 Drake G.: «A Report on Selected Charlevoix Country Statistics for the Aliquipa Hearings». 31.7.1973, Dr. G. Drake, Petrosky, Michigan, USA.
48 Eidg. Expertengruppe «Dosiswirkung»: «Wirkungen kleiner Strahlendosen auf die Bevölkerung». Bericht vom Juni 1981, S. 73.
49 Field R.W. et al.: «Iodine-131 in Thyroids of the Meadow Vole (Microtus Pennsylvanicus) in the Vicinity of the Three Mile Island Nuclear Generating Plant». Health Physics, Vol. 41, August 1981, S. 297–301.
50 Frankfurter Allg. Zeitung: «Das Risiko natürlicher und künstlicher Strahlung». Hans Zettler, 23.5.1984.
51 Fridovich I.: «The Biology of Oxygen Radicals». Science, 201, 1978, S. 875.
52 Fritz-Niggli H.: «Strahlengefährdung, Strahlenschutz». Verlag Hans Huber, Bern 1975, S. 81, 212, 211, 210, 208.
53 Fritz-Niggli H.: SVA-Informationstagung vom 22./23.11. 1982, Zürich-Oerlikon. Vortrag.
54 Fritz-Niggli H.: «Problematik von Risikoschätzungen». SVA-Bulletin, Nr. 13, 1983.
55 Gentry J.T. et al.: «An Epidemiological Study of Congenital Malformations in New York State». Am J. Pub. Health, 49, 1959, S. 497–513.
56 Global 2000: «Bericht des Präsidenten der USA» Verlag Zweitausendeins, Postfach, 6000 Frankfurt 61. S. 426/427.
57 Gofmann J.W. & Tamplin A.R.: «Bericht für den Untersuchungsausschuss über Luft- und Wasserverschmutzung für öffentliche Arbeiten. Senat, USA. 91. Kongress, 18.11.1969.
58 Gofmann J.W. & Tamplin A.R.: «Ein Kongress-Seminar». Strahlenlaboratorium der Universität Berkeley, 7./8.4.1970.
59 Gofmann J.W. & Tamplin A.R.: «Populations Control through Nuclear Pollution». Nelson Hall Comp., Chicago 1970.
60 Gofmann J.W.: «Radiation and Human Health». Sierra Club Books, San Francisco, 1981.
61 Graeub R.: «Die sanften Mörder – Atomkraftwerke demaskiert». Albert Müller Verlag, 1972, Rüschlikon-Zürich. Als Taschenbuchausgabe: Fischer Taschenbuchverlag, Frankfurt, 1974.
62 Hampelmann L.H.: «Lancet», 1983, S. 273.

63 Hänni H.P.: «Ist künstlich erzeugte mit natürlicher Radioaktivität vergleichbar?». Basler Zeitung, 13.5.1981.
64 Harrison J.M.: «Disposal of Radioactive Waste». Science, 226, 5.10.1984, S. 11–14.
65 ICRP-Publikation Nr. 8, 1966, S. 2.
66 ICRP-Publikation Nr. 8, 1966, S. 8.
67 ICRP-Publikation Nr. 8, 1966, S. 56.
68 ICRP-Publikation Nr. 8, 1966, S. 60.
69 ICRP-Publikation Nr. 26, 1977, S. 27.
70 ICRP-Publikation Nr. 14, 1969, S. 10.
71 ICRP-Publikation Nr. 14, 1969, S. 11.
72 ICRP-Publikation Nr. 14, 1969, S. 23.
73 ICRP-Publikation Nr. 14, 1969, S. 28.
74 ICRP-Publikation Nr. 14, 1969, S. 31/32.
75 ICRP-Publikation Nr. 14, 1969, S. 37.
76 ICRP-Publikation Nr. 14, 1969, S. 57.
77 ICRP-Publikation Nr. 14, 1969, S. 112/113.
78 ICRP-Publikation Nr. 14, 1969, S. 115/116.
79 ICRP-Publikation Nr. 22, 1973, S. 3.
80 ICRP-Publikation Nr. 22, 1973, S. 10/11.
81 ICRP-Publikation Nr. 22, 1973, S. 12.
82 ICRP-Publikation Nr. 22, 1973, S. 13.
83 ICRP-Publikation Nr. 22, 1973, S. 14/15.
84 ICRP-Publikation Nr. 26, 1977, S. 5.
85 ICRP-Publikation Nr. 26, 1977, S. 17. Ziff. 84.
86 ICRP-Publikation Nr. 26, 1977, S. 21.
87 ICRP-Publikation Nr. 26, 1977, S. 45–47. S. 18.
88 ICRP-Publikation Nr. 27, 1977, S. 14. Ziff. 41.
89 ICRP-Publikation Nr. 39, 1984, S. 1.
90 ICRP-Publikation Nr. 39, 1984, S. 2.
91 ICRP-Publikation Nr. 39, 1984, S. 4.
92 ICRP-Publikation Nr. 39, 1984, S. 7.
93 ICRP-Publikation Nr. 39, 1984, S. IV.
94 ICRP-Publikation Nr. 39, 1984, S. I.
95 Jablon S.: «Letters». Science, 213, 20.9.1983, S. 6/7.
96 Jacobi W.: «Die Grenzen der Strahlenbelastung». SVA-Tagung v. 23.3.1973, Zürich-Oerlikon.
97 Kaku M. & Trainer J.: «Nuclear Power, Both Sides». Norton Company, New York 1982, S. 109–133.
98 Kettenreaktion, Nr. 7, März 1984 (Ein Verein zur Unterstützung der Kernenergie), Alpenstrasse 63, CH-3084 Wabern.
99 Kistner D.: «Radionuklide und Lebensmittel». Bundesforschungsanstalt für Lebensmittelforschung, Karlsruhe, 1962.
100 KUER (Kommission zur Überwachung der Radioaktivität, Schweiz), Bericht 1973, S. 104.
101 KUER (Kommission zur Überwachung der Radioaktivität, Schweiz), Bericht 1983, S. 2/3.
102 KUER (Kommission zur Überwachung der Radioaktivität, Schweiz), Bericht 1983, S. 8.
103 KUER (Kommission zur Überwachung der Radioaktivität, Schweiz), Bericht 1983, S. 12.
104 Landtag von Württemberg – 8. Wahlperiode. Drucksache 8/4482 vom 22.11.1983. Ministerium der Arbeit, Gesundheit und Sozialordnung.
105 Lave L. et al.: «Low Level Radiation and US-Mortality». Working Paper Nr. 19–701. Juli 1971, Carnegy Mellon University, Pittsburgh, Pa. USA.
106 Levy et al.: «Radiation induced F-center and colloidal formation in synthetic NaCl and natural rock salt». Nuclear Instruments and Methods». Bl., 1984.
107 Lewis R.: «Shippingport – the Killer Reactor?» New Scientist. 6.9.1973, S. 552/553.
108 Little J.B. et al.: «Plutonium-238 Exposure and Lung Cancer in Hamsters». Science, 138. 1975, S. 737.
109 Lorenz K.: «Über Gott und die Welt». Natur, Nr. 6, 1981, S. 27.
110 Mac Candy R.B. et al.: «Exp. Lung Cancer» Springer Verlag, 1974, S. 485.

111 Mac Leod G.: «TMI and the Politics of Public Health». Prepared for Presentation for the New York City and Chapters of Physicians for Social Responsability on Nov. 22, 1980. Columbia University, International Affairs Auditorium, New York City.
112 Mac Mahon B.: «Prenatal X-ray exposure and childhood cancers». J. Nat. Cencer Inst. Nr. 28, S. 1173–1191.
113 Mancuso T.F. et al.: «Radiation exposure of Hanford Workers Dying from Cancer and other Causes». Health Physics, 33, 1977, S. 369.
114 Manstein B.: «Im Würgegriff des Fortschritts». Verlagsanstalt, 1961, S. 167.
115 Manstein B.: «Strahlen». S. Fischer Verlag, Frankfurt, 1977, S. 47, 49–51.
116 Marshall E.: «New A-Bomb Studies Alter Radiation Estimates». Science, 2121, 22.5.1981, S. 900–903.
117 Marshall E.: «Japanese A-Bomb Data Will Be Revised». Science, 214, 2.10.1981, S. 31/32.
118 Mays C.W.: Proc. 3rd International Cong. IRPA, Sept. 1973.
119 Mehring C.: «Immunitätslage der Bevölkerung nach Erhöhung der Umweltradioaktivität». Vitalstoffkongress, Montreux, 12.9.1972.
120 Morgan K.Z.: «Cancer and low level ionizing radiation». Bull. o. Atom. Scientists. Sept. 1978, S. 30–41.
121 Nagra: «Nagra aktuell». Nr. 9, 9.9.1984 (Nagra, CH-5401 Baden).
122 Nagra: «Nagra aktuell». Nr. 1, Jan. 1985 (Nagra, CH-5401 Baden).
123 Natarajan T. & Colton T.: «Mortality from Leukemia and Cancer». The Lancet. 13.5.1978, S. 1018.
124 Nakaoka A. et al.: «Evaluation of Radiation Dose from a Coal-Fired Power Plant». Health Physics, Vol. 48, Febr. 1985.
125 Neue Revue: «Atompfusch in Gorleben bedroht uns alle». 4.1.1985.
126 Neue Zürcher Zeitung: «Die Kontroverse über Kernenergie in den USA». 30.10.1972.
127 Neue Zürcher Zeitung: «Aufregung um Rheumamittel». 7./8.1.1984.
128 Neue Zürcher Zeitung: «Schadenersatz für Opfer von Atomtests». 12./13.5.1984.
129 Neue Zürcher Zeitung: «Atomenergie-Investitionsruinen in Amerika», 28./29.4.1984.
130 Neue Zürcher Zeitung: «Eingeschränkter Verbrauch von Rheumamitteln». Nr. 79, 4.4.1985.
131 New Scientists: «Radiation experts row over the lethal dose». 14.4.1983.
132 New Scientists: «High cancer rates found in nuclear plants». 11.10.1984. S. 3–4.
133 New York Times: 6. Jan. 1984.
134 Pauling L. «Genetic and Somatic Effects of Carbon-14» Science. 14.11.1958, S. 1183–1186.
135 Petkau A.: «Radiation Effects with a Model Lipid Membrane» Canadian Journal of Chemistry, Vol. 49 1971, S. 1187–1196.
136 Petkau A.: «Effect of Na^{22} on a Phospholipid Membrane». Health Physics. 22. 1972, S. 239–244.
137 Pohl R.O.: «Health Impact of Carbon-14». Laboratory of Atomic and Solid State Physics, Cornell Univercity, Ithaca, New York 14853.
138 Polykarpow G.G.: «Radioecology of aquatic organisms». North Holland Publ. Comp. Amsterdam. Reinhold Book Div., New York, 1966.
139 Radford E.: «New A-Bomb Data Shown to Radiation Experts». Science, 2212, 19.6.1981. S. 1365.
140 Rausch L.: «Mensch und Strahlenwirkung». Piper-Verlag, Frankfurt, 1977, S. 112/113.
141 Report by the Governor's Fact Finding Committee: «Shippingport Nuclear Power Station», Harrisburg, PA. 1974.
142 Rimland B. & Larson G.E.: «The Manpower Quality Decline». Armed Forces and Society, Fall 1981, S. 21–78.
143 Ringwood A.E. et al.: «Stress corrosion in a borsilicate glass nuclear wasteform». Nature, 311, 1984.
144 Rotblat J.: «The risks of atomic workers». Bull.o. the Atom. Scientists. Sept. 1978, S. 46.
145 Rotblat J.: «Hazards of low-level radiation». Bull. o. Atom. Scient. Juni/Juli 1981, S. 32–36.
146 Ruf. M.: Bayerische Biologische Versuchsanstalt, München. «Die radioaktive Abfallbeseitigung aus Atomreaktoren in die menschliche Umwelt, mit besonderer Berücksichtigung der Gewässer». Zentralblatt für Veterinärmedizin, Beiheft 11, 1970.

147 Ruf. M.: «Eliminierungs- und Rekonzentrierungsvorgänge bei der Ableitung von radioaktiven Abfallprodukten in Oberflächengewässer». Nabd 22, Verlag Oldenburg, München.
148 Russel W.L.: «Studies in mammalian radiation genetics». Nucleonics. 23, 1965, S. 53–62.
149 Sanders C.I.: «Carcinogenicity of Inhaled Plutonium-238 in the Rat». Radiation Research, 56, 1973, S. 973.
150 Science: «Assessing the Effects of a Nuclear Accident». Vol. 228, 5.4.1985, S. 31–33.
151 Scott et al.: «Occupational X-Ray Exposure with increased Uptake of Rubidium by Cells».
152 Segl M. & Kurihara M.: «Cancer Mortality for Selected Sites in 24 Countries». Japan Cancer Society. Nov. 1972, Tohoku University, Tohoku, Japan.
153 Shapiro B. & Kollmann G.: «Nature of Cell Membrane Injury to Irridated Human Erythrocytes». Radiation Res. 34, 1968, S. 335.
154 Sutow W. et al.: «Growth status of children exposed to fallout radiation on the Marshall Islands». Pediatrices, 1965, Nr. 36, S. 721–723.
155 Schleicher R.: «Atomenergie, die grosse Pleite». AVA-Buch 2000, Postfach 89, CH-Affoltern a/A.
156 Schmitz-Feuerhake I.: «Die Wirkung ionisierender Strahlung auf den Mensch». Teil A, Nr. 8, 1979, Universität Bremen.
157 Schwab G.: «Der Tanz mit dem Teufel» (1958). Verein für Lebenskunde, Postfach 6, A-5033 Salzburg.
158 Schweiz. Bundesrat: «Schriftliche Beantwortung der Motion Schalcher». Nr. 76'391, vom 23.6.1976. Kernkraftwerke, Immissionen.
159 Sternglass E.J.: «Cancer relation of prenatal radiation to development of the disease in Childhood». Science, Juni 1963, S. 1100–1104.
160 Sternglass E.J.: «Infant Mortality and Nuclear Power Generation». Hearings of the Pennsylvania Senate Committee on Reactor Sitting. Harrisburg, Okt. 1970.
161 Sternglass E.J.: «Infant Mortality Changes Near a Fuel Reprocessing Plant». Testimony before the Illinois Pollution Control Board, Norris, Ill. USA, 10.12.1970.
162 Sternglass E.J.: «Proceedings of the Sixth Berkeley Symposium». University of California Press, 1970.
163 Sternglass E.J.: «Infantmortality Changes near the Big Rock Point Nuclear Reactor Power Station Charlevoix». Dep. of Radiology, University of Pittsburgh, PA. 6.1.1971.
164 Sternglass E.J.: «Infant Mortality Changes Near the Peach Bottom Nuclear Power Station in New York County». Dep. of Radiology, University of Pittsburgh, PA. 7.2.1971.
165 Sternglass E.J.: «Low Level Radiation». Ballatine Books, New York, 1972.
166 Sternglass E.J.: «Significance of Radiation Monitoring Results for the Shippingport Nuclear Reactor». Dep. of Radiology, University of Pittsburgh, PA. 21.1.1973.
167 Sternglass E.J.: «Evidence for Excessive Radioactive Waste Discharges from the Shippingport Power Station». Dep. of Radiology, University of Pittsburgh, PA. 11.4.1973.
168 Sternglass E.J.: «Radioactive Waste Discharges from Shippingport Nuclear Power Station and Changes in Cancer Mortality». Dep. of Radiology, University of Pittsburgh, PA. 8.5.1973.
169 Sternglass E.J.: «Testimony Relating to Health Effects of Shippingport Nuclear Power Station». Dep. of Radiology, University of Pittsburgh, PA. 31.7.1973.
170 Sternglass E.J.: «Environmental Radiation and Cell Membrane Damage». Dep. of Radiology, University of Pittsburgh, PA. 28.2.1974.
171 Sternglass E.J.: «Implications of Dose-Rate Dependent Cell-Membrane Damage for the Biological Effect of Medical and Environmental Radiation». Proceedings of the Symp. on Population Exposure», Knoxville, Tenn. 21.8. 1974.
172 Sternglass E.J.: «Recent Evidence for Cell-Membrane Damage from Environmental Radiation». Testimony EPA Hearings on Radiation Standards for the Nuclear Cycle. Wash. DC. 10.3.1976.
173 Sternglass E.J.: «Health Effects of Environmental Radiation». Cincinnati Engin and Scientists, Vol. 2, Okt. 1977.
174 Sternglass E.J. in J.O.M. Bockris: «Environmental Chemistry». Kapitel 15, S. 489. Plenus Press, New York and London. 1977.
175 Sternglass E.J. & Bell S.: «Fallout and the Decline of Scholastic Aptitude Scores». Presented at the Annual Meeting of the American Psychological Ass. New York, NY, 3.9.1979.

176 Sternglass E.J.: «Infant Mortality Changes following the Three Mile Island Accident». Presented at the 5th World Congress of Engineers and Architects. Tel-Aviv, Israel, 25.1.1980.
177 Sternglass E.J.: «Secret Fallout». McGraw-Hill Book Company, New York, 1981.
178 Sternglass E.J.: «Fallout and Sat Scores: Evidence for Cognitive Damage during early Infancy». Phi Delta Kappa, April 1983.
179 Stewart A.M. & Kneale G.W.: «Mortality experiences of A-bomb survivors». Bull. o. Atom. Scient., Mai 1984, S. 62/63.
180 Stobaugh R. & Yergin D.: «Energie Report der Harvard Business School». C. Bertelsmann Verlag, München, 1980.
181 Stokke T. et al.: «Effect of Small Doses of Radioactive Strontium on the Bone Marrow». Acta Radiologica. 7.1968, S. 321.
182 Strohm H.: «Friedlich in die Katastrophe» Verlag Association, 2 Hamburg 19. 1973, S. 30/31.
183 Strohm H.: «Friedlich in die Katastrophe» Verlag 2001, D-6000 Frankfurt, 1981, S. 186.
184 Tages Anzeiger: «Ausverkauf von Kernkraftanlagen in Amerika». 1.6.1984, Zürich.
185 Tages Anzeiger: «Schnelle Brüter unwirtschaftlich». Zürich, 14.12.1984.
186 Teufel D.: «Waldsterben, Natürliche und kerntechnisch erzeugte Radioaktivität». IFEU-Bericht Nr. 25, 1983, Heidelberg, S. 32/32b.
187 The Nuclear Engineer: Vol. 24, Nr. 3, Juni 1983.
188 Tokanuga et al.: «Breast Cancer in Japanese A-Bomb-survivors». Lancet, 1982, S. 924.
189 Torrey L.: «Radiation cloud over nuclear power» New Scientist, 24.4.1980, S. 197–199.
190 Tredici R.: «Die Menschen von Harrisburg». Verlag 2001, Postfach, D-6000 Frankfurt a/M 61 (1982).
191 Tschumi P.: «Symposium über den Schutz unseres Lebens». 10./12.11.1970, ETH, Zürich.
192 Tschumi P.: «Allgemeine Biologie». Verlag Sauerländer, Aarau, 1970.
193 Tseng J.: «Statistical Investigations of Possible Relationship between Nuclear Facilities and Infant Mortality». Northwestern University, Evanston, Illinois, Juni, 1972.
194 UNSCEAR 1962, S. 10.
195 UNSCEAR 1962, S. 34.
196 UNSCEAR 1962, S. 145.
197 UNSCEAR 1964, S. 7.
198 UNSCEAR 1966, S. 122.
199 UNSCEAR 1972, Vol. II, S. 403/404.
200 UNSCEAR 1977, S. 27.
201 UNSCEAR 1982, S. 8/9.
202 UNSCEAR 1982, S. 11.
203 UNSCEAR 1982, S. 16, Ziff. 88.
204 UNSCEAR 1982, S. 27.
205 UNSCEAR 1982, S. 30.
206 Von Middlesworth L.: «Small Quantities of I-131 in Thyroids of Sheep from Wales». Health Physics, Vol. 40, April 1981, S. 525–527.
207 Wahlen M. et al.: «Radioactive Plume from the TMI Accident. Xenon-133 in Air at a Distance of 375 Kilometers». Science, 8.2.1980, S. 639.
208 Weish P. & Gruber E.: «Radioaktivität und Umwelt». 2. Aufl., G. Fischer Verlag, Stuttgart, 1979.
209 Wenz M.: «Gorleben versalzen». Natur, Nr. 3, März 1985, Verlag Ringier, Zofingen.
210 Wesely J.P.: «Background Radiation as the Cause of Fatal Congenital Malformation». Intern. J. Rad. Bull. 2, 1960, S. 297.
211 Zofinger Tagblatt: «Britische Soldaten als Opfer». 10.1.1983.
212 Zofinger Tagblatt: «‹Gewähr› im Wandel der Zeit». 25.6.1984.
213 Zofinger Tagblatt: «Mexico revidierte Energieplanung». 16.8.1984.
214 Neue Zürcher Zeitung: «Schweizer Fachleute über mögliche Gesundheitsrisiken nach Tschernobyl.» 25.5.86

III. Waldsterben und Radioaktivität

IV. Grundsätzliche gesellschaftliche Konsequenzen

1 Barth W.D.: «Zwischen den Waldschäden im Odenwald und dem KKW Obrigheim gibt es keinen Zusammenhang». Basler Zeitung. 12.4.1984.
Manuskript mit gleichem Titel erhältlich bei Kernkraftwerk Obrigheim, Postfach 100, D-6951 Obrigheim. März 1984.

2 Basler Zeitung: «Der japanische Wald hat keine Lobby». 10.1.1985.

3 BEIR 1972. S. 22, 30.

4 Bild vom 4.10.1984.

5 Binswanger C.H.: «Umweltkrise und National-Ökonomie». Neue Zürcher Zeitung v. 4.6.1972.

6 Boeck W.L.: «Meteorological Consequences of Atmospheric Krypton-85». Science. 193. 16.7.1976, S. 195–197.

7 Bonka H.: «Strahlenbelastung der Bevölkerung durch Emissionen aus Kernkraftwerken im Normalbetrieb». Verlag TUV, Rheinland (1982).

8 Bosch C.: «Die sterbenden Wälder». C.H. Becksche Verlagsbuchhandlung, München, 1983, S. 21/22.

9 Bucher J.B.: «Bemerkungen zum Waldsterben und Umweltschutz in der Schweiz». Forstwissenschaftliches Centralblatt, April 1984, S. 23/24.

10 Buchmann: Chem. Communications, 1970, S. 1631.

11 Bull. of the Atomic Scientists: «Tritium Warning». März 1984.

12 Bundesamt für Umweltschutz: «Luftbelastung 1983». Sept. 1983. EDMS, Postfach, 3000 Bern.

13 Bundesministerium für Ernährung, Landwirtschaft und Forsten: «Waldsterben durch Luftverunreinigung». Heft 273, 1982. Landwirtschaftsverlag, D-4400 München-Hiltrug.

14 Bundesministerium des Innern: «Waldschäden und Luftverunreinigungen». Sondergutachten, März 1983 des Rates für Umweltfragen. Verlag Kohlhammer, Stuttgart, Juli 1983, S. 73, 72, 84, 29, 30.

15 Burkhart W.: «Waldsterben: Auch hier der schwarze Peter bei den A-Werken?». Basler Zeitung 30.11.1983.

16 Burkhart W.: «Nochmals Radioaktivität und Wald». Basler Zeitung. 17.2.1984.

17 Commission of the European Communities: «Acid Rain». Graham & Trotman Limited. London SWIV, IDE. 1983.

18 Commission of the European Communities: «European Seminar on the Risks from Tritium exposure». Mol, Belgium, 22.–24. Nov. 1982. Report EUR 9065 en. 1984. Office of the European Communities, Luxembourg.

19 Deker U. & Thomas H.: «Unberechenbares Spiel der Natur: Die Chaos-Theorie». Bild der Wissenschaft, Deutsche Verlagsanstalt, Stuttgart, Nr. 1, 1983, S. 63–75.

20 Der Bund: «Auch der schwedische Wald beginnt zu kränkeln». Bern, 4.2.1985.

21 Deutscher Bundestag: 10. Wahlperiode, Drucksache 10/1730 vom 9.7.1984. Sachgebiet 2129.

22 EAWAG-Jahresbericht 1984: «Regen und Nebel als Träger umweltbeeinträchtigender Stoffe», S. 23–27. Eidg. Anstalt für Wasserversorgung, Abwasserreinigung und Gewässerschutz (EAWAG) CH-8600 Dübendorf.

23 Eidgenössisches Departement des Innern: «Waldsterben und Luftverschmutzung». Bern, 1984 (EDMS, Postfach, 3000 Bern).

24 Eidgenössische Anstalt für Forstliches Versuchswesen (EAFV): «Waldschäden in der Schweiz 1982». Schweiz. Zeitschrift für Forstwesen. Okt. 1984, S. 817–831.

25 Enzyklopädie, Naturwissenschaft und Technik. Verlag moderne Industrie. Wolfgang & Co. D-5912 Landsberg a.L., 1981, S. 4636–4637.

26 Fairhall A.W.: «Potential Impact of Radiocarbon Release by the Nuclear Power Industry». Washington University in Seattle, 1980.

27 Flakus F.N.: «Symposium Strahlenschutzprobleme im Zusammenhang mit der Verwendung von Tritium und Kohlenstoff C-14 und ihren Verbindungen». Berlin, 14./16.11.1979. IAEA, Box 200, A-1400 Wien.

28 Fuhrer J.: «Atmosphärische Einflussfaktoren der Waldschädigung». Informationstagung «Waldschäden durch Immissionen?» 29.11.1982, GDI-Institut, CH-8803 Rüschlikon.

29 Fuhrer J.: «Formation of secondary air pollutants and their occurance in Europe». Experientia, 41 (1985), S. 286–301. Birkhäuser Verlag, CH-4010 Basel.
30 Funk F. & Person S.: «Science», 166, 1969, S. 1629.
31 Furrer O.J.: «Massnahmen und Verordnungen – erste Schritte zur Neuorientierung». GDI-Schriften, Nr. 35, «Stirbt der Boden». 19./20.11.1984, GDI.Inst., CH-8803 Rüschlikon.
32 Georgii H.W.: «Global distribution of the Acidity in Precipitation. Deposition of atmospheric pollutants». Dortrecht, 1982.
33 Graeub R.: «Atomenergie: Mitverursacher des Waldsterbens?». Basler Zeitung, 5.11.1983.
34 Graeub R.: «Waldsterben und Radioaktivität». Basler Zeitung, 19.1.1984.
35 Graeub R.: «Waldschäden durch Atomanlagen?». Basler Zeitung, 9.3.1984.
36 Guild W.R.: «Hazards from Isotopic Tracers». Science 128, S. 1308, 1958.
37 Hall J.E. et al.: «The relative biological effectiveness of tritium beta particles compared to gamma radiation – its dependence on dose-rate» Brit. Journal of Radiology, 40, S. 704–710. 1967.
38 Hendrey G.R.: «Automobiles and Acid Rain». Terrestrial Land Aquatic Ecology Div. Brookhaven National Laboratory, Upton, L.I., New York, Science, 222. 7.10.1983.
39 Hofmann A.: «Pflanzenkundliche Überlegungen zum Waldsterben». Basler Zeitung, 6.10.1983.
40 Hollstein E.: «Säkularvariationen des Eichenwuchses in Mitteleuropa». Kolloquium in Trier, 15./17.5.1980, Universität Trier.
41 Hommel H. und Käs G.: «Elektromagnetische Verträglichkeit des Biosystems Pflanze». Allg. Forst-Zeitung, Nr. 8, 1985, S. 172–174.
42 Hornbeck J.W.: «Acid-Rain & Facts and Fallacies». Journ. of Forestry. 79, 1981, S. 438–443.
43 Hüttermann A.: «The effects of acid deposition on the physiology of the forest ecosystem». Experientia, 41, Mai 1985, S. 578–583. Birkhäuser Verlag, CH-4010 Basel.
44 IAEA: «Tritium in some Typical Ecosystems». Technical Report Nr. 207, Wien, 1981, S. 1–116, 80, 79, 84–86.
45 Ichtikawa S.: Vortrag vom 1.5.1977 in Salzburg. Bürgerinitiative Lübeck e.V., Postfach 1926, A-2400 Lübeck.
46 Information des Zentralverbandes, Bürgerinitiativen gegen Atomgefahren. Nr. 1/84 (mit Unterschrift von Prof. Dr. H. Noller, o. Univ. Prof. für physikal. Chemie, Wien) Verlagspostamt 1128, Wien.
47 Johnson A.H. et al.: «Acid deposition and forest decline». Envir. Sci. Technol., 17, 1983, S. 294–305.
48 Johnston H.S.: «Human effects on the global atmosphere». Ann. Rev. Phys. Chem. 35, S. 481–505.
49 Kandler O.: «Waldsterben, Emissions- oder Epidemie-Hypothese?». Naturwissenschaftliche Rundschau Nov. 1983, S. 488–490.
50 Kirchmann et al.: «Health Physics», 21. 1971, S. 61–66.
51 Kirchmann R. / Molls M. / Streiffer C. / Mevissen J.: «Colloquium on the Toxicity of Radionuclides. Liège, 19./20.11.1982. Société belge de Radiobiologie.
52 Kollert R.: «Kerntechnik und Waldschäden». Studie im Auftrag der Stiftung mittlere Technologie, Kaiserslautern, Bremen / Perzelle, 1985.
53 König L.A. et al.: «Kerntechnik und Waldschäden». Kernforschungszentrum Karlsruhe. KFK 3704, März 1984.
54 König L.A.: «Umweltradioaktivität und Kerntechnik als mögliche Ursachen von Waldschäden?» KKF-Nachr. Jahrg. 17, 1/1985, S. 22–31.
55 KUER (Kommission zur Überwachung der Radioaktivität, Schweiz): «25 Jahre Radioaktivitätsüberwachung in der Schweiz». Nov. 1982. KUER, c/o Physikal. Inst. der Universität Pérolles, 1700 Freiburg (Schweiz).
56 KUER (Kommission zur Überwachung der Radioaktivität, Schweiz): Jahresbericht 1982.
57 KUER (Kommission zur Überwachung der Radioaktivität, Schweiz): Jahresbericht 1983.
58 Laughlin S. Mc und Bräker O.U.: «Methods for evaluating and predicting forest growth responses to air pollution». Experientia, Vol. 41. 15.3.1985, S. 310–319.
59 Leuthold P.: «ETH-Forschungsprojekt Manto. Drahtlose Nachrichtenübertragung eine Gefahr für die Umwelt?» Zwischenbericht 2, Studie 2. 24.12.1984. Inst. f. Kommunikationstechnik, ETHZ, Rämistr. 8049 Zürich.

60 Levin et al.: «The effect of anthropogenic CO_2, and C-14 sources on the distribution of C-14 in the atmosphere». Radiocarbon, 22.2.1980, S. 379–391.
61 Loosli H.: «Haben künstlich erzeugte Radionuklide wie Kr-85, C-14, H^3 mit der Luftionisation, mit dem sauren Regen und dem Waldsterben zu tun?» SVA-Bulletin Nr. 3/84.
62 Mason B.J. et al.: «Environmental contamination by radioactive materials». IAEA, Wien, 1969.
63 Meier A. & Wallenschus M.: «Tradescantia: Ein Bioindikator für Radioaktivität». Universität Bremen. Information zu Energie u. Umwelt. Teil A. Nr. 18.
64 Mericle I.W. et al.: «Cumulative Radiation Damage in Oak Trees». Radiation Botany, Nr. 2. 1962, S. 265–271.
65 Messerschmidt H.: «Anmerkungen, Fragen und Kritik zu der Veröffentlichung KFZ 3704, März 1984, Kerntechnik und Waldschäden des Kernforschungszentrums Karlsruhe GmbH». Manuskript v. H. Messerschmidt, vom 1.9.1984 / 20.11.1984. D-3130 Lüchow.
66 Metzner H.: «Künstliche Radioaktivität und Waldsterben». Literaturdokumentation für die Landesregierung Baden-Württemberg (1985). Druck in Vorbereitung.
67 Natur, Nr. 3, 1984.
68 Natur: «Auch Atomkraft schuldig?». Nr. 3, 1984 bzw. Nr. 11, 1983 und Nr. 1, 1984.
69 Natur: «Mit Strahlung gehts schneller». Nr. 8, 1984.
70 Neue Zürcher Zeitung: «Japan ohne Waldschäden?». Forschung und Technik, Nr. 278, Nov. 1984.
71 Neue Zürcher Zeitung: «Waldsterben – Worte oder Taten?». 18.1.1985.
72 Neue Zürcher Zeitung: «Das Autogewerbe zum Waldsterben». 4.2.1985.
73 Neue Zürcher Zeitung: «Sind Radiowellen für Pflanzen schädlich?». 20./21.4.1985.
74 New York Times: «Widespread Ills Found In Forests In Eastern U.S.». 26.2.1984.
75 Oehen M.: «Tritium Umweltbelastung». Motion Nr. 83.952 vom 15.12.1983. Antwort des Bundesrates (Schweiz).
76 Otlet R.L.: «The Use of C-14 in Natural Materials to establish the Average Gaseous Dispersion Patterns of Releases from Nuclear Installations». Radiocarbon 25.2.1983, S. 592–602.
77 Pohl R.: «Health Impact of Carbon-14». Nuclear Energy, 1975. Laboratory of Atomic and Solid State Physics, Cornell University, Ithaca, New York 14853.
78 Reichelt G.: «Untersuchungen zum Nadelbaumsterben in der Region Schwarzwald – Baar – Heuberg». Allg. Forst- und Jagdzeitung. 154, 1983, S. 66–75.
79 Reichelt G.: «Zur Frage des Waldsterbens in Frankreich». Landschaft und Stadt. Nr. 4, 1983, S. 150, 162. Verlag Eugen Ulmer, Stuttgart.
80 Reichelt G.: «Der sterbende Wald in Süddeutschland und Ostfrankreich». Bund-Information Nr. 25, 1983, Stuttgart.
81 Reichelt G.: «Modellrechnungen sollten sich eigentlich nach der Wirklichkeit richten». Basler Zeitung, 12.4.1984.
82 Reichelt G.: «Zusammenhang zwischen Radioaktivität und Waldsterben». Vortrag Universität Hannover vom 25.5.1984.
83 Reichelt G.: Manuskript über Kartierungen vom Mai 1984 beim KKW Beznau (Schweiz) und Würgassen (BRD).
84 Reichelt G.: «Wo das Waldsterben begann». Basler Zeitung vom 24.8.1984.
85 Reichelt G.: «Zur Frage des Zusammenhangs zwischen Waldschäden und dem Betrieb von Atomanlagen – vorläufige Mitteilung». Forstwissenschaftliches Centralblatt, Sept. 1984, S. 290–297.
86 Reichelt G.: «Waldschadensmuster im Umkreis uranerzhaltiger Gruben und ihre Interpretation». Allg. Forst- und Jagdzeitung. Heft 7/8, 1984, S. 184–190.
87 Reichelt G.: «Zusammenhänge zwischen Radioaktivität und Waldsterben?». Ökologische Konzepte. Nr. 20, 1984. Georg Michael Pfaff Gedächtnisstiftung, D-6750 Kaiserslautern.
88 Reichelt G.: «Waldschadensmuster im Umkreis atomtechnischer und industrieller Anlagen im Vergleich zu industrieferneren Gebieten». Studienauftrag vom 3.8.1984 des Ministeriums für Ernährung, Landwirtschaft, Umwelt und Forsten Baden Württemberg. Manuskript erhalten 13.6.1985 von Prof. Reichelt, Uhlandstr. 35, D-7710 Donau-Eschingen.
89 Reiter et al.: «3rd Eur. Symposium on Physico-Chemical Behaviour of Atmospheric Pollutants». Varese 10.–12. April 1984, S. 480–481. Eds. Versino and Angletti D. Reidel Publ. Comp. Dordrecht, 1984.

90 Reitz & Kopp: Zeitschrift für physikal. Chemie. A. 179 (1937), 126, 184 (1939), 430.
91 Seelig K.J.: «12-Punkte-Programm». Lindau 7./9.6.1983. Adresse: Dr. med. K.J. Seelig, Kornmarkt, D-5521 Biersdorf.
92 Seelig K.J.: «Biopathogene, bislang verschwiegene, unbekannte Einflüsse des nuklearen Brennstoffzyklus auf die derzeitige Ökomisere». Nov. 1983, unveröffentlicht.
93 Seelig K.J.: «Material an die verantwortlichen Befürworter für grosstechnische Nutzung der Kernenergie insbes. zu Deuterium, Tritium, C-14 u.a. gasförmigen Freisetzungen». Manuskript, Sept. 1984.
94 Seelig K.J.: «Waldsterben und radioaktive Abgase aus KKW». Manuskript. 28.11.1984.
95 Segl M. et al.: «Anthropogenic C_{14}-variations». Radiocarbon. 25.2.1983, S. 583–592.
96 Seigneur C. et al.: «Computer Simulation of the Atmospheric Chemistry of Sulfate and Nitrate Formation». Science, 225, 1984, S. 1028–1029.
97 Shell Switzerland: Mitteilung vom August 1984. Badenerstr. 66, Zürich.
98 Soom P.: «Memorandum Soom, mit Materialien, Fragen und Meinungen zum Thema Waldsterben und Radioaktivität». Zu beziehen bei P. Soom, Ackerstr. 8, CH-Nussbaumen (1983/1984).
99 Sparrow A.H.: «Tolerance of Certain Higher Plants to Chronic Exposure to Gamma Radiation from Cobalt». Science, Nr. 118, 4.12.1953, S. 697–698.
100 Sparrow A.H. et al.: «The Effects of External Gamma Radiation from Radioactive Fallout on Plants with special References to Production». Radiation Botany, Vol. 11, 1971, S. 85–118.
101 Spiegel: «Le Waldsterben». 15.10.1984, S. 186.
102 Subba Ramu M.C.: «Ethylene in the Atmosphere and its Role in Aerosol Formation». Bhabba Atomic Research Centre, Bombay, India, Nr. 1128, 1981.
103 Süss H.E.: «Ist die Sonnenaktivität für Klimaschwankungen verantwortlich?» Umschau 79, S. 312–316, 1979.
104 Symposium «Electronic Compatibility». 5.–7. März 1985, ETH-Zentrum, 8092 Zürich. Bertaud A.J., S. 213–216 sowie Chen Q. et al. S. 199–204.
105 Schmitz et al.: «Emission von Radionukliden aus den Halden des alten Silber-Kobalt-Erzbergbaus von Wittichen». Glückauf-Forschungshefte 43, 4, 1982, S. 145–154.
106 Schöpfer W. & Hradetzky J.: «Der Indizienbeweis: Luftverschmutzung massgebliche Ursache der Walderkrankung». Forstwissenschaftliches Centralblatt, Sept. 1984, S. 244.
107 Schuhmacher E.: «Small is beautiful». Blond and Brigg Ltd., London, 1974.
108 Schuhmacher E.: «Es geht auch anders». Verlag Dash, München, 1973.
109 Schütt P.: «So stirbt der Wald». BLV-Verlagsgenossenschaft, München, 1983. 2. Auflage.
110 Schütt P.: «Der Wald stirbt an Stress». C. Bertelsmann Verlag, 1984.
111 Schüttelkopf H.: «Verhalten langlebiger Radionuklide in der Biosphäre». Fachtagung Radioökologie des Deutschen Atomforums e.V. vom 2./3. Okt. 1979.
112 Schwarz G. et al.: «Possible Future Effects on the Population of the Federal Republic of Germany of Gaseous Radioactive Effluents from Nuclear Facilities. IAEA, Wien 1975, S. 194–207.
113 Schwarzenbach F.H.: «Das Waldsterben als politische Herausforderung». EAFV, 8903 Birmensdorf, ZH. 31.8.1983.
114 Schweingruber F.H.: «Dichteschwankungen in Jahrringen von Nadelhölzern in Beziehung zu klimatisch-ökologischen Faktoren oder das Problem der falschen Jahrringe». Bericht 213, Mai 1980, EAFV, CH-8903 Birmensdorf, ZH.
115 Schweingruber F.H.: «Der Jahrring». Verlag Haupt, Bern. 1983, S. 202, 204, 210-211.
116 Schweingruber F.H.: «Eine jahrringanalytische Studie zum Nadelbaumsterben in der Schweiz». Bericht Nr. 253, August 1983, EAFV, CH-8903 Birmensdorf.
117 Schweiz. Gesellschaft für Bevölkerungsfragen. Bern. Rundschreiben vom 23.11.1973.
118 Sternglass E.J.: «Nuclear Power May Be Dangerous to Our Trees». New York Times. 13.3.1983.
119 Stewart et al.: «Tritium in Pine trees from selected locations in the USA, including aeras of nuclear Facilities». U.S. Geological Survey, Prof. Paper, 800-B, 1972, S. 265–271.
120 Stuiver M.: «Atmospheric C-14 changes resulting from fossil fuel CO_2-releases and cosmic ray flux variability». Earth and planetary sciences letters, 53, 1981, S. 348–382.

121 Stumm W. et al.: «Der Nebel als Träger konzentrierter Schadstoffe». Neue Zürcher Zeitung, 16.1.1985.
122 Teufel D.: «Waldsterben, natürliche und kerntechnisch erzeugte Radioaktivität». IFEU-Bericht Nr. 25, 1983. IFEU-Inst. D-6900 Heidelberg.
123 Trotter J.R.: «Hazard to Man of Carbon-14». Science, 128, 12.12.1958, S. 1490–1495.
124 Tripet I. & Wiederkehr P.: «Etude du problème des Précipitations acides en Suisse». Ecole Fédérale Polytechnique Lausanne. Inst. du Genie de l'environnement. März 1983.
125 Tschumi P.: «Allgemeine Biologie» Verlag Sauerländer, 1970.
126 Tschumi P.: «Ursachen und Bekämpfung der Umweltkrise». Techn. Rundschau v. 6.3.1974. Hallwag Verlag, Bern.
127 Ullmann: «Enzyclopädie der techn. Chemie». 3. Aufl. Band 2/1, S. 955. München-Berlin, 1961.
128 Ullmann: «Enzyclopädie der techn. Chemie». 4. Aufl. 1981, Band 6, S. 226. Verlag Chemie, D-6940 Weinheim.
129 Umweltbundesamt: «Luftqualitätskriterien für photochemische Oxidantien». Berichte 5, 1985, Berlin.
130 UNSCEAR 1962, S. 213.
131 UNSCEAR 1964, S. 13.
132 UNSCEAR 1969, Nr. 13, S. 19.
133 Urban M.: «Waldsterben auch durch Radioaktivität?» Süddeutsche Zeitung vom 25.4.1985. München.
134 Vohra K.G.: «Combined Effects of Radioactive Chemical and Thermal Releases on the Environment». Symposium held in Stockholm 2.–5. Juni, 1975, IAEA, Wien. 1975, S. 209–221.
135 Von Rotz A.: «Radioaktive Umweltverschmutzung und Vergiftung». Mitgliederzeitung der Schweiz. Krankenkasse Helvetia, Habegger AG, Solothurn Nr. 11, 1971.
136 Weish & Gruber: «Radioaktivität und Umwelt». Gustav Fischer Verlag, Stuttgart, 1975.
137 Weiss W. et al.: «Evidences of Pulsed Discharges of Tritium from Nuclear Energy Installations in Central European Precipitation». Inst. für Umweltphysik d. Universität Heidelberg. IAEA-SM 232/18, 1979.
138 Weiss A.: «Manuskript» vom 4.4.1984 für Prof. Reichelt (siehe auch Lit. Ziff. 87), Universität München.
139 Wenzel M. & Schulte P.: «Tritium-Markierungen nach der Wilzbach-Methode». Walter de Gruyther-Verlag 1972, Berlin.
140 Whicker F.W. & Schultz V.: «Radioecology: Nuclear Energy and the Environment». Vol. LL. CRC-Press Inc. Boca Raton, Florida, USA, 1982, S. 128, 153–162.
141 Wilzbach: J. Amer. Chem. Soc., 79, 1957, S. 1013.
142 WWF-Schweiz: «Schadkartierung an Fichten in der Umgebung der schweiz. Kernkraftwerke». Büro für Forstwirtschaft und Umweltplanung. CH-8964 Rudolfstetten, Juni 1984.
143 Zavitovski J. (Editor): «The Enterprise, Wisconsin Radiation Forest Radioecological Studies». Inst. of Forest Genetics, North Central Service. U.S. Dep. of Agriculture, Rhinlander, Wisconsin. TID-26113-P2. 1977, S. iii, 141–165.
144 Zofinger Tagblatt: «Elsässische Gemeinden machen gegen das Waldsterben mobil». Zofingen, 23.5.1985.

Nachtrag:

145 Bundesamt für Umweltschutz: «Radioaktivität und Waldsterben». Schriftenreihe Umweltschutz, Nr. 43 (1985). 3003 Bern.
146 Bundesamt für Umweltschutz: «Radio- und Mikrowellen als mögliche Ursachen für Waldschäden». Schriftenreihe Umweltschutz, Nr. 44 (1985). 3003 Bern.
147 Frankfurter All. Zeitung v. 20.7.1985. «Brisante Tübinger Studie», von Bert Hauser. Kommentar zu einer noch unveröffentlichten Literaturstudie von Prof. Metzner, Universität Tübingen.
148 Bundesministerium des Innern: «Umweltprobleme der Landwirtschaft». März 1985. Rat für Umweltfragen. Verlag Kohlhammer, Stuttgart.
149 Neue Zürcher Zeitung: «Kernkraftwerke unschuldig am Waldsterben». Stellungnahme des Eidg. Departements des Innern zu Heft Nr. 43 der BUS-Schriftreihe «Umweltschutz», 24./25.8.1985.

V. Nachtrag 1990

1. *Schweiz. Gesundheitsamt, Bern, Switzerland.* «Radioaktivitätsmessungen in der Schweiz nach Tschernobyl und ihre wissenschaftliche Interpretation». Universität Bern. 20–22. Oktober 1986, Tagungsbericht. 1.1, S. 739–740/1.2, S. 553–560/1.3. S. 665/1.4. S. 319.
2. *Schmidt/Teufel* et al.: «The Consequences of Chernobyl». IFEU-Report No. 43, 2nd Edition. Inst. for Energy and Environmental Research. Im Sand 5, D-8900 Heidelberg. W. Germany.
3. *Sternglass E. J.:* «The Implications of Chernobyl for Human Health». Int. Journal of Biophysical Research. Vol. 8, No. 1, pp 7–36. (July 1986).
4. *Masson A.:* «Die heissen Tschernobyl-Teilchen sind in uns». Berner Zeitung vom 20. 10. 1986.
5. *Weish P. & Gruber E.:* «Radioaktivität und Umwelt». Gustav Fischer Taschenbuch-Verlag, 3. Auflage, 1986.
6. *Datenrad:* z. B. Heft 8, 11, 12 (1989). Prof. Dr. K. Bätjer, Rembertistr. 31, D-2800 Bremen.
7. *Lengfelder E.:* «Strahlenwirkung, Strahlenrisiko». H. Hugendobler-Verlag (1988), München.
8. *Graeub R.:* «Ein stummer Sommer in USA». Natur und Mensch, CH-8201 Schaffhausen, Nr. 6, 1989, S. 202–205.
9. *Graeub R.:* «L'Effet Petkau – Les faibles doses de radioactivité et notre avenir irradié». (1988). Editions d'en bas, 1017 Lausanne.
10. *The Lancet:* June 11, 1988, p. 1344. «HIV-Infection in Norwegian Family before 1970».
11. *New York Times:* 9. Juni 1988. «Origin of Human Aids-Viruses May Be as Recent as 40 Years ago».
12. *Sternglass E. J., Scheer J.:* «Radiation Exposure of Bone Marrow Cells to Strontium-90 during early development as a possible Cofactor in the Etiology of Aids». Paper delivered at the 1986 Annual Meeting of the American Association for the Advancement of Science, Philadelphia, May 29, 1986.
13. *Sternglass J. E.:* «The Implications of Chernobyl for Human Health», International Journal of Biosocial Research, V. 8, No. 1, pp 7–36, July 1986.
14. *Zaguri O., Bernard J., Leonard R. et al.:* «Long-Term Cultures of HTLV-III-Infected Cells: A Model Cytopathology of T-Cell Depelation in Aids». Science 231, pp. 850–853, 1986.
15. *Stokke T. et al.:* «Effect of Small Doses of Radioactive Strontium on the Bone Marrow». Acta Radiologica, 7, 1968, p. 321.
16. *Heller O. and Wigzell H.:* «Supression of Natural Cell Activity with Radioactive Strontium: Effector Cells are Morrow-Dependent». Journ. Immunology, 1977, p. 118.
17. *Wochenend:* «In der Hölle des Aids». Nr. 10–15, 1988. D-2000 Hamburg.
18. *Sakharov A. D.:* «Radioactive Carbon from Nuclear Explosions and Nonthereshold Biological Effects». The Soviet Journal of Atomic Energy, 4, pp. 757–762, 1958.
19. *The Condor:* 89, 636–653, 1987.
20. *ETA-Magazin:* «Tchernobyl's American Fallout». Juni 1989.
21. *In These Times:* «Silent Summer». Vol. 13, No. 4, Nov. 23–Dec. 5, 1988.
22. *The Condor:* 88, 1–10, 1986.
23. *Gould J. M./Sternglass E. J.:* «Low-level radiation and mortality». CHEMTECH, Jan. 1989, Vol. 19, p. 18–21.
24. *Energie und Umwelt:* «Der Treibhauseffekt und die Atomkraft oder wie Argumente sich verflüchtigen». Nr. 1, März, 1988. Energiestiftung, 8005 Zürich.
25. *Science:* «Hansen vs. the World on the Greenhouse Threat». 2. Juni 1989, S. 1041–1043.
26. *Science:* «How to Fix the Clouds in Greenhouse Models». 6. Januar 1989, Vol. 243.
27. *Herbert Friedmann:* «Die Sonne», Verlag Spektrum der Wissenschaft.
28. *Science:* «Global Warming: Blaming the Sun». Vol. 246, 24. Nov. 1989, S. 292–293.
29. *Science:* 4. Aug. 1989, Vol. 245, S. 451–452.
30. *Kollert R./Butzin M.:* «Klimagefährdung, Krypton-75». Globus, Doppelheft, 10/11, 1988, S. 324–325.

31. *Kollert R.:* «Luftchemie und Radioaktivität». Universität Bremen. Information Energie und Umwelt, Teil A. Nr. 27, Nov. 1987. (mit Einlage «Presseinformation» v. 28. 6. 1988 des BUND «Radioaktivität macht Luftschadstoffe radikal und sauer»).
32. *Reichelt G.:* «Waldschäden in der Umgebung atomtechnischer Anlagen im unteren Aaretal bei Beznau/Würenlingen. Manuskript, August 1988.
33. *Otto Hug Strahleninstitut,* Im Rheingarten 7, D-5300 Bonn 3. Bericht Nr. 1, 1988.
34. *Morgan K. Z.:* «ICRP Risk Estimates – An Alternative view». In «Radiation and Health». Editors R. Jones and R. Southwood. John Wiley & Sons Ltd. Chichester, 1987.
35. *Marx J. L.:* «Oxygen Free Radicals Linked to Many Diseases». Science, 30. Jan. 1987. S. 529–531.
36. *Graeub R.:* «Die Realität des Petkauf-Effekts». Vortrag gehalten am Symposium «Die Wirkung niedriger Strahlendosen auf den Menschen» vom 26. /27. 2. 88 am Institut für Strahlenbiologie, Universität Münster (BRD). Sonderdruck beim Autor erhältlich. Postfach 210, CH-8135 Langnau a. Albis.
37. *Petkau A.:* persönliche Mitteilungen (1989)
38. *Waldren Ch. et al.:* «Measurement of low levels of x-ray mutagenesis in relation to human disease». Proc. Natl. Acad. Sci. USA. Vol. 83. pp. 4839–4843, Juli 1986.
39. *Chelack W. S., Forsyth M. P., Petkau A.:* «Radiobiological properties of Acholeplasma laidlawii B». Can. J. Microbiol. 20. 307–320. 1974.
40. *Petkau A., Chelack W. S.:* «Radioprotective Effects of Cysteine». Int. J. Radiobiology, 25. 321, 1974.
41. *Petkau A., Chelack W. S., Pleskach S. D., Copps T. P.:* «Radioprotection of Hematopeitic and Mature Blood Cells by Superoxide Dismutase». Paper presented at the annual Meeting of the Biophysical Society, Philadelphia, Pa. 1975.
42. *Petkau A.:* «Radiation carcinogenesis from a membrane perspective», Acta Physical. Scand. 1980. Suppl. 492. 81–90.
43. *Szekely J. C., Perry K. A., Petkau A.:* «Simulated responses to lognormally distributed continous low radiation doses». Health Physics Vol. 45, No 3 (Sept), S. 699–711, 1983.
44. *Petkau A., Chuaqui C. A.:* «Superoxide Dismutase as a Radioprotector». Radiat. Phys. Chem. Vol. 24, No 3/4, S. 307–319, 1984.
45. *Petkau A., Szekely J. G., Perry K. A.:* «Simulated responses to intermittent lognormally distributed doses at variable dose rates». Health Physics, Vol 47, No 5 (November). S. 745–752, 1984.
46. *Petkau A.:* «Protection and Repair of Irridated Membranes» in «Free Radicals, Aging and Degenerative Diseases», S. 481–508, 1986. Alan Liss Inc.
47. *Petkau A.:* «Scientific basis for the clinical use of superoxide dismutase». Cancer Treatment Reviews (1986), 13, 17–44.
48. *Petkau, A., Chelack, W. S., Pleskach, S. D., Meeker, B. E. and Brady, L. M.* 1975a Radioprotection of mice by superoxide dismutase. Biochem. Biophys. Res. Commun. 65, 886–893.
49. *Petkau, A., Kelly, K., Chelack, W. S., Pleskach, S. D., Barefoot, C. and Meeker, B. E.* 1975 Radioprotection of bone marrow stem cells by superoxide dismutase Biochem. Biophys. Res. Commun. 67, 1167–1174.
50. *Petkau, A., Chelack, W. S.,* 1976 Radioprotective effet of superoxide dismutase on model phospholipid membranes Biochim. Biophys. Acta 433, 445–456.
51. *EAFV-Bericht,* Heft Nr. 296, Oktober 1987. CH-8903 Birmensdorf.
52. *Reichelt G./Kollert R.:* «Waldschäden durch Radioaktivität» 228 S., 1985, Verlag Müller, Karlsruhe.
53. *Presseinformation BUND,* Erbprinzenstr. 18, D-7800 Freiburg. 28. Juni 1988.
54. *Graeub R.:* «Apropos Waldschäden im unteren Aaretal». Natur & Mensch, Nr. 1, 1989, S. 18–21. CH-8201 Schaffhausen.
55. *Hesse C.:* «Der Verdacht». Magazin des Tagesanzeigers und der Berner Zeitung, 14/15. April 1989.
56. *Hesse C.:* «Warum bin ich in Osterfärbebo gewesen?». (103 Seiten, 1989). Editions Heuwinkel, CH-4123 Neu Allschwil.
57. *Gould J. M.:* «Significant US-Mortality Increase in the Summer of 1986». Paper presented at the Radiation Victims Conference in New York, September 29, 1987.
58. *Gould J. M. Sternglass E. J.:* «Immune System Damage in Cohorts born after the Onset of Nuclear Testing» and «Significant US Mortality Increase after the Chernobyl Accident». Presented at the Symposium on the Effect of low level Radiation on Humans, Institute of Radiation biology, University of Münster, West Germany. February 27, 1988.

59. *Sternglass E. J.:* «Initial Effect of the Fallout from the Chernobyl Accident on the Population in US». Paper presented at the Global Radiation Conference, New York, September 29, 1987.
60. *«The Health Effects of the WIPP Waste Repository».* Statement by Dr. Jay Gould, Director RPHP, Suite 134, 163 Third Avenue, New York, NY 10003 (Letter of June 1989 to the Hearing Officer).
61. *Scheer J. et al.:* «Early Infant Mortality in West Germany before and after Chernobyl». The Lancet, Nov. 4, 1989 (p. 1081–1082).
62. *IFEU-Bericht* Nr. 52 (1989). «Die neuen Ergebnisse aus Hiroshima und Nagasaki über das strahleninduzierte Krebsrisiko». IFEU-Institut, Im Sand 5, D-6900 Heidelberg.
63. *Jensen R.:* «Umweltschaden Aids?». (1990), buch 2000, Postfach 89, CH-8910 Affoltern a/Albis.
64. *Science,* 24. Nov. 1989. «Global Warming Blaming the Sun».
65. *Science,* 1. Dec. 1989. «Greenhouse Skeptik Out in the Cold».
66. *PM-Magazin,* Dez. 1989. «Klima-Katastrophe – ja oder nein?» (Max-Plank-Gesellschaft zitiert).
67. *Pellegrini R. J.:* «Nuclear Fallout and Criminal Violence». Int. Journ. of Biosocial Research, Vol. 9 (2): 125–143, 1987.
68. *Pellegrini R. J.:* «Early-Developmental Exposure to Nuclear Fallout». Psychological Reports, 1988, 63, 857–858.
69. *Universität Bremen.* Informationen zu Energie und Umwelt, Teil Nr. 25, Juli 1987. «Aktuelle Erkenntnisse zur Bewertung des Strahlenrisikos». Seiten 3/4, 212/213, 209.
70. *Gofman J.:* «An Irreverent, Illustrated View of Nuclear Power». San Francisco, CA: Committee for Nuclear Responsability. 1979. S. 227–228.
71. *Graeub R.:* «Apropos Waldschäden im unteren Aaretal». Basler Zeitung, 29. 9. 1988.
72. *Graeub R.:* «Apropos Treibhauseffekt – Rebellion von Klimaforschern». Basler Zeitung, 8. Sept. 1989.
73. *Ruska B. und Teufel D.:* «Das sanfte Energie-Handbuch», Rowohlt Taschenbuchverlag, 1982.
74. *ACR-Bulletin,* Vol. 46, No. 1, 1990: «BEIR V study». American College of Radiology, Reston, Virginia 22091.
75. *BEIR V:* «Health Effects of Exposure to low levels of Ionizing Radiation», National Academic Press. 2101 Constitution Ave., Washington D.C. 20418. S. 17–20/29–31/361.
76. *do.* S. 20.
77. *do.* S. 46.
78. *do.* S. 6.
79. *Gould J. M./B. Goldmann:* «Deadly Deceit – Low-Level Radiation and High-Level Cover-Up». (April 1990), Four Walls Eight Windows, PO Box 549, Village Station, New York, NY 10014.
80. *persönliche Mitteilung,* 1. 3. 1990.
81. *Tollmann A.:* Vortrag Symp. Anti-Atom-International AAI, 1986 Wien (Manuskript).
82. *Krause/Bossel:* «Energie-Wende – Wachstum und Wohlstand ohne Erdöl und Uran». S. Fischer, 1980.
83. *Meyer-Abich K. M.:* «Energie – Energieeinsparung als neue Energiequelle». Carl Manser-Verlag 1979. Mit Vorwort von Carl Friedrich v. Weizsäcker.
84. *Schweizer Energie-Fachbuch 1990.* Künzler-Bachmann AG, Postfach 926, CH-9001 St. Gallen.
85. *Energieszenarien* (EGES-Bericht). «Möglichkeiten, Voraussetzungen und Konsequenzen eines Ausstieges der Schweiz aus der Kernenergie». Eidg. Energie- und Verkehrsdep. (EVED), Vertrieb: EDMZ, Postfach, 3003 Bern. (Ausgabe 1988).
86. *Gardner M. J. et al.:* British Medical Journal. 17. Feb. 1990. Vol. 300, S. 423–434.
87. *Schweiz. Physikal. Gesellschaft,* Schönbergstr. 9, 8001 Zürich. «Vom Menschen verursachte Klimaänderungen». (1989).
88. *Neue Zürcher Zeitung:* «Der Streit um die Klimakatastrophe». 27./28. Jan. 1990.
89. *Prof. Dr. Inge Schmitz-Feuerhake,* Universität Bremen, Postfach 330 440, D-2800 Bremen 33.
90. *«Das Greenpeace Handbuch des Atomzeitalters»* von John May, 1989. Droemersche Verlagsanstalt, Th. Knaur Nachfolger, München. 496 Seiten, Fr. 19.80.
91. *Tages-Anzeiger:* «Klimakonferenz in Washington: Bush enttäuschte die Europäer». 18. 4. 90.
92. *Datenrad,* März 1990. Prof. Dr. K. Bätjer, Rembertisstr. 31, D-2800 Bremen 1.
93. *The Lancet:* Letters to the editor. Vol. 335, Jan. 20, 1990. p. 161–162.

Daniel Lukas Bäschlin
Der aufhaltsame Zwang

Sinn und Wege des Widerstands gegen Kernenergie

Dieses Buch ragt durch die zwischen Sachfragen und menschlichen Belangen erarbeitete Ausgewogenheit aus der Flut der «Atom-Literatur» hervor. Als Philosoph und Naturwissenschaftler verfügt der Autor über einen humanistisch geprägten Weitblick, der es ihm erlaubt, die komplexen Fragen von verschiedenen Seiten zu beleuchten.
Der Fachmann merkt das Sachverständnis, und der Laie sieht die weitgespannten Zusammenhänge zwischen technischen Belangen und gesellschaftlichen Forderungen, eben die unvermeidliche Verknüpfung zwischen den Dingen und den Menschen – zwischen Sachlichem und Emotionellem. Dem Werk liegt ein sorgfältiges Literaturstudium bis hin zu den neuesten Publikationen zugrunde, was das Buch zu einem wertvollen, aktuellen Informationsmittel macht. In einem umfangreichen Anhang sind die verwendeten Quellen verzeichnet. Dass der Autor sein Buch einem frühen Warner vor der Wissenschaftsgläubigkeit, Friedrich Wagner, dem Verfasser des Werkes «Die Wissenschaft und die gefährdete Welt», gewidmet hat, ist ein Symbol für die Tiefsinnigkeit und Ausgewogenheit seiner Betrachtungen.

Prof. Max Thürkauf, BZ

Daniel Lukas Bäschlin
Wehrwille und grüne Kraft

Die Verteidigung der heimatlichen Substanz

Dem Autor geht es um die Verteidigung der heimatlichen Substanz im weitesten Sinn. In seinem Bedrohungsbild stehen nicht potentielle militärische Angreifer im Mittelpunkt, sondern allgemeine «Lebensbedrohungen durch Hunger, Aufrüstung, Erdzerstörung und Gewalttat». Gegen diese Bedrohungen ruft er auf zu einer «Landesverteidigung eigener Art».
Wie der Autor in der Beschreibung von «grünen» und «linken» Feindbildern vorgeht (das Kapital, der militärisch-industrielle Komplex, die Atomlobby, die Agro-Multis und der US-Imperialismus), ist differenziert, abwägend und konstruktiv kritisch, weil das subjektiv Wertende auch offen dargelegt ist. Der Autor leistet damit einen wichtigen Beitrag zum Abbau von Vorurteilen gegen alle «grünen Ideen». Es gelingt ihm weitgehend, das primitive Sündenbock-Denken zu überwinden und zu einer persönlichen ökologisch-weltpolitischen Lagebeurteilung zu gelangen, die man mit Gewinn liest, auch wenn und gerade wenn man zum Teil anderer Auffassung ist.

Hptm Robert Nef, ASMZ

Lucien Criblez, Philipp Gonon (Hrsg.)
Ist Ökologie lehrbar?

Sind wir fähig, unser Verhalten zu ändern, der Umwelt und unserer eigenen Zukunft zuliebe? Sicher nicht, solange wir – bewusst oder unbewusst – mit einer politischen Zentrale rechnen, die uns die Verantwortung abnimmt, antwortet der Soziologe. Erst wenn wir die Welt nicht mehr nur im Konsum erfahren, antwortet der Pädagoge. Die Politikerin Leni Robert hält die Menschen grundsätzlich für «lernfähig in bezug auf Kopf, Herz und Hand» und fordert «umweltverträglichkeitsgeprüfte» Lehrkräfte für unsere Schulen.
Das vorliegende Buch ist eine Sammlung von Vorträgen über den Einfluss, den Schule, Medien und die gesellschaftlichen Bedingungen überhaupt auf unser ökologisches Bewusstsein ausüben. «Ist Ökologie lehrbar?» ist ein wichtiges Buch. Es erklärt, unter welchen Umständen wir Verantwortung für unsere Umwelt übernehmen – und unter welchen Umständen eben nicht.

(kw), Beobachter

Hans A. Pestalozzi
Auf die Bäume ihr Affen

PESTALOZZI weiss, wovon er spricht. Und er spricht scharf und anklagend, verweist auf die Kulturlosigkeit des weissen Mannes, des Einheitsmenschen, der in jedem kleinen Dorf in einem chinesischen, italienischen oder türkischen Restaurant speisen kann, um dann herauszufinden, dass es diesbezüglich keinen Unterschied zwischen Graz, Wien oder München gibt. All diese «Banalitäten» spricht PESTALOZZI aus. Die Einheitsmaschinerie «setzt den Hobel an und hobelt's alle gleich».
Ein Ausspruch des Autors trifft in vier Sätzen die Grundaussage dieses Buches besser, als es je zu beschreiben ist:
«Die Angst der Mächtigen ist unsere Hoffnung! Und wenn sie uns alle mit in den Strudel reissen? Dann will ich zugrunde gehen im Bewusstsein: Ich habe mein Leben gelebt, ich habe es nicht den Idioten und Kriminellen überlassen. Ich habe mich gewehrt bis zuletzt.»
Ein kraftvolles, sensibles Buch, geschrieben mit viel Wut im Bauch, die lebendig hält.

Manuela Mehlmauer, Unser Weg

Michael Chudacoff (Hrsg.)
Die unsauberen Saubermacher

Bürgerinitiativen und Umweltbehörden

Wie wenig Verlass auf die Umweltschutzgesetze ist, wie und warum sich normale Gemeindebürger zu wehren beginnen, wie Behörden und Politiker reagieren und wie die Leute sich durchsetzen - zeigt dieses Buch. Michael Chudacoff (Herausg.) hat sechs prominente Umweltfälle recherchiert und minutiös aufgezeichnet. Alle diese Fälle haben zu ihrer Zeit viel Staub aufgewirbelt und bieten nun im Rückblick hervorragendes Anschauungsmaterial für alle Interessierten. Jede Geschichte ist unabhängig von der anderen lesbar und exemplarisch. In einem separaten Kapitel vermittelt Chudacoff Tips und Ratschläge für Bürgerinitiativen vom WWF, von der Schweizerischen Gesellschaft für Umweltschutz und von der Öko-science, die unter Umständen viel Zeit und Geld einsparen lassen, wenn man mal selber zum Handeln gezwungen werden sollte.

Panda-Journal

Beat Seiler
Sonne, Wasser, Wind…

Information und Experimente
Ein Zytglogge Werkbuch

Zusammen mit dem Graphiker Dani Lienhard, der wissenschaftlich-technische Materie mit ungewöhnlich verfremdeten alten Lithographien und neuen schematischen Darstellungen anregend gestaltet, setzt sich der Autor für die Erforschung der Energiespender wie Sonne, Wind, Wasser und Biogas ein. Eine technisch anspruchsvolle Materie wird Lehrern und Schülern sehr klar und optisch originell präsentiert. Jedem wird beim Lesen die Notwendigkeit einer Neuorientierung beim Wirtschaftlichkeitsdenken bewusst. Anschaulich werden Experimente zu den einzelnen Energiequellen erklärt. Die Lektionen der hohen Technologie können gut von interessierten, engagierten Jugendlichen begriffen werden. Der Anhang bietet Begriffserklärungen, Kontaktadressen sowie Bezugsquellen für Materialien und Medien. Kein leichter Brocken, aber wichtig.

krs, Basler Zeitung